家装一本通

乔 磊 编著

中国水利水电出版社
www.waterpub.com.cn

内 容 提 要

　　本书对整个家庭装修的过程，包括前期选择装修方式、装修公司，中期对装修过程的监理，后期的交房验收以及装修相关费用、建材的选择、各个空间设计的原则、装修的注意事项、装修误区等都进行了详细介绍，力求用一本书使业主真实了解家装全过程。

　　本书图文并茂、内容详细、语言通俗易懂，可供家装业主、广大设计师和家装爱好者参考使用。

图书在版编目（CIP）数据

家装一本通 / 乔磊编著. -- 北京 ： 中国水利水电
出版社，2014.7（2016.7重印）
　ISBN 978-7-5170-2284-8

Ⅰ．①家… Ⅱ．①乔… Ⅲ．①住宅－室内装修－建筑
设计－图集 Ⅳ．①TU767-64

中国版本图书馆CIP数据核字(2014)第155622号

书　　　名	**家装一本通**	
作　　　者	乔磊　编著	
出 版 发 行	中国水利水电出版社	
	（北京市海淀区玉渊潭南路1号D座　100038）	
	网址：www.waterpub.com.cn	
	E-mail：sales@waterpub.com.cn	
	电话：（010）68367658（发行部）	
经　　　售	北京科水图书销售中心（零售）	
	电话：（010）88383994、63202643、68545874	
	全国各地新华书店和相关出版物销售网点	
排　　　版	北京时代澄宇科技有限公司	
印　　　刷	北京嘉恒彩色印刷有限责任公司	
规　　　格	210mm×285mm　16开本　20印张　604千字	
版　　　次	2014年7月第1版　2016年7月第2次印刷	
印　　　数	4001—7000册	
定　　　价	48.00元	

前言

在装修这条路上，想必绝大多数人都是菜鸟。

没经历、没经验、没成熟的想法，纯粹"三无"情况下进入装修状态。怎么办？

没关系，本书正是提供给所有菜鸟级装修选手的详细说明书，从进入装修系统的第一个步骤，哪怕是您要具备的心理素质，我们都替您考虑到了。

从开工前的准备工作，到进入装修后的 4 种工序排列，每个步骤都有详细的操作说明和注意事项，即便您是第一次装修，只要按照这些步骤跟进，也可以轻松地完成装修。

当然，房子是自己的，装修只有自己上心才能保证日后住的舒适，在工人马不停蹄开工后，咱们也不能闲着，抽空恶补选购知识吧，大到地板、瓷砖，小到马桶、浴盆，要想使用方便又经济实惠，在选购材料上，真的是谁也帮不上忙。让装修公司来选，他们也许会根据您的资金选价格相当的，但是否能入眼，是否用着顺手，其实还是得靠自身去体察，因此，别偷懒，装修不过短短几个月，有些辛苦是必须自己付出的。

作为建筑装修的从业人员，自己装修过，眼见许多业主装修过，心里话有几句，分享给正在装修的您。

（1）随着潮流的改变，装修风潮也会随时有更新或转向，但任何风格或变化都必须以房子为基准，房子的面积、户型等这些是难以改变的，如果为了追求某种装修效果而破坏原有格局，可能后果会非常严重。居住的安全性远比任何装饰装修都重要，这点分享给所有追求新潮和惊喜的 80 后与 90 后。

（2）在房价居高不下的时代，作为普通大众，幻想通过换房子而提升居住舒适度有点难实现。因此软装饰和居室收纳布置就显得尤为重要。为什么明明都是 60m² 的小家，有的业主家里就宽敞透亮，而有的业主家里则狭窄混乱，这其实在一定程度上与居室布置和物品收纳方法有关系，而这些都是装修后的装饰布置工作，作为装修工人、乃至设计师或是工程监理，只能给您提供一些小的建议，具体操作方法，则需要您打开思路，自己动手。有时候美好的居室环境，只在于一点小的改变就可以实现。这一点分享给所有正在装修，想改善居住环境的朋友。

希望在本书的帮助下，您的装修过程顺畅一些，烦恼减一些，入住时间快一些，冤枉钱花的少一些，愿您装出有品位又实用的美好居室。

编著者

2014 年 5 月

目 录

第03章
精挑细选——擦亮双眼选建材

瓷砖——最必不可少的

地板——适合的才是最好的

卫浴——便捷舒适是根本

门窗——要与装修风格统一

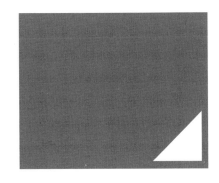

第04章
因地制宜——不同空间不同装修

让客厅看起来宽敞明亮

温馨舒适是卧室的基调

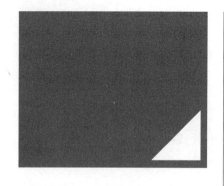

卫生间必须要做到干湿隔离

厨房，实用搭配有窍门

餐厅，与厨房紧密相关

第05章
锦上添花——精美的装饰尽显品位

风格定制，打造个性四溢的风格美家

五颜六色的居室色调搭配

布艺，配饰中的潮流新元素

工艺品，它的存在产生风格迥异的家

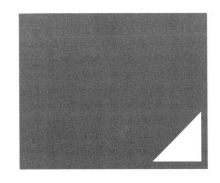

第06章
见招拆招——聪明应对装修中十大常见问题

问题一：发生项目变更，走程序是最佳途径

问题二：找熟人装修到底好不好

问题三：装修面积也能凭空增加

问题四："金玉其外，败絮其中"的伪劣材料

问题五：有了家装监理，也不是万事大吉

第07章
举一反三——盘点家装中的常见误区

吊灯安装不是个简单的活儿

插座要安装保险装置

浴霸从天而降变炸弹

[第01章]
未雨绸缪——装修前必须要知道的

　　终于拿到了钥匙，兴奋的心情就像小鹿乱撞，从今以后终于有了自己可以栖身的家。我知道，此时的你，恨不得明天就装修，后天就拎包入住。

　　但，等一等。装修可不是超市购物，买错了顶多甩手一丢，下次注意得了。装修不能说改就改，说换就换，装修是事关你的家庭生活是否舒适健康的大事。所以，千万别冲动，装修前静下心想一想，自己的装修预算有多少，自己想要一个什么样的家……

自己想要把房子装成什么样

　　装修前，要做个蓝图规划，不用很细致，但须要考虑一下，你想把房子装成什么样，要精致奢华的，还是小众生活的，你打算用哪种装修方式，用在装修上的支出大概有多少等，这些问题要做到心中有数，以利于整个装修顺利进行。

三种装修方式，选哪种

　　一般来说，装修方式可以分为清包、半包和全包三种，主要是根据业主的实际情况决定。如果业主及家人都是工作繁忙，必是要朝九晚五的坐班族，那全包会比较省心，几乎不用你费心费力。如果业主的工作比较有弹性，半包的方式能让你参与到装修中来，省钱是肯定的。如果业主有大把时间，而且想装出具有个人风格的家，清包能让你全程参与，当然，也是最省钱的。

1 清包

　　清包也叫包清工，就是业主自己购买所有的材料，找装修公司的工人来施工的一种方式。

优点

◎家装是件大事，不可掉以轻心，当然是亲力亲为比较放心。

◎即使你讲再多遍，设计师也不是你肚子里的蛔虫，他的设计也会跟你预想的有出处。自己设计，想要什么样就让工人施工成什么样，这样最能装修出自家的别样风格。

◎自己管钱最放心，什么材料毒素超标、工人偷工减料等，都不用担心，省钱又质优。

缺点

◎非常累人。装修可不是一两天就能完事的，得做好长期准备，少则一个月，多则半年。你得自己跑建材市场，自己思量设计方案，与工人共同工作，偷懒是绝对不可能的。

◎要具备一些装修知识。先得自己心中有数，才能按部就班。至少你得对装修材料和施工过程有相当了解，才能指挥工人干活儿。如果你对装修知识毫无了解，最好别用清包的方式。

2 半包

　　半包也叫清工辅料。就是装修公司提供一些如沙子、腻子、水泥、钉子等辅料。业主主要购买主材就可以了，这包括地板、瓷砖、卫浴洁具、涂料等等。

优点

◎掌握着装修的主动权，主要建材自己买，安全又经济。

◎设计工作由装修公司完成，省了不少事儿，跑跑家装市场就成了。

◎辅料不用自己买了，省事多了。别小看钉子、螺母这些小东西，有时没有它就没法干活，但只有工人自己知道最合用的那个是什么型号，所以放手这些是明智的。以后再也不用为一颗小钉子专程跑一趟建材市场了。

缺点

◎ 既然分了辅料和主材，就要跟装修公司讲清楚，在合同上标明写清，哪些是装修公司提供，哪些自己购买，想全了，最好一样也别差，以免除后顾之忧。

◎ 虽然省了一些事儿，但还不是最省事的。还是得研究建材，谨防被骗。

3 全包

全包就是全部与装修有关的材料、人工都由装修公司提供。

优点

◎ 比较省心省事，即使你是个家装门外汉都没事，不用逛建材市场，也不用操心设计。最后来拿房就成了，当然，如果你想装修中途来查查岗，装修公司也欢迎。

◎ 责权明晰。因为所有装修任务都交给装修公司了，如果一旦出现质量问题，他们就无法推脱。

缺点

◎ 价格高。既然你想省心省力，那就得牺牲一样：人民币。

◎ 装修质量难保。用什么材料、环保不环保、怎么装修等等，这些都由装修公司说了算，即使他们虚报价格、用劣质材料，你也很难辨识。

Tips：

如果是找人装修，一定要选择有素质的装修团队，不仅仅是工头要有素质，装修人员也有一定的素质，经验丰富和有责任心的人就不会让我们的房子装修效果和设计效果相差太多。当然，在与装修工头交流的过程中，切忌不要在他们面前装的什么都懂，也不要装的什么都不懂，避免产生沟通障碍。

考虑好自己的装修需求

知己知彼这个道理用在哪儿都正确，装修也一样。要想既经济又实惠地搞定装修，掌握装修公司情况，考虑好自己的需求是非常重要的。

其实，需求不外乎也就是自己想花多少钱，想装成什么样。明白了这两点，其他就都不是问题了。

1 预算得心中有数

装修房子打算花多少钱，是五万还是五十万。最好找个本子，专门用作记装修笔记。写出你的心里价位，如果能把每个项目的支出都大概列出来是最好的，这样能有效避免你在装修中陷入超支的困境。

不过要明确一个问题，一分价钱一分货。花五万装修与花五十万装修，效果肯定不一样的。但想要什么样的居室，还得量力而行，根据实际情况而定。

2 想好生活需求，盲目跟风要不得

家装是万万不能盲目跟风的。看到朋友家装了超级大浴池，每天下班，听听音乐泡泡花瓣该多舒服呀，我家也得安装。但你家的卫生间只有 3 平方米，装完浴池卫生间连站的地方都没了，这就是不切合实际情况。

经营一个家庭，我们的需求是无限的，但资金是有限的，所以得把有限的资金花在重点需求上。想想哪些是必须的，如果缺了它就会使生活不便利，或是现在不做，将来会倍添烦恼。生活中必需要洗澡，但怎么洗却没有定性要求，不管是淋浴还是盆浴、桑拿浴，只要洗干净身体，就能清清爽爽地出门上班。所以根据实际情况，如果卫生间只有巴掌点大，就别奢望装浴池了，舒适与享受是无止境的。

3 别过多考虑少数情况

举个很简单的例子，小夫妻俩单独居住，但偶尔双方老人会过来住几天，但只是偶尔，可能一年中也就那么十天半月。那装修中就别过多考虑老人过来需要什么，因为毕竟空间有限、资金有限，先搞定自己生活的必备品才是装修中最重要的。

> **Tips：**
> 在房屋装修的时候，任何装修都不可能是完美无缺的，在考虑适合自身装修需求的同时，也不能对装修抱有太多的期望，装修只是提升生活水平的一部分，后续的问题还需要通过装饰来提升，完全寄希望于装修上是不可取的。

整个装修
到底要花
多少钱

相比购置房产的投入，装修就算是九牛一毛了。但对于普通百姓而言，买房已经花了绝大部分积蓄，留给装修的也还真是屈指可数了。所以这装修的钱，还是要省着花，整个装修，哪里需要花钱，总共要花多少钱，这的确是需精打细算的。

怎样确定装修预算

所谓预算，就是整个装修所支出的费用，就如每个家庭每月也要进行消费预算一样，如果不能做到心中有数，那就会变成时髦的"月光族"。而装修时，如果不做好预算，80% 的情况下，你是会超支的。

一般情况下，装修费用主要是材料费、人工费和设计费这三个项目。

1 材料费

材料包括主要材料和辅材。材料费没有一个固定的标准，譬如选用的地砖是多大尺寸的，是瓷砖还是大理石，是什么牌子的，因质地和品牌的不同，价格会有所差别。此外，是干铺还是湿铺，工艺标准是什么等，这些也会有价格区别。材料费是装修工程中耗资最大的一项，一般要占到装修总价的 40%~45%，有的还会更多一些。

2 人工费

人工费是弹性最大的一项，在跟装修公司确定人工费时，要根据装修的难度、劳动力水平、以往的业绩等等具体情况而定。一般人工费要占装修总价的 30% 左右。

3 设计费

现在有专业的室内设计师可以帮你做装修设计，如果自己比较了解家装，并且想法独特，自己可以担当设计师，节省了设计费。如果请设计师，设计费一般占装修总价的 2%~5%。

4 其他费用

剩下的费用则是装修公司的管理费和获得的利润，一般占到 20% ~ 25%。

当我们把这些预算了解清楚，才不会被家装公司提供的预算书蒙蔽了双眼。在签订装修合同前，装修公司会提供一份预算书给客户。一般来说，预算是与图纸相对应的。图上绘制的每项将要发生的工程，都会在预算书中有所体现。

需要提醒您注意的是，确定好装修的实际面积，确定好各种材料的品牌、型号、种类、工艺、价格等。譬如刷墙使用的涂料，就必须要在合同中说明使用什么牌子的涂料，是内墙涂料还是外墙涂料，什么颜色、价格，涂几遍等。

还有一些不会出现在图纸上的工程，譬如线路改造、灯具、洁具的拆装等也会在预算书中体现，这时就需要您根据图纸上的具体尺寸核定预算。

此外，在人工费项目上，您得跟装修公司确定好装修时间、进度及付款方式等。合同中还得标明保修期，因为很多项目并不会在验收时出现质量问题，过一段时间才能发现。

> **Tips：**
> 我们在做装修预算的时候，一定要预留一些特殊预算，在装修的过程中，可能会出现一些特殊状况，如墙壁缝隙的填补、水电路的改造等，可能会超出预算，因此，我们预留一部分特殊预算来让总体预算有足够的资金空间。

买材料花多少钱

上面我们说了，材料费大概占装修总价的 40% ~ 45%，有时还会多一些，也就是总价的一半。譬如说，拿出 30 万元做装修预算，其中将有 15 万元用在购买材料上。

建材的价格出入比较大，不管您采用哪种装修方式，都应该多逛逛建材市场，了解市场价格。当然，价格并不是唯一需要了解的，最重要的是性价比，如何使手中的资金得到最合理的应用，才是考察的根本。

如果去考察，建议您逛逛以下市场。

1 综合型的建材超市

这类综合型的市场建材种类、品牌都比较全。譬如看看地板、地砖、大理石、管线等，这些装修主材、辅材的价格和品牌质量，多走几家建材市场，就基本能对建材的价格做到心中有数了。

2 品牌专营店

有些档次较高的家装用品会单辟门面开专营店，到这些店铺去逛逛，主要学习一下设计理念，了解一下品牌的独特处，A小姐装修婚房时，恰巧碰到一家卫浴专营店在做促销活动，结果她用很少的钱买到了一套性价比极高的卫浴产品。专营店中的产品价格虽然相对较高，但质量比较有保障。所以去逛逛专营店，可能会有意外收获。

做市场调查时，一定要注意切忌大海捞鱼式的广撒网，最好是今天集中调查地砖，明天集中调查卫浴，而不是一天内把所有材料都看遍。如果遇到某些店家正在打折促销，切勿盲目跟单，别被赠送的东西迷惑了双眼，而忽略主材的价格与质量。

> **Tips：**
>
> 在做材料预算的时候，我们一定要清楚材料和工艺制作标准，还要了解主材料和辅助材料，这样才能做到心中有数，避免遗漏。

设计费大概多少

设计费对于装修来说，是一笔不小的开支，虽然看不到，却无形中占了装修总价的 2% ~ 5%，譬如装修总价是 30 万元，那么会有 1 万多块钱用在设计费上。设计师到底是如何收费的呢，下面咱们就来具体看看设计师的收费标准（这只是最普遍的收费标准）。

1 量房

◎公寓：300 元；

◎复式、别墅：500 元。

注：一般在不拿走任何图纸的情况下，对设计方案不满意，量房定金都是可以退的。

2 设计收费

◎首席设计师：

公寓：60 元 /m²；

别墅、复式：100 元 /m²。

◎高级设计师：

公寓：60 元 /m²；

别墅、复式：80 元 /m²。

◎主案设计师：

公寓：50 元 /m²；

纯制图：20 元 /m²。

装修前，需
要亲力亲为
的事情

装修不是件小事儿，就算您采用省心省力的全包方式，有些事项还是需要您提前了解，以备不时之需。下面这几件事儿，是需要您亲自出马才能做到最好的。

逛建材超市，做到心中有数

无论在哪个城市，建材店、装修装饰材料市场都比比皆是，并且价格落差也很大，但是装修是一项庞大的工程，不能草草了事，为了购买到物美价廉、安全可靠的建材，一定要做到心中有数，主要有以下几个方面需要注意。

1 多逛才能有谱

为了了解各种建材的区别，可以先逛一下自己朋友推荐的建材市场，让销售人员给自己介绍主要建材，如地板、瓷砖等主材的品牌、性能，通过这种渠道了解各种材料的各项性能，如果不懂，再进行查询，这样才能心中有数。

2 了解采购渠道

在逛建材市场的时候，我们需要了解一点，那就是建材超市、市场规模越大，进货环境越少，渠道就越直接，往往价格和产品的性能也更有保障，最好能够在几大建材市场进行比对，然后根据经济能力和个人喜好选择。

3 比价之后再购买

如果能够打听到经销商的价格，那是最好不过的，可以拿过来做参考。不过，现在整个装修市场价格已经比较

透明了，我们将各大市场的价格记下来，寻找最符合、性价比最高的建材。千万不要贪图省事，一家建材市场全部搞定，选择最适合的单独购买。

4 练就火眼金睛

虽然建材市场价格透明，但也有一些冒牌货、次货，在选购的时候，千万不要贪图便宜，盲目听信销售人员的花言巧语，购买伪劣产品。一定要多提问，多检查，练就孙悟空的火眼金睛。

5 具有环保意识

无论是购买何种材质的建材，一定要关心环保问题。无论进入哪个建材市场，首先都要通过自己的鼻子来感知是否甲醛超标，就算是一些打上了绿色环保标签的品牌，也不能完全相信，一定要看证书，亲自比对两种以及两种以上同等价位材质的区别，保障家人安全。

Tips：提防"李鬼"

在选的时候，第一个要防的就是"假名牌"。现在市场上有一些仿名牌的产品，价格会比真正的名牌便宜很多，材质也肯定不一样，在选的时候就要注意。比如实木地板，可以用手轻轻敲一下，听声音，看价格是否在正常区间，然后购买。

第二个要防的就是不符合标准的，比如，封闭阳台的铝合金，按照国家规定，封阳台的铝合金材质厚度不能低于1.2mm，所以在选的时候，要拿尺测量，千万不要购买不符合标准的。

第三个需要防的就是"假洋货"，很多人都喜欢买洋货，尤其是一些德国进口之类的，但是一些打着进口招牌的，有时候就会在关键部件上做手脚，让进口变成半进口，如有的玻璃趟门，就将导轨和门夹变成次品，一定要先了解，再检查并详细询问。

选一家可靠的装修公司

选择一家合适的装修公司是一件大事，这几乎决定着您是否能顺利装好房子，踏实入住。一般情况下，我们可以通过这几个途径获得装修公司的信息。第一，通过亲戚朋友介绍。第二，到家装市场去了解一些装修公司的信息。第三，看一些家装的报刊，从中了解装修公司信息。最后就是通过互联网，通过一些家装网站了解装修公司信息。

在选择装修公司时，您需要注意几个问题。

（1）根据经济能力选择装修公司。装修公司一般有两种，一种是规模较大的，这种公司拥有很齐全的程序，不会让客户有更多担心。而且大公司的设计都是一流的，选择这样的公司比较放心，但费用较高。还有一种装修公司规模较小，公司的环境、运营成本低，所以配备的设计师也比较少，如果装修预算不是很高的话，选择小的公司会比较省钱。

（2）考察装修公司的营业执照。看装修公司是否正规，最根本就是看这个公司的营业执照是否齐全。首先要查看营业执照原件，如果这家公司是一家大公司下属的某个部门，一定要看法人委托书原件。除此之外，公司是否有正规的办公地点，是否能出具合格票据等，也是要考察的内容之一。

（3）考察装修资质。如果您装修的房子比较大，总价比较高，就要特别注意所选装修公司的资质。所谓资质就是装修公司在市场上做装修的能力，必须要同时拥有两种资质才是合法的，一种是作为国家规范的，还有一种是各省市级颁发的。前一个是三级的资质，后一个是四级的资质。让你所选的装修公司出示《建筑装修资质证明》，这个证明是当地建设委员会对装修公司的基本资格的认定，资质证明严格规定了装修公司的等级和所能承接装修工程的额度。

Tips：如何看待"马路游击队"

所谓的"马路游击队"就是没有资质证书、没有营业执照、没有固定办公场所的装修工人。一般在大型建材市场周边最常见。这些装修工人的优点是价格便宜，因为他们没有设计费、管理费，免了很多中间环节。但问题是只能做一些简单的装修工作，谈不上整体效果和艺术风格。而且一旦日后出现质量问题，往往很难找到当事人，装修质量比较没保障。

签合同并非小事

装修合同对于客户来说，是利益的最后一道也是最有力的保障。为了自身利益，一定要看清每一项合同条款，因为这决定着很多东西：装修的质量、支出的装修费、工程的质保等等。在签订合同时，需要特别注意以下几点。

1 核对双方信息

签订有效合同前，看装修公司的经营项目是否标明有家庭装潢这一项，白纸黑字上注明的才有法律效应。

很多人就遇到一些没有装修资格的装修公司，假拟他人公司的营业执照进行违法经营，合同上一个名称，营业执照上又一个名称，出现问题后，根本就找不到人。因此，在合同范本上，要将合同上装修公司的名称与装修公司营业执照原件上的名称对照。

除此之外，还要核对装修公司的公章，除了要与合同上的名称一致，还要与营业执照上保持一致。

2 仔细审查合同细节

合同的每一个条款，包括施工工期、施工内容、合同标的、验收标准、付款方式等都必须一清二楚，双方需要履行的责任和义务都需要条条清楚明晰。

对于完工的时间，完成的质量，以及没有如期完成如何解决？在施工过程中造成的一些管线损害，如何修复、赔偿？擅自解除合同如何赔偿？这些问题都要清楚列出来，不要让装修公司有任何可乘之机。

附件作为合同的一部分，应包含施工材料报价单，上面包含的施工材料品牌、规格、型号、单价、总价、人工费、材料费、材料内容等，要明确列出来，千万不要有"按实结算"、"暂定"等模糊不清的词句。

3 书面签字确认

在开工之前，提供给装修公司的房屋装修设计方案以及施工图纸，需要有详细的分解图，并且要与装修公司核对，在每一张上面签字确认，一张都不要漏掉，也不要轻易改变。如果有更改，一定要双方签字确认，否则拒不签字。

> **Tips：**
> 需要注意的是，在合同签订的过程中，双方除了在合同后页签字盖章外，还要在整本合同的骑缝盖章确认，以防掉页。在施工进程中，遇到任何更改事宜，都要双方以书面的形式签字确认，以留有依据。

4 不要遗漏空格

在双方签订合同的过程中，有很多空格，如居室规格、大小，包括房间、客厅、厨房、卫生间、阳台、过道等平方数，需要仔细测量，不要有差错，施工面积、开工日期、竣工日期、工程天数，以及各种费用，涉及到数字的，都要一一核对，完整填写，不要有任何遗漏。

看图纸才能对装修过程了如指掌

要想按照自己喜欢的样子装修自己的房子，将各种元素呈现在装修计划和效果中，首先要有一个自己满意的设计图，这考验设计师的水平，而在装修过程中，让施工人员按照设计图的样子装修，就考验你对图纸的把握了。

现在通过软件工具设计出来的装修图，很多时候能够将装修效果呈现在你的面前，但在具体的实施过程中，各种针对性强的分解图，各种有着特殊意义的符号等，有时候会让你头大。

正规的图纸旁边一般会有图例，并且标注符号的意义，但是，为了让装修心满意足，就需要下足工夫，了解关于图纸的各种基础知识。只有自己成为了专家，才能更好地要求装修公司，一旦装修公司偷懒，就可以要求他们在图纸上做明确的标注，监督他们。

1 核量原始户型图

户型平面图能够描述了一套住宅的面积与房间布局，包含了尺寸、位置、形状、相互关系等基本参数，这些都是做好装修设计图的基础。如果原始图与本身房子的尺寸有出入，那么无论是装修出来的效果，还是装修过程中的人工、材料成本都会让你后患无穷。因此，在看原始平面图的时候，要亲自拿卷尺测量户型尺寸，加以精确。

另外，有些原始户型图，会将钢筋结构墙用粗黑的实线描出来，最好不要进行强行的拆除和改造。当然，用两条平行线夹在两条墙的看线中的窗户也需要注意，不要随意更改，以免影响采光。

2 看清装修效果图的猫腻

经过电脑技术处理的装修效果图往往与实际效果有一些差异，所以，在看效果图的时候首先要看整体颜色，让整体色调符合自己的审；其次，要看布局设计，根据自己的需要选择柜子、餐桌大小规划；最后，核对实际比例。

有些设计师在画效果图的时候，为了达到好的效果，会将房子的框架面积和家具的比例进行调整，到后来实际装修的时候，就会有很大的区别。因此，业主可以实际比较一下装修效果图和实际施工图这两个图纸的效果，看设计师是否将2.6m层高的房子画成3.5m层高的，将$20m^2$的房间画成$30m^2$的，配上床、沙发等，仔细看看，隐藏的猫腻就出来了（配对比图，对比两个效果图的差距）。

3 局部针对性图纸注意事项

局部图纸包含：地面材质图、墙体改建图、天花板吊顶图等。

在地板材质图上，要表明材质的种类、拼铺走向图案，以及标明材质更换分界处，这样就能更好地做预算。

对于一些准备拆除的墙体，设计师会用斜线来标注，而实心粗线表示新砌的墙。但是，在原始图中，有一些是钢筋水泥的承重墙，是不能随意改动的，不要为了打通阳台或者房间，将承重墙拆除，哪天塌了都不知道怎么回事。

在天花板吊顶图中，要清楚天花吊顶的走向、顶部灯的位置、吊顶的平面造型和顶部到地面的距离以免产生视觉误差。

4 水电图

有一些装修公司在提供图纸的时候，没有提供水电图，一定要给他们提出要求，让他们在设计的时候将水、电、插座分布图提供出来。这是不能省略的部分，关乎今后每天的生活。

在涉及电视、电话、网络、音响等弱电分布的时候，要考虑到相互之间的干扰性，尽量不要相隔太近。

在涉及插座、开关分布图时，要注意数量的控制和便捷，不要进门半天还摸不到开关。同时，还要避免开和关的混淆，入住后反复地问自己，是开了？还是关了？

在涉及供水布置图上，要标明卫生间、厨房设计和水的供给、排放，以及冷热水的分布，以便今后的维修。

> **Tips：**
>
> 　　水电是关系到居住之后人身安全问题的重要因素，我们在看图纸的时候，一定要看清楚，切忌被装修人员忽悠，随意改动。

承重墙不能
说拆就拆

很多人在家庭装修的时候，为了让整体更美观，在设计时完全不考虑承重墙，说拆就拆，这样一来，就直接影响了基础的稳定性，让自己以及家人每天都处于危险的房屋结构中，试问，这种情况下，是安全重要，还是美观重要呢？

为了我们的安全考虑，在装修之前，我们一定要认清什么是承重墙，如何辨别，在装修设计时慎重考虑。

何谓承重墙

在整个楼层中，承重墙所起的作用至关重要，它是支撑楼板、构建楼层结构的主要支撑，如果出现问题，整个楼层就会坍塌，直接危害生命，需要我们格外注意。

1 承重墙与非承重墙

承重墙，顾名思义，就是支撑上不楼层重量的墙体，如果破坏，就会影响整个楼体的建筑结构，而非承重墙，则只是起到将房间隔开的作用，并不起到支持上下楼层重量的作用，从工程装修上而言，非承重墙对建筑结构本身的意义并不大。

2 承重墙的支持受力点

承重墙像人体的骨骼，对整个房屋来说，起着非常重要的作用。而对于一块楼板来说，在板中间和支座处的受力是不一样的，承重墙这个支点，一旦出现裂缝，在持续的使用过程中，裂缝就会越来越大，最后断裂，而楼板没有了支座，后果就非常可怕了。

3 识别承重墙

在建筑施工图中，我们往往会看到图纸上有很多虚实墙体，而粗实线部分和圈梁结构中非承重梁下的墙体都是承重墙，而非承重墙体则是以细实线或虚线标注的，我们在看建筑图纸的时候，要学会分辨。

> **Tips：**
> 一般来说，砖混结构的房屋所有墙体都是承重墙，框架结构的房屋内部的墙体一般都不是承重墙。而具体到房屋结构本身，需要根据建筑图纸，并且到现场实际勘察后才能了解。

现场检查承重墙

在装修现场，为了能够更清楚地掌握自身房屋机构，我们要学会分清承重墙和非承重墙，在设计装修图纸的时候，也要重点区分，避免将承重墙当做非承重墙拆除。

1 区分住宅档次

一般我们常见的住宅楼、别墅都是砖混结构的，所有墙体都是承重墙，而高档的住宅楼以及别墅，多为框架结构，房屋内部的墙体，一般不是承重墙。

2 砖材区分

一般标准砖修葺的墙体基本上都是是承重墙，而加气砖修葺的墙体多是非承重墙，我们可以通过敲击墙体，听声音，如果清脆并且空洞，则是轻体墙，基本上属于非承重墙，如果是比较沉闷并且没有太多的回音的墙，则是承重墙。

3 薄厚区分

正常承重墙都比较厚，砖墙大约24cm左右，如果是寒冷地区的外墙，则为37cm左右，而混凝土墙则是20cm，而非承重墙则为15cm、12cm、10cm或者8cm不等，往往厨房、卫生间出现的较多。

4 结构区分

承重墙的墙与梁间往往是紧密结合的，而非承重墙则可以采用斜排砖的方法，而从整体结构来看，外部墙通常为承重墙，与邻居共用的墙也是承重墙，而卫生间、储藏间、厨房、过道，则有可能使用非承重墙。

承重墙动不得

　　有些家庭在装修的时候，知道承重墙是建筑的受力结构，但是却存在侥幸心理，觉得开一个洞口，或者稍微改造一下，不会影响整体结构这其实是大错特错的。随意改造承重墙，会影响整体的结构受力，让整体受力不平衡，影响到我们以及他人的安全。

　　依据建设部的《房屋建筑工程抗震设防管理规定》中第二十六条规定：违反本规定，擅自变动或者破坏房屋建筑抗震构件、隔震装置、减震部件或者地震反应观测系统等抗震设施的，由县级以上地方人民政府建设主管部门责令限期改正，并对个人处以 1000 元以下罚款，对单位处以 1 万元以上 3 万元以下罚款。

　　因此，我们在改造墙体的时候，一定要慎重考虑，避免自找麻烦。

　　当然，如果一定想要一个解决办法，那可以找到该建筑的设计单位，请求计算一下该承重墙的承重系数，以及是否能够进行改动，各方协商再做出合理的决定。

交房不等于
撒手不管

　　几经比较，几经商谈，终于确定了装修方案，找定了装修公司，该交房了。虽然合同上白纸黑字写得很清楚，装修方案也非常完美，但也不等于能够安安稳稳做甩手掌柜。在交房之前对于房子的检验，现场交房的程序，都是要亲历亲为，否则就是人为刀俎，我为鱼肉，任人宰割了！

现场交底要注意些什么

　　现场交房是整个装修过程中最关键的步骤，你对房子的重视程度也能在此得到充分的体现。为了避免纠纷，对于需要保留的元素，需要修改的地方都要用书面的形式表现出来。除此之外，为了让装修进展更加顺利，现场交房还有一些注意事项。

1 三方参与

　　在现场交房的时候，一定要聚齐设计师、施工负责人，还有自己一方的合同签署人。让设计师向施工负责人详细介绍设计方案，以及需要注意的地方，如果有遗漏的地方，要补充完整。如果请了工程监理，还需要让工程监理也参与其中，齐聚四方负责人，办理各种手续。

2 施工项目的确认

装修是一件繁琐的事情，客厅、房间、厨房、卫生间等装修的时候，一些需要保留的设备以及修改的项目，都要进行文字确认。对于需要现场制作的柜子，或者需要油漆工油漆涂刷的次数，或者是水暖工上下水走向的改变、卫生洁具的移动等等，都要用文字表现出来，越清楚越好，然后双方签字确认。

3 制作工艺的描述

在交房当场，对于一些制作工艺，如墙面的基础处理、裂缝的解决、腻子粉刷的次数、墙漆粉刷的次数、瓷砖粘贴时腰线的位置、线路的走向、开关的位置和数量等等，都需要明确地勾画出来，防止装修公司敷衍了事。如果文字无法详细表达，就需要做一些图纸来做深入的说明。

4 材料的清点

偷工减料是很多装修公司经常干的事情，在交房的时候，要在现场将双方负责采购的材料点算清楚，如果是自己买的材料，要进行仔细的核对，如果是装修公司买的材料，就要比照报价单和型号，以免货不对版，价不对码。

Tips：纠纷的提前预防

业主买到房子后，如果没有经过仔细确认，装修完后马桶排水不畅，或者厨房下水管道不通等，到最后交房的时候业主说是装修公司造成的，装修公司是说之前交房就存在的，这样就是公说公有理，婆说婆有理，说不清到底是谁的问题。这种事情也比较常见，到最后受伤害的还是业主。

为了预防这种不必要的纠纷，一定要确定清楚最开始的状况，落实到文字证明，分清职责。除此之外，如果在交房现场还出现一些特殊情况，需要齐聚两方人员进行协商，并且拟定补充合同。

装修前验房必不可少

房子在交给装修公司的时候，自己一定要对房子有一个明确概念，当然，这不仅涉及到自己在收房时候的验收，也涉及到交房时候的检查，大到房子的格局，设计，小到房子的水龙头，都要仔细检查，主要有几个关键点。

---

1 整体勘查

在检查房子的时候，首先要看清楚房子是不是有裂缝，尤其是卧室以及靠近露台的顶上和地面，如果出现了裂缝与墙角呈现 45° 以上倾斜，这个房子就存在严重的质量问题，无法补救，一定不能签收。如果裂缝比较多，贯穿整个墙面，并且透到墙后，这个房子也不能要。不过，如果只是存在轻微的与房间横梁平行的裂缝，就需要跟装修公司协商修补问题。

除了裂缝问题，业主还需要用专门的仪器，或者通过在房顶上系绳子栓重物的方式，检查房子是否存在倾斜。通过远距离、近距离、四周观察的方式观察整个房子状况，千万不能出现类似于比萨斜塔似的状况。

最后，还要整体检查房子的墙面、地面、顶是否存在变色、发霉、脱皮、渗水、掉灰的情况，这些都不能验收。

2 从细微处着手

用手敲击各个墙壁，如果听到沉闷的敲击声，说明是实墙，如果是咚咚的空洞声，那说明是空心墙，这种墙的隔音效果非常不好，要注意。

亲自体验门窗开关效果，看看门窗是否严丝合缝，开关是否灵活。

对厨房、卫生间、阳台有管道接口的地方进行仔细的检查，看看是否存在渗漏或者排水不畅的现象，在有水管的地方进行放水实验，看看排水速度和水压。

检查房屋线路，先将屋外的电闸拉断，确定电闸的有效性，再到室内试验各分闸，再检查其他地方插座是否有用，可以用试验笔测试，还要将电话线、电视的线路接口检查一下，看是否虚设，是否牢固。

收房最关键的一个问题，就是要有开发商提供的《住宅质量保修书》和《住宅使用说明书》，还要有该房屋的备案文件复印件，确认房屋的合法性，不要买到没有产权和资质的住房。

3 拒绝验收垃圾房

在验房的时候，如果房屋存在证件不齐全，不要盲目听信开发商或者签收人员的一面之词，等证件都齐全了再签收。如果开发商迟迟不解决，可以直接找开发商，要求开发商承担责任，协商不了时，可以寻求法律援助。

在验收房子的时候，出现质量问题，要找开发商或者建筑商针对质量问题进行书面确认，并且加盖公章，解决好了再签收。如果开发商无法解决房屋质量问题，并且就算是修复了也无法正常居住，可以直解除开发商解除合同并索要赔偿，必要时通过法律手段来维护自身利益。

Tips：做足准备

在验房的时候，一定要准备好各种工具，笔和纸是必不可少的，尺和刀片、试验笔等专业工具也要携带，当然，还要带上照相机，保留数据。如果你对自己验房没有信心，可以寻求专业人员的帮助，让他们帮你完美验房。

[第02章]
循序渐进——一步一个脚印扎实做装修

　　装修说起来难，其实也很简单，无外乎水电、泥木、油漆、收尾，将这4项工程做完了，装修也就完成了。无论是全包、半包，还是清包，装修都要循序渐进，按部就班。慢慢来，一步一个脚印，扎扎实实做好装修吧，从现在开始，开工了！

**装修第一步：
水电工程**

　　房屋装修，水电是第一步，也是非常重要的一步，因为基本上有一半的水管电线材料都是埋在瓷砖底下或者是墙壁里面的，如果弄不好，漏水或是用电不安全，重新返工不说，还存在着巨大的安全隐患。

水电隐蔽工程包括哪些项目

　　水电施工说白了就是水施工和电施工，这是开始装修的第一步，也是重要的一步。那么，水施工包括哪些项目呢？自己想想，其实就是铺设水管路，做好厨房和卫生间的防水，而电施工呢，包括地、墙、顶面的开槽、埋线、穿线和封槽，另外就是开关、插座、灯具的安装。

　　当然，通电、通水的检测是必不可少的。那么，具体包括哪些项目呢？

1 前期准备

　　水电隐蔽工程最忌讳的是重新覆盖和掩盖，这样相当于直接返工，因此，前期的准备一定要做好，承包项目一定要权责明晰，保障双方利益。

　　其中包括：主要材料的质量，如电器、电料是否包装完整；电线保护管是否有破损；开关、插座是否配套；确定施工位置，施工后不要再改造或添加；最为重要的就是以房屋水电设施的施工量做成合理报价，签订明细合同。

2 开槽、埋线、穿线、封槽

　　出于美观的考虑，电线最好不要外露，根据线路走向和接线盒位置的标注，在地面、墙面、顶面凿线槽和线盒的埋槽，然后埋装接线盒和线管。接着逐步整理线管，使线管平稳贴在槽底，最后用水泥砂浆封埋管槽和线盒穴的空隙，填平。

Tips：
　　需要注意的是，要以水平线为标准定位放线，挖线盒，按照管径大小开槽。无论是电源线、电话线，还是网线、门禁线，电视线，都要固定好开槽的位置。等砂浆凝固后，将线盒内多余线管截去，管口伸出盒内壁 3mm 即可。

3 安装插座和开关

线路布置完成之后，在每个线盒并头处安装开关、面板和各种插座以及灯具。保证开关、插座的安装与墙面高低一致，面板端庄、牢固。保证同一个场所，开关上合开灯，下分关灯。

> **Tips：**
>
> 需要注意的是，低插座的安装要高出地面 0.5m，高插座要高出地面 1.5m，落地插座一定要有盖板，潮湿的地方使用防溅型插座。开关的安置最好与门框相距 0.2m，相邻的两个开关相隔要大于 0.2m，同一场所高低差不要太大。

4 铺设水管路

水管路一般不需要花费太大的工夫，最好不要随便改动，按照房屋原来的设置。需要做的就是确定水管道铺砖的厚度，并固定好。对一些需要人工改动的地方，精密计算，使用牢固的 PPR 水管接口，保障与水电设施的对接。

5 防水工程

一般情况下，卫生间、厨房地面都有防水层，只要不破坏原来的防水层，就不会渗漏，但是如果装修中增添设备，或者重新布局上下水管，就需要重做防水施工。要先将地面凿平，然后用防水涂料刷 3 遍。

承重墙要做 0.3m 的防水处理，非承重墙要做 1.8m 的防水处理。墙壁内的水槽也要涂防水涂料，以防漏水。

6 验收

在各项工程完成之后，验收也是一项大工程。包括上下水是否顺畅，线路有没有交叉，开关、插座面板安装是否整齐一致，是否通电等等，都需要一一验收。

> **Tips：**
>
> 水电隐蔽工程是一项技术含量较高的工程，一定要请专业人员来施工，在施工之前，最好能够清楚了解施工的目的和达成的效果，避免一些可能出现的纠纷。

盘点需要购买的水电工程材料

在做水电装修和改造的时候，首先要列一份清单，明确需要购买的水电材料，做到心里有数，这样才能避免反复购买带来的烦恼。不要以为价格高就是好的，安全、实用、经济是购买材料时首先要考虑的三个因素。那么，我们来了解一下，水电工程需要购买哪些材料。

1 配电必备材料

◎配电箱：一般而言，在交房的时候，配电箱是已经安装好的，不需要自己购买，但是如果要装中央空调和地暖，就会超负荷，需要改动配电箱，这个时候，要选择口碑好，质量好的配电箱进行更换或者改动。

◎电线：一般家庭要购买 1.5mm² 单芯线和 2.5mm² 单芯线，要先测量好居室需求长度，然后再购买，以免浪费。而对于一些有大功率电器的家庭，如有中央空调的，则需要购买 4mm² 单芯线，也需要先测量再购买。

◎辅料：辅料首先要购买绝缘胶布，其次是 4 分 /6 分 PVC 导线管、暗盒和 PVC 管箍，再次是弯管弹簧、入盒接头锁扣，最后是 90° 弯头。

◎开关和插座：开关要根据居室需求选择好单双路开关、门铃开关、声控延时开关或触摸式开关，如果有特殊需求，还需选购调光开关。插座一定要选择适合家庭需求，并且，所有家庭都要根据家电的数量来选择插座数量，不要太多。

Tips：
在选购开关和插座的时候，要选择手感好、分量较重，质量有保证的品牌。

◎灯具：客厅、餐厅、书房、卧室、厨房、厕所都需要根据个人喜好选择适合的灯具，最好再配置一个能够移动的落地台灯，可以在需要的时候，随时搬动。对于一些客厅需要进行改装的家庭，还需要选择射灯、壁灯等，都要准备好。

2 配水必备材料

配水必备材料有三角阀、水龙头、台盆、PPR 水管、地漏、水管弯道及接头、防水涂料、PVC 胶水、金属软管、生料带。

Tips：
要根据实际情况购买，或者跟选购商商量好，用多少买多少，避免浪费。

全面了解水电施工过程

水电施工是我们最难插手的一项，但是有非常多装修失败的案例显示，如果你一点不懂水电施工，很可能影响日后正常使用。因此，全面了解水电施工过程是非常必要的。事实上，在哪里开凿插座口，要开凿几个，卧室、厨房在开凿插座口时有何区别，这几个小小的问题，里面的学问也是很大的。

1 第一步：定好水电位置

水电改造的第一步就是水电定位，要根据自己的需求定出全屋开关插座的位置和水路接口的位置，并画出图纸，遵循"水走天、电走地"的原则，保证强、弱电之间不能互相交叉，保持平行距离大于 30cm。

Tips：
在规划水电的线路的时候，要尽量考虑到线路的隐蔽性、方便性以及安全性。电和气的线路一定不要隐藏在承重墙和柱子内，避免安全隐患。

2 第二步：设计插座、开关空间

在做好水电埋线后，将插座、开关的空间留出来，在设计的时候，要考虑到空间的可变性，为可能出现的不同空间做好准备，以免再次规划和设计。

3 第三步：打槽

当水电定位之后，就要打槽了，按照安装直线的原则，在水电走向的墙上画出来，对着图纸，然后打槽。

4 第四步：铺线路和管道

将线路和管道按照之前的设计图平铺，注意横平竖直，将误差控制在 5mm 左右，接着将线路和管道固定好，保证电导线不要裸露在外。

5 第五步：清理和保护

所有工作都做好之后，最后就是清理现场了，将周边的垃圾清除干净，并且在装修之前，将铺好的线路和管道做好合理的保护措施，避免在施工的时候被损坏。

> **Tips：**
> 在水电施工过程中，一定不要随意在地面开槽跨接线管；也不要随意在地面打卡固定管线；遇到钢筋的时候要避开，也不要破坏承重墙结构；尽量不让电线管走石膏线内；线管布置、固定完毕后，再用钢丝穿线。

验收时的注意事项

水电施工完成之后，验收必不可少，强电线管走墙，弱电线管走地，分开超过 **30cm**，水管尽量走墙，线槽横平竖直，这是基本原则，除此之外，还有一些细节性注意事项。

◎暗线配管。对于一些铺设暗线的地方，一定要配管，而空心楼板可以用护套线，在验收的时候一定要注意。

◎强弱电分管。强弱电不能穿入同一根管内，管内电线一定要宽松，验收时要检查。

◎电线管内不得有接头。在验收的时候，可以先断电，用手轻按，检查电线管内是否有接头。

◎裸露线头用绝缘胶布包好。在水电施工完成后，验收的时候，一定要保证所有开关、插座的明露线头有绝缘胶布包裹，防止触电。

◎同一室内的插座面板保持水平。在验收的时候，要观察同一个室内的电源、电话、电视等插座面板，看看是否在同一水平标高上，高差最好小于 5cm。

◎厨房、卫生间插座防水溅。在验收厨房和卫生间的时候，要注意。

◎测量电源和开关与地面距离。一般情况下，电源插座距地面一般为 30cm，开关距地面距离为 140cm，特殊需求除外。

◎大功率电器单独配线。对于空调之类大功率电器，需要单独配 4 平方单芯线，要注意验收。

◎通水试压。保证所有管道、阀门、接头应渗水、漏水现象。

◎水管。左热水管右冷水管，进水管全部用 PPR 管，下水管用 PVC 管。

◎煤气管。煤气管不能封死，在移管的时候也不能自己操作移管，要由燃气公司进行操作。

◎管道安排。各个管道保持一定的距离，尤其是电线管、热水管、煤气管不能紧靠。

> **Tips：**
>
> 在验收的时候，一定不要嫌麻烦，敷衍了事，对于每一个细节处都要亲自验收，以避免一些安全隐患。

了解水泥施工

水泥施工是对房屋装修前一些需要改造和填补的地方进行的施工处理方式，一般是局部施工。在这个过程中，有一些需要注意的事项。

◎水泥砂浆混合比例最好是按照 1 份水泥配 2 份砂的体积比例来搅拌，这样才能保证粘连性和使用寿命。在购买的时候，要按照这个比例来配备。

◎水泥不易储存，不能受潮和暴晒，在购买的时候，要选购出厂不要超过 3 个月的高质量水泥。而家庭砌筑砂浆用砂一般选用中砂，购买的时候要注意。

◎购买完成之后，要将水泥和砂浆进行搅拌混合，一定要搅拌均匀，用多少搅拌多少，避免搅拌过多，使用不了而变硬。砂浆要在搅拌后 3 个小时内用完。

◎在修砌的时候，每天砌筑高度最好不要超过 1.8m，在凝结前，要防止水冲、撞击、振动，避免反复浇水搓光，以免表面起砂。

◎如果屋面需要找平粉刷时，砂浆厚度最好控制在 6mm 左右，并且一定要一次性完成并搓平。

> **Tips：**
>
> 很多水泥施工往往敷衍了事，施工也不细致，不仅影响装修效果，并且装修一段时间之后，可能就会出现一些墙壁裂缝之类的问题，所以，在水泥施工的时候，我们一定要现场把关，不厌其烦的监督施工人员仔细施工。

了解水管施工

水管施工主要在卫浴间和厨房两个空间进行，说简单也不简单，虽然只是接好并保证通水，但水管的走向是否美观实用，所选管材是否耐用，都很重要。在选管材时，除了要了解适合的材质和市场行情，在施工的过程中，也有一些注意事项，验收的时候也需要准确把握。

1 了解水管市场

一般来说，现在 PPR 是一种比较环保的给水材料，比较适合家庭装修，价格也不贵，但是配件和接头的价格却占总体价格的一半还多，如果一厨一卫 PPR 水管施工总价是 1000 元左右，那么，配件基本上就要 600 元，所以一定要先问清楚了再购买，以免上当。

2 观察施工细节

在水管改造施工的过程中，除了之前说过的走线问题外，固定水管也要用专业的管卡，不能用勾钉，拧带金属的管件时，要注意力度适中，不要拧爆，一定要使用生料带密封，避免漏水。

在改造的时候，还需要保证冷热水管间距不要小于 15cm，不要贴墙，要高出墙面 2cm，保证冷热水管管口高度在同一水平线上。

管道安装完成之后，要进行适当的保护，如果有地面上的水管，要用水泥砂浆盖平，避免重压。

3 把握验收关键点

在验收的时候，要将水龙头打到最大，测试水压和排水速度。时间长一些，看看有没有地漏、渗水、测流等情况。如有问题，及时修整。

了解电线施工

1 了解电线市场

电线看似很小，但是却直接关系到人们的生命安全，所以一定要选择品牌有保证、质量过关的产品。一般好的产品可以通过 3 种方式来观察：

◎剪开看材质。好的电线剪开后，导线粗细一致，铜丝颜色光亮，电线外层塑料皮质地也很细密。

◎找钢印。好的电线每米上都有钢印，能够用手摸到凹凸的钢印，而不是油墨印。

◎找防伪标识。为了确保电线是正品，一定要找到防伪标识，并电话确认。

> **Tips：**
> 　　除此之外，插座、开关等也要购买有品质保证的产品。

2 观察施工细节

电线护套管要一气呵成，不能有弯头，保证检修的时候不容易穿拔。

◎家用微弱耗电电器的插座，最好用带开关的，避免反复拔插头。

◎空调插座要靠墙装，避免电线裸露在外。

◎插座的位置以及走线按照图纸一个个确认。

◎客厅、卧室、厨房、卫生间地方要铺设电话线，方便以后接设电话。

3 把握验收关键点

在验收的时候，首先，看电线是否被掉包；其次，用手来回抽导管内导线，避免不畅；接着，反复试验开关，看是否灵活，是否通电；最后，根据图表检查强弱电走向，避免长距离并行。

水处理产品都包括哪些

水处理产品往往是根据自己家庭的需求，购买和安装的水处理系统，一般主要有如下 4 种。

1 净水机

净水机的原理是通过活性炭等物质将水进行再次处理，杀灭细菌和微生物，能够有效去除水中有毒污染物，保留矿物质和微量元素，但是维护起来成本较高，价格从几千到上万都有，要根据家庭经济情况选购。

2 纯水机

纯水机是通过自身的反复渗透，去除水中有害物质，让水能直接饮用，比较方便，而一个小的纯水机价格一般是一千到六千，选择要看自己的需求。

3 软水机

软水机就是将硬水变成软水，避免水垢的产生，价格也是几千到上万不等，也需要根据经济情况选购。

4 过滤器

一种比较简单的去处水中杂质的装置，对于一些水管老化严重的家庭比较适用，价格也不贵，往往都是几百块钱，也比较小巧，安装便捷，可以按需选购。

> **Tips：**
> 同选择其他产品一样，都要根据自身的需求以及实际情况来选择，切忌盲目跟风，或者相信一些无谓的宣传。

安装水处理产品的注意事项

在选择了适合的水处理产品之后，我们在安装的时候需要注意一些问题。

◎大部分家庭都会把水处理设备安装在水槽下方的橱柜里面，注意在水处理设备安装完成之前最好不要把水槽固定，这样会在安装水设备时方便很多。

◎尽量安排水设备与橱柜的安装在同一天进行，这样可以相互配合，比如有时候水槽底部到橱柜底板的距离不够高，就可以把橱柜底版上打一个洞，让水设备直接落地放置。

◎一般软水机等水处理设备都可以调节出水流量，注意让师傅给调到合适的水量。

◎另外要注意安装水处理系统时用到的水路连接管及管件等是否安全可靠。经常有这种机器上的软管爆裂引起的漏水，把家里都泡了的事故发生。

> **Tips：**
>
> 　　出于周围安全考虑，在系统的安装及维护过程中，应始终遵守基本安全的预防措施，以防止火灾、触电。切勿在雷电暴风雨天气期间安装电源线，也不要将电源端浸泡于水中安装，所有涉及产品安装、改装及维护，必须在此之前将电源切断。

了解地暖

　　地暖，顾名思义，就是以地面为散热器，通过地板辐射的方式，实现取暖的效果。地暖属于近些年比较新型的散热设备，它比起水暖，优点在于散热均匀，不点墙面空间。主要有两种，一个是水地暖，一个是电地暖。水地暖的构成有几大部分，锅炉、分集水器、地面盘管、干式地暖模块、地面辅材、温控器以及部分弯头等配件，电地暖的构成有发热电缆、温控器、地面辅材、干式电暖模块，而它们各有优缺点，具体见表 2.1。

表 2.1　两种地暖的区别

项　　目	水地暖	电地暖
辐射	无辐射	轻微辐射
预热时间	3h 以上	2～3h
成本	安装成本高，锅炉 2 年保养一次，地面盘管 2～5 年需清洗一次	成本相对较低，无需清理和维护，后续保养成本低
便捷性	可提供生活热水	无法提供生活热水
能耗	预计 100m² 的房子每月 1800 元以上，包含生活热水	预计 100m² 的房子每月 1500 元以上
使用寿命	锅炉和铜质分集水寿命 10～15 年，地下盘管寿命 50 年	地下发热电缆寿命 30～50 年，但 10 年之内电缆外套会老化，热损增高温控器寿命 3～8 年
层高影响	9cm	7cm
安装耗时	时间较长，预计 100m² 的房子 4 个人需要 5 天时间	时间较短，预计 100m² 的房子 4 个人需要 2 天时间

> **Tips：**
>
> 　　地暖相对传统采暖方式而言，更加节能环保，并且楼层噪音也减少了，散热也比较稳定均匀，更舒适健康，适合现代家庭。

水暖安装的注意事项

　　水暖安装相对来说施工时间较长，工序也多一些，在安装的时候，也有一些需要注意的事项，这样才能消除一些安全隐患，具体如下。

1 前期准备

在铺设前期，要先确定图纸，做好准备工作，尤其是安装温控线和分集水器，都是很重要的事项，必须清理现场，确定主机以及分集水器的位置，然后再准备施工。

2 温控线、分集水器的安装

在装分集水器的地方，要先开槽，准备隐埋温控线，并且将相关温控线放到周围，方便连接。当然，还需要根据设计好的位置，安装分集水器。

3 地面保温板铺设

地面全面铺设保温层和供热管道也是一项注重细节的工程，一定要按照设计进行，要先根据尺寸裁切保温板，并且在铺设过程中，为管道留出空挡，反射膜也要紧紧贴住保温板，边缘用胶带粘牢，铺设钢丝网也要固定、扎牢。

4 供热管道铺设

供热管道铺设时，在分集水器与房间这段管道上，要套上专用的保温套，避免热量流失，讨好之后，将管道的一头连接到分集水器的温控阀门上，管道弯角处要小心捆绑，并且固定位置，最后将管道传回分集水器固定。

5 测试

在铺设完成之后，要将管道注满冷水，并用专用打压器打压，密封 24h，进行测试，保证无泄漏。

6 整体测试

等所有工序完成之后，就要进行整体测试验收了，这样才能保证正常使用。

教你挑选散热片

◎ 选散热片要根据自家房型来确定，空间面积大的可以选高的散热片，如一般家庭客厅偏大，而且待客都在这里，要保证温暖舒适一些，就要选高的，多加几片。

◎ 根据材质，一般来说，铜质散热片防腐性能最好，其次是钢制和铝制，就价格而言，铜质散热片价格偏高，这要根据自己需求选择。

◎ 要选择质量过硬的品牌，并在大型的卖场选购，这样能保证有更好的售后服务。

装修第二步：泥木工程

水电工程完成之后，就是泥木工程了，也被称为装修第二步，这也是一个非常重要的环节，直接关系到整体装修品质，尤其是地板、地砖，还有吊顶、封阳台、门窗等，这都需要我们亲力亲为，做好监督和验收工作。

泥木工程的主要施工项目

泥木工程包括泥工和木工，而泥工又分为结构改造、贴砖、防水等几个施工项目，木工又包括家具、门窗、吊顶等几个施工项目，具体介绍如下。

1 泥工

◎结构改造：主要是针对一些需要进行结构改造的家庭，包括厨房改造、阳台改造、卫生间改造等。

◎贴砖：主要是地砖或者地板工程，如何让地砖贴的漂亮、服帖、方正，是最主要的。

◎防水：主要是做防水层，包括厨房、卫生间、阳台。

2 木工

◎家具：主要是柜子，尤其是一些需要定制的柜子，包括衣柜、鞋柜、橱柜等。

◎门窗：包括木门、玻璃门、窗套、纱窗等。

◎吊顶：主要是测高，装修天花板。

验收时注意的问题

一般来说，泥木工程在施工的时候，我们无法时刻看守，这也让很多装修团队钻了空子，草草了事，出现铺的不平、缝隙太大、吊顶有毛边等现象，既然我们不能时刻把控，在验收的时候就一定要仔细了，主要有如下几个事项。

1 地砖验收

如果贴的瓷砖，那就需要保证整体平整、垂直，观察瓷砖是否镶贴牢固，轻敲瓷砖四周与中间，看看有没有空洞声。检查瓷砖与瓷砖的缝隙，上下左右不要大于 1cm。

如果是铺的地板，也要看是否整体平整，踩踏的时候会不会有松动迹象，缝隙是否过大、边角是否密实。

2 防水验收

防水验收主要是厨房、卫生间和阳台，防水层要高出地面 10cm，而浴室的则需要更高，不得低于 180cm，表层要平整，不能开裂、鼓起、松动，防水材料要严格符合施工标准。

3 吊顶验收

石膏吊顶需要检查吊顶龙骨是否涂了 3 遍以上的防火涂料；吊顶的边缘是否打磨光滑，表层是否平整；吊顶的螺丝是否有防锈处理；龙骨间距是否小于 50cm。

金属绿铝扣板吊顶要检查扣板整体的壁厚，不能小于 1mm；扣板铺设是否平整严密；顶角线是否与墙壁严丝合缝，缝隙处是否涂抹了硅胶；整体是否有误差。

木搁栅的验收则需要看其是否牢固，表面是否平整，间距不能太大，是否采用干燥实木垫木。

4 木柜验收

定制木柜在验收的时候要注意各种细节：是否有变形、开裂的现象；构造是否平直；上下是否等宽；转角是否为90°；柜门开关是否轻便；与墙连接的地方有没有缝隙；弧度是否顺滑；拼接是否准确；柜门把手安装是否正确等，逐一检查。

5 门窗验收

门窗验收要看五金件是否齐备；安装是否牢固；是否高低一致；是否密封没有裂痕；门窗开启是否便捷、灵活；地脚线是否平直；外观是否整洁；是否有刮痕和锈蚀现象；外门外窗是否渗水等，都要一一验收。

挑选安装室内门

室内门往往需要根据自己的需求来选择和安装，卧室、书房等多选择木质门，洗手间、厨房等水汽重、油烟多的地方可选择塑钢门、铝合金门等防水，好擦洗的。在选择的时候，有一些注意事项，安装则需要按部就班，分别介绍如下。

1 选择合适的室内门

◎风格：风格要与整体的家居风格保持一致。

◎漆色：门的漆色好坏直接影响门的质感和质量，要选择防潮、环保、耐用的油漆。

◎材质：很多人喜欢选择实木材质的内门，手敲一下，看看声音十分均匀沉闷，是否厚重并且质感好。

◎做工：看尺寸是否符合规则，是否严丝合缝，五金配件等细节处是否舒适。

◎证书：好的门都有"身份证"，表面材质、各类物质含量，要仔细查看，选择无毒的。

2 安装室内门注意事项

安装室内门首先要看洞口尺寸是否符合安装要求，其次要检查各零部件，包括门框、密封条、门套线等是否齐全，再次就是组装和定位门框了，接着要进行门框注胶，多余的胶要用刀片切片，最后就是安装门套线和门扇。在整个过程中，可以一旁观察，最后仔细验收。

挑选安装室内窗

室内窗主要有木窗、铝合金窗、塑钢窗，现在还有更新型的材料，如断桥铝等。其中，铝合金窗是高层建筑使用最为广泛的，而木窗则更多的用来装饰，塑钢窗则兼具装饰和实用两方面，也越来越多地被使用。那么，在具体选择和安装上，我们又要注意哪些问题呢？

1 选择合适的室内窗

◎材质：在选择室内窗的时候，首先要看材质，一定要环保，并且能够有效遮挡紫外线，并且不能有辐射，这是最基本的要求。

◎品质：选择环保材质之后，要选择隔音效果好、密封性能好的窗户，这样才能保证品质优良。

◎五金件质量：除了窗户本身外，五金件的质量也直接影响窗户质量，也影响使用，要选择五金件厚实、精细的，才不会影响使用。

2 安装室内窗注意事项

安装室内窗户，首先，要检查固定片的规格和位置，安装双向固定片，保证受理均匀；其次，要固定窗框，按照设计图纸确定窗框的安装位置，保证垂直度和水平度；再次，做好焊接，将其他固件固定；最后，做好窗框与洞口的填充处理，让保温、隔音、密封效果更好，但是不宜填塞过紧。

> **Tips：**
> 室内窗的安装应该在室内粉刷以及室外粉刷找平、刮糙等施工完成后再进行，在验收的时候，要反复开关，看窗扇的搭接是否标准，避免安全隐患。

吊顶的分类及特点

吊顶是整个装修中比较重要的工程，不仅能够美化环境，还能营造空间艺术感，那么，吊顶如何分类，各种类别又有什么特点呢？

1 平面式

平面式吊顶是最为普通的吊顶，没有任何造型和层次，通常用各类装饰板材拼接而成，比较简单、大方，也可以通过刷浆、喷涂、裱糊墙纸和墙布的方式，属于最基本的吊顶，操作简单，经济实惠。

2 凹凸式

凹凸式吊顶是相对复杂一点的吊顶方式，常与灯具，包括吊灯、筒灯、射灯搭配，层次感强，富于变化，适合客厅、餐厅的天花板装饰，但是施工相对繁琐，对施工的要求也高一点。

3 井格式

井格式吊顶是按"井"字造型，将天花板做成假格梁的一种吊顶方式，能够丰富天花板的造型，还能配合灯具以及装饰线条进行装饰，施工相对复杂。

4 玻璃式

玻璃式吊顶时候利用透明、半透明或者彩绘玻璃来装饰天花板的一种吊顶方式，为了提高室内空间的观赏价值，给人明亮、清晰的感觉，这种吊顶方式最为复杂，技术含量也较高，对居室净高也有要求。

> **Tips：**
>
> 当然，吊顶从材质上来分，也有很多种类，如石膏板、金属板、PVC板、玻璃板等，这需要根据家庭需求和经济实力来选择。

认真挑选各类吊顶

吊顶主要需要装饰板、龙骨、吊线等材料，由于材质的不同，价格也不一样。石膏板价格相对便宜，金属板价格相对较高，玻璃板工艺较为繁琐，而家庭装修中，常选用的是性价比较高，并且耐用的铝扣板。在选购的时候，也要认真挑选。

◎硬度。可能有些人会认为，扣板越厚越好，其实，铝扣板并非如此，如果材质不好，硬度不够，再厚也没用。最好选购铝锰合金扣板，不仅耐腐，并且硬度合适。可以用手掐一下，看看是否够硬。

◎价格区间。市场上的铝扣板厚度有 0.55mm、0.6mm、0.7mm、0.8mm 几个规格，宽度一般为 10 ~ 15cm 之间，价格一般为 130 ~ 200 元 /m²，可以作为参考。

◎细节。质量好的铝扣板表皮漆面平整，没有色差，也没有毛刺，不会起膜。

◎防腐。铝扣板背面一般要做防腐处理，可以用手抠，如果能够扣掉，说明不好。

◎标示和日期。正规铝扣板背面会喷上厂商标识和生产日期，品质相对有保障。

◎环保。劣质金属对人体有辐射，并且不环保，在选购的时候，一定要注意识别环保标识，避免购买劣质产品。

了解定制衣柜

为了更合理地利用空间，很多人选择定制衣柜，而定制衣柜又有两种类型，一种是嵌入式衣柜，一种是整体衣柜。这需要根据房间格局以及个人喜好来选择。

1 嵌入式衣柜

这种衣柜是将整个柜子嵌入墙中，让人看不出柜子板，让人在视觉上形成一种错觉，觉得空间节省了。需要根据自己的需求和喜欢，测量尺寸，并配合整体风格和空间大小进行合理的设置。

2 整体衣柜

这种衣柜往往造型较大，适合户型较大的人群。也需要先测量面积，然后进行定制，抽屉、衣架、衣杆、背板、柜体板等各个部分都能够充分发挥自主性，定制更符合自身要求的衣柜。

3 定制衣柜陷阱

定制衣柜会按照业主的需求来定制，但衣柜抽屉的数量越多，价格就会越高，一般抽屉 2～3 个就能满足，如果要安装 4～6 个，价格就会高出很多，需谨慎。

衣柜里面层板设计如果越多，价格会越高，小板 6 块，大板 4 块就够了，没必要安装太多，既不经济也不实用。

为了避免抽屉发出巨大声响，可以安装缓冲导轨，但是，缓冲导轨越多，价格也越高，这个也需要考虑，避免掉入陷阱。

很多人在定制衣柜的时候，考虑在衣柜中设立隐形镜，但是整体衣柜的隐形镜价格相对单独的镜子要高出一般甚至 1 倍，这也需要自己把握，不要一味图方便，到最后却发现其实没那么方便。

设计安装定制衣橱

衣橱属于大件家具，一定要根据卧室的结构和大小量身定制，在设计和安装上也要充分考虑空间结构，当然也要考虑储物需求，各个小细节都要考虑周到。

1 设计需考虑的要素

在设计衣柜大小的时候，要考虑床铺、床头柜、梳妆台等家具的摆放，虽然衣柜空间相对大，但也不能不协调，抢占全部空间，最好能够先做平面图，定位长宽高。

卧室虽然没有太多的开关和插座，但是在设计衣柜的时候，也要考虑到电、网络的布线，尤其是空调的悬挂位置，最好不要直面相对。

定制衣柜还要考虑风格是否与卧室整体风格以及色调相符，包括地板、窗帘、床以及其他家具的颜色和样式。

2 定制步骤

确定定制衣柜之后，首先要测量长宽高，然后设计合理的整体衣柜，最好有效果图，并根据效果图制作。

一定要选择正规的厂家，等厂家定做完成后，板材运到现场时，可以先检查板材是否包装完整，各版块和五金件质量是否符合要求。

安装之前，要将衣柜地板地面打扫干净，然后按照板材上的凹槽安装衣柜侧板和背板，调整位置，放置隔板，最后安装顶板，并用螺丝固定。

等顶边和底边都安装好之后，就可以安装衣杆，固定门扇，安装门轨了，经过这几个步骤，基本上就安装完成了。

安装完成之后就时候全面检查的工作，也就是验收，可以整体摇晃衣柜，看看是否牢固，检查抽屉以及衣杆，看看细节安装是否到位，如果出现问题，及时调整。

如何设计安装橱柜

橱柜定制是一个系统工程，要与水电、吊顶相配合，为了少走弯路，避免浪费预算，在设计和安装的时候，需要做到心里有谱。

1 设计需考虑的要素

◎高度设计：整体橱柜最高层板一定不要超过业主身高 30cm 以上，放置的炊具能够随手可取，避免攀爬。

◎空间设计：要考虑抽油烟机以及遮光盒的位置，避免遮挡视线，台面和壁柜低端要保持 50cm 的距离，避免磕碰、遮挡光线。

◎光线设计：台面的采光不仅仅来自厨房顶灯，还来自壁柜下安装的照明灯，为了避免反光，要考虑灯的瓦数和安装位置，并且进行合理的遮光，避免眼睛被直射。

◎区域设计：水槽和灶具之间最好保存 8cm 以上的距离，避免做饭的时候烫伤。

◎安全设计：无论是开门还是关门，都会占用一定的空间和弧度，在设计的时候，也有考虑这个开合半径，避免碰伤墙壁和自己。

2 定制安装步骤

定制橱柜先要选好品牌、款式和材料，支付测量定金，一定要确定好价格。

协商之后，要进行初步测量，确定灶具、抽油烟机、消毒柜以及冰箱等电器的尺寸，交代清楚结构、电源位置等。

测量完成后，需要设计方案图，确定细节，如有问题，要及时调整，确保精准。

准备工作完成之后，要确定花色、定五金，签订合同。

上门安装。等所有工序确定之后，就需要上门安装了，门板、台面、五金部件都要按照图纸设计按部就班，不要出现误差。

等安装完成之后，要进行验收，看看门柜是否结实、牢固，位置是否准确，抽屉是否好抽拉等，只有当所有细节都检查完之后，才能支付尾款，以免不认账。

橱柜的选材与购买注意事项

橱柜的构成主要有门板、台面、五金，细分下来也是多种多样，在选择后购买的时候也要细心挑选，安装自己的需求，选择最适合的。

1 门板的选购

门板从材质上分，有实木板、模压板、烤漆板等。

实木门板古典优雅，不过长期处于油烟下，不容易清洁并且容易变形，不适合经常烹饪油炸的家庭，适合欧式装修风格并且经济实力较强的家庭。

模压门板的优点时候造型多变，工艺好的模压门板表皮不容易刮伤，更容易清洁，适合普通家庭使用。

烤漆门板工艺比较特殊，视觉冲击力墙，防水、防潮、抗污能力都很强，也容易清洁，适合对厨房造型和品质有较高要求的家庭。

2 台面的选购

台面从材质上看，有天然石、人造石、石英石、不锈钢、防火板等。

天然石是一种质地比较坚硬的石头，耐磨并且纹理美观，经济实惠，但是受热或者被撞时容易断裂，冰冷，容易被污染和滋生细菌，在选购的时候，要综合考虑。

人造石使用比较广泛，坚硬并且有光泽，受热或者被撞时不容易断裂，可塑性强，防腐耐磨，抗污性强，但是价格相对较高，适合普通家庭使用。

石英石经久耐用，耐高温、耐冲击，并且容易清洗，不易渗油，但是形状比较单一，工艺要求较高，价格也较高，可以根据厨房构造以及经济实力来选购。

不锈钢也是很多家庭都在使用的一种台面，抗冲击力强，并且无缝隙，耐高温，也容易清洗，但是缺乏温暖感，容易出现刮痕，对于家庭管道交叉较多的家庭来说，不太适合。

防火板价格较低，耐磨、耐刮、耐热，也容易清洗，但是却容易潮湿变形，使用不当就会变形脱胶，对于经常使用厨房的家庭，最好不要为了省钱而选购，需谨慎。

橱柜五金挑选有招

橱柜五金主要有铰链（俗称合页）、滑轨、静音阻尼、液压缓冲器、拉篮、地脚。选购时，有几个注意事项：

◎要确定品牌是否正规，产地和品质是否有保障，可以选择一些比较熟知的品牌。

◎要看外观，不要有瑕疵，不能太粗糙，尤其是不能有毛刺、锈斑，大小统一、精致。

◎要看使用是否顺畅，尤其是铰链，使用起来不能太费力，滑轨使用也要顺畅。

◎要看是否有权威部门的检验报告。

只有将这4个方面都观察到了，才能确保万无一失。

装修第三步：油漆工程

油漆工程是整个装修工程的第三步，这个工程看似简单，但是却影响到整个装修的效果，这个工程就相当于化妆师，将所有的墙壁、木器等画上完美的妆容，让整个装修看起来完美无瑕，也是一个非常重要的工程，不容忽视。

油漆工程所包括的施工项目

油漆工程主要有两个组成部分，一个是墙面漆，一个是木器漆。

1 墙面漆工程

墙面漆工程首先要对墙面基层进行处理，然后刮腻子，接着打磨，先刷一遍，再刷一遍，最后清理现场。

2 木器漆工程

◎第一步：清理木器表面污渍。

◎第二步：用双飞粉和猪血灰搅拌刷木器表面，干透后用砂纸打光。

◎第三步：刷第一遍漆。

◎第四步：用腻子填补不平处，干透后用砂纸打光。

◎第五步：刷第二遍漆，干透后用砂纸打光。

◎第六步：刷第三遍漆，干透后即可。

需要准备哪些材料

油漆工程的材料主要是各种墙面涂料和木器漆，以及一些刷漆辅助材料，还有一些施工材料，这些东西在市场上都很容易购买，我们来看一下具体需要准备哪些东西。

◎涂料：包括墙面漆，木器漆，当然，墙面漆还包括内墙漆、外墙漆和顶面漆。木器漆则是家具使用漆，可以按需准备。

◎涂刷工具：包括滚筒和刷子，市场上也很容易购买。

◎辅助工具：包括腻子粉、石膏粉、胶水、涂料、绑带、砂皮纸、防开裂粘连剂等。

> **Tips：**
> 　　需要注意的是，腻子是墙面平整的一个重要基材，其质量问题一定要引起注意，千万不能贪图便宜，油漆不能选择粘连性不好，不防水，并且容易起皮开裂的产品。

验收时要注意的问题

　　油漆工程验收相对来说比较容易，只要从细节上来检查，就能知道工程质量是否过关，我们来仔细了解一下。

1 木器漆验收

◎看色泽。木器漆验收要看整体木器表面色泽是否均匀一致，保证没有裂缝和气泡，平整饱和是关键。

◎看薄厚。成熟漆工在刷漆的过程中，木器表面的清漆薄厚均匀，表面干净。

◎用手摸。验收木器漆工程时，可以用手抚摸木器表面，看看有没有颗粒，整体是否一致，如果不合格，坚决不能验收。

2 墙漆验收

◎看整体。墙漆工程验收从整体效果上验收，看表皮是否平整，反光是否均匀，有没有污染和弄脏的痕迹，如果有，要及时处理。

◎看细节。看天花角线是否顺畅，有没有变形，看板接处有没有裂痕，看拼接处是否准确，如有问题，及时返工。

> **Tips：**
> 　　为了让油漆施工更加完美，一定要叮嘱施工人员，在施工的时候，主要清洁现场，减少粉尘，地面上要铺塑胶布，避免弄脏地板。

做好墙面基层处理很重要

　　现在很多墙面在施工之前，基层处理不到位，等装修完成后才发现，有不平整的现象，甚至有的地方还有裂痕，为了防患于未然，一定要做好基层处理。当然，新墙面和旧墙面的处理也不一样，要区别对待。

1 新墙面基层处理

◎对于新的墙面，可以用手摸、敲打、目测的方式检查墙面是否平整，是否有空鼓现象，如果发现不妥，要用配套的腻子补平。

◎对于裂痕处，要及时修补，修补必须先晾干。

◎用硬竹扫把将墙面的浮砂、灰尘清除干净。

◎打磨机打磨基面，让基面更加平整。

◎墙头铁定要将裸露在外的部分切割掉，并且用防锈漆进行处理。

◎对于空调洞、窗套等遗漏缺陷，也要按照同样的处理方法进行施工处理，以免影响装饰效果。

2 旧墙面基层处理

◎对于没有上漆的旧墙面，要先用竹扫把墙墙壁清理干净，可以用高压水枪冲洗。

◎铲除脱落的粉刷层面，用水泥沙修浆补。

◎一些裂缝，也要用水泥沙浆修补。

◎裂痕较大的，要先用腻子皮肤，再进行表面拉毛处理。

◎厨房，尤其是时候被油烟污染的地方，要侧地铲除油污。

> **Tips：**
> 对于涂刷过乳胶漆的旧墙面，也需要先清除表面污渍，处理裂缝，然后再涂刷施工。

怎样刷乳胶漆

在做完墙面基层处理工作之后，就要开始进行正式的刷漆工程了，这就需要一步一步进行，不能偷工减料。

◎第 一步：再次检查墙面基层，尤其对一些吊顶、线槽的接缝处进行检查，如开裂，要用防开裂粘连剂，防止万无一失。

◎第二步：清扫墙面基层。

◎第三步：粘贴纸胶带，尤其是地板、门框家具与涂料的交接处，防止刷漆时被刷到。

◎第四步：板缝填补，针对木板与墙壁交换处，填补腻子，并打磨平整，石膏线和木制品先刷一遍底漆。

◎第五步：刮两遍腻子并打磨，第一遍满刮，干燥后用 200 号砂纸打磨，接着满刮第二遍，用 360 号以上砂纸打磨。

◎第六步：清扫墙面浮灰和地板垃圾。

◎第七步：刷两遍墙面漆，第一遍可以加入 5% 的水刷，第二步不加水刷，间隔 24h 以上。

◎第八步：清理现场，清扫地面，撕去纸胶带，开窗散味。

保持墙面持久不裂有技巧

对于很多豆腐渣施工，尤其是墙面施工，如果工艺不过关，过不了多久，墙面就会出现龟裂现象，而这种事情也是所有业主都不想看到的，为了防止此类事件的发生，一定要在施工前就跟施工人员交代清楚，并且把控好每一个环节。

1 合理配比水泥和沙子

室内墙面抹灰，水泥和沙子的比例最好时候 1：1.25 或者时候 1：3，当然，现在一些混凝土墙面很少抹灰，一般是处理基层之后，直接上腻子。但如果要抹灰，一定不能弄错比例。

2 正规处理保温墙

保温墙是一块块拼接起来的，在装修的时候，尽量不要弄湿保温墙，保温墙比较怕水，在水电改造的时候，也不要在有保温层的墙面开槽，避免损坏保温墙。可以先在墙上满挂钢丝网，再上腻子，能够保护保温墙，避免出现裂痕。

3 保证施工工艺

对于一些开槽布线以及已经出现的墙面裂缝，一定要先用粉刷性石膏填平，然后再贴布或者牛皮纸，最后做基层处理，如果不按照这个工序处理，直接刷，就会出现裂痕，要谨记。

木器漆主要有哪些

家庭装修是否环保，有一半以上取决于木器漆是否环保，因此，木器漆的选择直观重要，而木器漆的种类主要有 3 种，下面我们分别来了解一下。

1 硝基漆

这种漆是一种比较好操作的漆，也被一些家庭使用，有着自身的优缺点。

优点

配比简单、容易操作、速干、手感好。

缺点

环保性较差，容易变黄，不容易作出高光泽效果，易老化。

2 聚酯漆

这种漆优点多，应用广泛，但是对施工要求比较高。

优点

耐磨、耐热、耐水性好，涂装成本低，丰满度好。

缺点

配比严格，磨损不易修复，层间必须打磨。

3 水性木器漆

这是一种环保性较好的漆，优点也很多，但是对环境有一定的要求。

优点

环保，不容易变黄、速干、施工方便。

缺点

施工环境温度不能低于5℃，相对湿度不能低于85%，造价稍微高一些。

怎样挑选木器漆

◎首先，选择木器漆一定选择正规厂家生产的产品，看清质量保证书。

◎其次，看清生产日期和批号，确定产品是否合格。

◎第三，选好稀释剂。各类木器漆都有相应的稀释剂，不要采用万能稀释剂，避免彼此不相通，而造成环境污染。

◎最后，在选择木器漆的时候，一定要根据价格、来源以及环保性能来选购，选择最适合，而不是最贵的或者最便宜的。

了解油漆施工的步骤

◎第一步：清洁现场，选择适合的油脂油漆。

◎第二步：打磨木器表面，尽量减少毛刺，并用毛巾清洁干净，避免污渍和破损。

◎第三步：上透明腻子，直接刷或者刮涂2次，间隔4h，保证薄而均匀。

◎第四步：刷2遍透明底漆，4h后，用砂纸打磨光洁。

◎第五步：将锁具、门边线、合页等容易被污染的部分用纸胶带粘贴好，漆物下面放保护纸板，避免弄脏地板。

◎第六步：将油漆与稀释剂以及固化剂按照说明合理配比，然后用滤网过滤，放置15分钟后均匀涂抹。

◎第七部：填补缺陷，对于钉眼，要仔细填补，确保效果。

◎第八步：清理现场。

怎样使上漆效果更佳

为了让上漆的效果更好，在施工的过程中，有几个关键点需要好好把握。

◎关键一：打磨基层，对于木器表面粗糙的部分、毛刺部分要仔细打磨，针对一些灰尘、油污要清除干净。

◎关键二：把握刷的力度，在刷漆的时候，手握有刷要轻松自然，手指用力，不能糊弄。

◎关键三：少油多蘸。在刷的时候，要少蘸油，勤蘸几次，让木器表层更有光泽。

◎关键四：按顺序刷。先上后下、先左后右、先里后外，先解决比较难刷的，再解决比较容易刷的。

◎关键五：刷的方法是横刷竖顺，沿着纹理来刷。

> **Tips：**
> 除了这些要点之外，还有一个需要大家把握的，在刷漆之前，要上润油粉，用棉丝蘸取后，涂抹在木器表面，用手来回揉擦，这也是保证上漆效果好的关键。

**装修第四步：
收尾工程**

前面几个工程完成之后，第四步就是收尾工程了，收尾工程比较零散，但是面很广，不仅要将未完的工程弄完，还要清理现场，好好善后，让这个居室整洁、美观，这也需要做到尽善尽美。

收尾工程包括的施工项目

收尾工程是一个细致活，项目也比较杂乱，但是需要一一确认，主要有如下几个项目：

◎检查施工中是否有遗漏。收尾工程也是善后工程，要每个房间逐步检查，如果有遗漏的项目，要赶紧解决。

◎安装灯具和开关。在所有工程弄完之后，还要安装灯具和开关。

◎安装五金洁具。将晾衣架、卫浴挂件、水管件等全部安装好，在安装过程中，避免成品的破坏和污染，如果有破坏，要及时修补。

◎拆除各种临时管线。在收尾阶段，要有计划的拆除施工现场的各种临时设备，清理现场，清运垃圾和杂物。

◎清理和检查。在所有施工都完成之后，要清理施工现场，让整个居室美观、整洁，做最后的电气线路全负荷确认检查。

所需购买的材料及设施

1 卫生间材料及设施

卫生间的材料主要有马桶，如果设计有浴缸，还需购买浴缸，喷头，面盆，水龙头、卫浴五金配件。

2 厨房材料及设施

厨房的材料主要有洗菜池、龙头、五金配件。

3 电器及配套设施

电器主要包括浴霸、换气扇、各类灯具、插座面板、开关板。

4 其他

其他需要购买的材料有门锁、合页、门吸。

收尾施工要特别注意的事

收尾施工项目比较繁多，也有各种细节需要确认，如果不在施工过程中解决，就会后患无穷，因此，一定要提前跟师傅说清楚，并且在现场有条不紊的监督，避免遗漏。当然，也有一些需要特别注意的事项。

1 开关问题

开关问题是收尾工程中特别需要注意的，开关的高度、位置、关联性，都需要考虑清楚，要符合使用需求。进门开关最好在左侧，方便开启，高度最好能够打到居室主人肩膀的高度，关联性开关要符合逻辑，按照前后顺序设计。

2 坐便器问题

坐便器的安装，水箱和螺母间要采用软性垫片，禁止使用金属垫片，水箱以及连体坐便器后背距离墙的位置要超过至少2cm，污水管应该露出地面1cm。

3 台盆问题

台盆附近最好要预留插座的位置，能够使用吹风机等小型家电，台盆下面龙头的嘴要尽量长一些，保证正常使用，高度也要考虑，必须与居室主人身高以及使用习惯相符。

[第03章]
精挑细选——擦亮双眼选建材

跑建材市场对于每一个装修家庭来说，都是必不可少的，虽然是一件花费时间、金钱和精力的事情，但是也只有多倾听有经验者的意见，做好充分的准备，擦亮双眼精心挑选，选购最适合的建材，才能省钱、省工、满意度最高。

瓷砖——最必不可少的

瓷砖作为装修的主要材料之一，选择是非常关键的，直接影响装修的整体效果，尤其是用砖最多的地方，厨房、卫生间和客厅，如果选择不好，效果不理想，最终的结果就是垃圾工程，要么重装，要么住着难受，所以，瓷砖一定要好好选择。

瓷砖有哪些种类

1 抛光砖

优点

抛光砖正反色泽一致，正面经过抛光处理，显得光滑，并且看起来很亮，一般规格较大。

缺点

不耐脏、不防滑，容易留有水渍，有颜色液体容易渗入，虽然能够被擦干净，但是已经渗入砖里面。在购买的时候，要了解这些问题，再考虑是否能够符合居室环境。

2 玻化砖

优点

玻化砖不需要抛光，就已经很亮了，并且耐磨性高，规格也较大。

缺点

色泽比较单一，不防滑、不耐脏。一般在客厅以及门厅等地方使用，不建议用在厨房和卫生间，大家在购买的时候，要注意。

3 釉面砖

优点

釉面砖色彩和图案都很丰富，并且防污能力强，被广泛使用在墙面和地面，尤其是卫生间和厨房，规格相对较小。

缺点

容易龟裂、吸水率高。任何瓷砖都会有不同程度的吸水率，用于卫生间的瓷砖，最好选择吸水率低的瓷砖，避免使用一段时间后，异味渗入，影响整个卫生间环境。

Tips：

不同的瓷砖有不同的规格，釉面砖一般不大，甚至可以很小，但是比较费工，在选购的时候要考虑这个因素。

如何挑选适合的瓷砖

为了不再盲目的奔走建材市场，在选购瓷砖时可按照以下 **3 个步骤**来做。

◎ 第一步：定心里价位。每个人对于自己居室的装修都有一个心理价位的预算，对于瓷砖的选择也是如此，要根据自己的装修预算确定合适的价位，普通的小地砖价格一般是 2 ~ 10 元，大地砖一般为 70 ~ 80 元，当然，也有贵的，要根据自己的预算选购。

◎ 第二步：圈定品牌。在确定价格区间之后，可以按照瓷砖的质量，圈定 3 个左右的品牌，在这几个品牌之间做一个合理的对比，看看平整度、光泽度、尺寸等等，选择性价比最高的一个购买。

◎ 第三步：确定具体款式。在所有的准备都最好之后，就可以根据自己的装修风格和主色调，来选择瓷砖的颜色、花纹，具体的款式也要根据自己的喜好来确定。

了解瓷砖的基本铺贴方式

1 干铺

顾名思义，干铺就是完全不用水泥和沙子等混合搅拌，将基层浇水湿润后，用 1：3 的水泥砂浆，按照水平线探铺平整，然后把瓷砖防止砂浆上，用胶皮锤振实，然后取下瓷砖，浇抹水泥浆，再将瓷砖放实铺平。对于客厅来说，可以选择干铺这种方法。

优点

能够节省工期，容易调整，少气泡和空鼓。

缺点

基层容易粘接不牢固，透水性大。

2 湿铺

湿铺是比较常见的铺贴方式，用水泥和沙子完全搅拌变成泥浆后，铺贴瓷砖的一种方式，卫生间、厨房、墙砖等，往往采用这种粘黏的方式。

优点

节省地面厚度，牢固，透水性小。

缺点

不容易调整，容易空鼓和有气泡。

> **Tips：**
> 无论是干铺还是湿铺，最好先将瓷砖用水泡一下，能够清洁表面灰尘，并且让瓷砖容易粘贴，同时还能测试瓷砖的吸水率。当然，对于一些吸水率低的瓷砖，可以不用泡水。

厨房瓷砖选购事项

厨房选购瓷砖，我们要根据厨房本身的特点来选购，厨房一方面要防水，另外一方面要防高温，那么如何选购呢？主要有如下几个关键要素。

1 选择规格小的瓷砖

厨房的面积相对较小，尤其是净面积小，为了让整个厨房更协调，在瓷砖的规格上，最好选择小的瓷砖，能够避免浪费，并且让厨房整体更协调。

2 哑光更适合

对于厨房瓷砖来说，最好能够方便清洁，并且能够有效抗油，而哑光的瓷砖相对来说，更加容易清洁，当然，需要选择品种好的哑光瓷砖，从而更朴实、细腻。

3 冷色调为主

在瓷砖的选购上，最好能够使用冷色调，如白色、浅灰等，这样能够在高温环境下让人感觉凉爽，同时让空间有延伸感，避免了沉闷和压抑。

4 防滑釉面砖

对于厨房来说，防水防滑是关键，在选购瓷砖的时候，最好选择防滑、防水的釉面砖，能够避免厨房汤汤水水洒落地面时，不小心滑到。

> **Tips：**
> 为了避免厨房墙砖太单调，可以在中间铺贴几片有花色的瓷砖进行点缀，增加厨房的生机。

卫生间瓷砖选购事项

卫生间面积较小，在铺贴瓷砖的时候，要根据整体状况来考虑，防潮是必不可少的，安全也是必须考虑的，选购卫生间瓷砖需要注意哪些情况呢？

1 质量

卫生间水比较多，在瓷砖的选择上，就一定要选择质量好的瓷砖，避免渗水。需要我们选择耐磨性好、吸水率低、硬度好的瓷砖，这才符合卫生间瓷砖铺贴要求。

2 浅色

虽然瓷砖设计花样越来越多，但是卫生间瓷砖的颜色选择一定要慎重，最好选择淡蓝色、乳白色等浅色系的，避免选择大红大黄等色彩，更不要选择怪异花纹的，以免形成视觉障碍。

3 防滑

卫生间大部分的时间都会被水占据，在瓷砖的选择上，一定要选择表面有浅凹凸面的或者是亚光面的地砖，能够有效防滑。

4 防污

卫生间地砖通常选用釉面砖，不过，不同釉面砖也是有区别的，为了更好的防污，卫生间釉面砖一定要选择表面釉层较厚的砖，防止藏污和发霉。选购时可以直接用硬物在砖面刮擦，如果出现刮痕，并且很严重，就表明施釉不够，要慎选。

怎样选择腰线瓷砖

当两种瓷砖组合起来的时候，如果没有腰线做过渡，就会显得很突兀，有时候，如果一整面墙没有腰线和花砖作为分割，整体也会缺少生机，因此，腰线瓷砖是装修的必需品。在选购的时候，可根据自己的喜好、瓷砖的颜色、图案、尺寸等进行选择。当然，也要考虑一些其他的因素。

1 图案主题

对于厨房、卫生间、餐厅 3 个不同的场所而言，腰线瓷砖在选择主题图案的时候，一定要区别对待。厨房以及餐厅都是和食物相关的，在选购腰线瓷砖时，可以选择水果、食物等主图图案，如果有小孩，可以选择动物、卡通图案。而卫生间，则可以选择其他清晰一点的，避免和其他地方雷同。

2 尺寸

腰线瓷砖是在选完主砖之后再搭配的，在选购的时候，一定要与主砖搭配，避免出现尺码问题。在颜色上，也要跟主砖相配，最好是将主砖带在身边，现场配色，以免影响整体装修档次。

3 材质

家庭使用的腰线常以陶瓷和树脂材料为主，但是，树脂相对容易变色、开裂，使用寿命较短，在选购的时候，可以根据自己家庭使用寿命来选购，如果想保持 10 ~ 20 年，那么就可以选择陶瓷材质的。

> **Tips：**
> 相对横排腰线而言，竖排腰线线条更流畅，更节省材料，细腰线更加雅致秀气，粗腰线更个性化，冲击力更强，所有的人都要根据自己的需求和喜欢来进行设计和选择。

教你计算瓷砖的使用量

1 测量铺贴面积

拿瓷砖位置铺设图，根据实际尺寸测量需要铺贴的面积，将不同居室的面积测量出来，需要铺贴相同瓷砖的面积相加，然后测算出实际使用瓷砖的面积。

2 面积除瓷砖规格

在测量实际面积之后，用实际面积除以选购瓷砖的规格，得出大致使用瓷砖的数量，当然，包括墙面以及地面，不同的瓷砖按照不同的面积和规格计算。

3 加上损耗

计算好大致使用的瓷砖数量之后，可以加上大约 3% ~ 6% 的损耗面积，这样就能得出我们所需要的瓷砖大致数量。如果想要得出更精确的数据，就需要使用专业的绘图软件计算。

Tips：

在此，我们有一个参考数值，以 $10m^2$ 面积的房间作为一个参数，如果不计算损耗，铺贴 200mm×200mm 规格的瓷砖，则需要 250 片，200mm×300mm，则需要 167 片，300mm×450mm，则需要 75 片，300mm×550mm，则需要 61 片，300mm×600mm，则需要 56 片，600mm×600mm，则需要 28 片。

挑选品牌瓷砖

很多人在选购瓷砖的时候，都会纠结于品牌的选择，实际上，就品牌本身而言，往往被区分为几个等级，有的是一线品牌，有的则是二线，有的是三线，当然也有四线，这需要我们大致了解一下。

◎一线品牌：诺贝尔、东鹏、冠军、亚细亚、马可波罗、鹰牌、斯米克、博德、欧神诺、蒙娜丽莎。

◎二线品牌：冠珠、顺辉、萨米特、新中源、王者、百特、能强、森尼、宏陶、宏宇、罗马、威尔斯、欧美、美陶、路易摩登、格莱斯、加西亚、腾达、三荣等。

◎三线品牌：卡米亚、金利高、大将军、家乐陶、格莱美、意特陶、曼联、博华、我 e 家、名典、利华、现代、华鸿、奥米茄、长城等。

◎四线品牌：英超、赛德斯邦、乐可、英基、圣马利亚、恒诺、金怡、盛发、维罗、诗曼丽、加勒比海、雪狼、朗科、中盛、新里万等。

Tips：

虽然我们不能单就品牌来确定好坏，但是正规品牌能够保证质量，并且售后比较完善，如果瓷砖有色差，还可以免费调换，因此，在选购的时候，一定要选择正规品牌的产品，避免纠纷。

三方法验瓷砖好坏

想要买到称心如意的瓷砖，在选购的时候，有一些方法和技巧，我们可以凭借如下 3 种方法来辨别瓷砖的好坏，从而选择最优质的瓷砖。

1 看规格

从一箱中抽出几片瓷砖观察一下，看看规格大小是否一致，如果大小都不一致，那就是不需要考虑了。除了看大小之外，还需要看瓷砖的色泽，如果色泽均匀，表面光洁并且平整，周边没有变形、缺棱角，那就可以考虑。

2 试吸水率

在瓷砖的背面倒一些水，如果水渗透很慢，并且非常不容易渗透，就说明瓷砖的吸水率较低，是比较好的瓷砖，可以选购，反之则需要慎重考虑。

3 用手敲

在测试瓷砖是否优质的时候，可以用右手食指弯曲轻轻敲打，听一下敲打的声音，如果声音清脆，则表明是好的瓷砖，如果声音沉闷，则表明质量不好，如果有嗒嗒声，说明瓷砖内有裂纹，也不要购买。

选择墙砖要注意色彩搭配

人对色彩有很强烈的感官性，颜色搭配是家庭装修的关键，为了能够美观，在瓷砖的搭配上，要考虑和谐统一，避免眼花缭乱。主要有如下几个要求：

1 软硬结合

瓷砖在被灯光照射之后，会呈现丰富的光影变化，尤其是一些表面像岩石尺寸非常大的墙砖，为了能够让风格更加统一，整体更加和谐，要注意周围环境的软硬对比，冷暖对比，避免太硬。

2 色彩深浅变化

两种不同颜色的瓷砖搭配在一起会给人一种张力，但是如果搭配不好，就会让人感觉很乱，因此，在两种颜色的搭配上，可以选择相似的，或者同类颜色搭配，这样就不容易出问题。

> **Tips：**
> 黑白可以搭配、深绿和浅灰可以搭配，黄色和绿色可以搭配，红色与紫色可以搭配，橙色与黄色可以搭配，而黑、白、金、银、灰可以和任何颜色搭配。

3 对比色的搭配

在同一空间内，选用不同色彩、不同款式的瓷砖，也要进行巧妙的搭配，这样才能让空间更加生动，特别是在灯光的作用下，而一些对比色的搭配，可以选择黄色与紫色，蓝色与橙色、黑色与白色、红色与绿色。这种搭配比较适合特殊的房间，如儿童房，不适合卧室。

吸水率能看出瓷砖优劣吗

在购买的瓷砖的时候，有一种方法是滴水到瓷砖表面，渗入越慢说明吸水率越低，瓷砖的抗污染能力也就越强。但是，如果瓷砖在出厂前，先经过了一道干燥工序的处理，并且存放了一段时间，那么，采用上述方法检测吸水率，就不能准确的测试瓷砖的质量。

所以说，吸水率在一定条件下能检测出瓷砖的优劣。

> **Tips：**
> 　最为正确的方法是敲击瓷砖，听声音，清脆的则表明密度高，吸水率低。

瓷砖选购慎入误区

随着陶瓷生产工艺和技术的发展，瓷砖市场也开始凸现个性化，这也让大家在选购产品的时候，容易陷入误区，那么，主要有哪些误区我们要避免呢？

1 误区一：越厚越好

瓷砖本身属于装饰性保护产品，都是经过高温烧制而成，烧结度越好，抵抗破坏力越高，但这并不代表越厚就越好，相反，瓷砖越厚，产品烧结难度就越大，相同周期烧结度就会变差，因此，我们不能以瓷砖的厚薄作为辨别质量好坏的标准。

2 误区二：越薄越好

与越厚越好一样，瓷砖本身的薄厚无法成为检测质量的标准，而符合节能、减排、低碳等政策的薄瓷砖确实越来越多，但这并不代表越薄越好，在选购的时候，一定要寻找最佳厚度，最符合自身需求的产品。

3 误区三：越白越好

很多人销售者用瓷砖坯体越白越高档来误导消费者，其实，无论坯体是白色、红色还是黑色，都不直接影响瓷砖本身的强度和吸水率，只要使用的坯体本身强度好、吸水率低就可以了。

4 误区四：规格越大越好

一些人认为瓷砖规格大的话，用起来比较大气，其实，瓷砖规格的选择要考虑自己的实际使用空前，因地选材，并非越大越好。

5 误区五：越贵档次越高

瓷砖档次的高低并非价格决定的，主要是质量决定的，而质量本身也无法完全用价格来评定，在选购的时候，只能作为一个参考数值，最关键的是色泽、材质。

地板——适合的才是最好的

现在很多家庭在装修卧室和客厅的时候，都选择地板，不过，地板的种类却很繁多，实木地板、复合地板、实木复合地板等等，让人在选择的时候有点无所适从，到底该选择哪款呢？很多人都觉得实木地板好，但作为家庭使用，也有一些限制，需要我们仔细了解各类地板的适用性，然后根据自己家庭需求选择最适合的，也只有最适合的才是最好的。

地板主要有哪些种类

地板的种类非常多，市场上销售的具有代表性的地板主要有 5 类。

1 实木地板

实木地板是最原生态的地板，也叫纯实木地板，是用一整块木料加工而成的，木板的表面没有任何的装饰成分。实木地板的特点是自然生态、华丽高贵、属于高端产品。

2 强化木地板

强化木地板又叫复合地板，是经过高密度板加平衡纸、花纹纸、耐磨纸经过多次高温压贴而成的地板，花纹整齐，也比较耐用，使用率也很高，也被很多家庭选用。

3 复合地板

复合地板的直接原料也是木材，由多层木材切片压贴而成，有天然实木地板的纹理，也比较舒适，也被广泛选用。

优点

隔热隔音效果好、能调节居室湿度、冬暖夏凉、纯天然无危害、经久耐用。

优点

美观、耐磨、稳定、保养简单、安装方便，成本相对低。

优点

自然舒适、保温性好、相对环保、容易维护、安装相对方便快捷。

缺点

安装成本高、安装工艺要求高、不好打理、容易变形。

缺点

水泡后无法修复、脚感差、含有一定的甲醛、装饰效果相对差。

缺点

耐磨性相对差、价格偏高、胶水含量高。

4 竹材地板

竹材地板是以竹子为原料，经过多道加工程序制成的地板，无论是国内还是国外，都广受欢迎。

优点

稳定性好、经久耐用、自然环保、不怕水、不易变形、冬暖夏凉。

缺点

怕日晒、怕划伤和重撞、怕金属摩擦、潮湿环境容易长虫。

5 软木地板

软木地板是一种比较珍贵稀有的产品，采用生在地中海沿岸的橡树为原料，比实木地板更环保，自然也是金字塔尖的消费品。

优点

环保、隔音、防潮、舒适、耐磨、柔软。

缺点

成本高、不容易打理、花色小众。

如何选购实木地板

实木地板无论是从环保还是使用舒适感上，都具有一些无法比拟的优势，也是现在很多家庭的选用对象。但是，如果缺少对实木地板认知的能力，就会选错地板，而一些参考数值可以帮助我们挑选优质的实木地板。

1 观察外观

实木地板属于天然材质，表层会有一些活节、蛀孔，但是根据地板等级，优等品不允许有这些问题，一等品允许的数额有限制，如活节要控制在 4 个以内，不允许裂纹、缺棱，合格品则范围广一些，允许有 2 条裂纹，但不允许有缺棱。在选择的时候，要注意观察。

2 挑选规格

地板的尺寸规格会影响地板的抗变形能力，在尺寸上，宜短不宜长，宜窄不宜宽。而现在市场上比较流行的宽版，虽然美观大方，但是一定要经过质量验收，并且材质要严格挑选才能克服稳定性的问题。

3 看颜色深浅

优质的实木地板有自然的色调，木纹清洗，但如果表面颜色很深、漆层很厚，则有可能是为了掩饰木板表面的缺陷，在挑选的时候，要选择天然纹理、富有变化的机理结构，当然允许有一定的色差，绝对要避免色调头重脚轻。

4 测含水率

在购买实木地板的时候，要借用经销商的含水率测定仪进行检测，测试所有目标含水率是否均匀一致，避免忽高忽低，以免装修后变形。

Tips：
　　优质的实木地板无论是尺寸、色泽、边角，还是质感上都是经过精细加工的，在挑选的时候，要用手摸、用眼睛看，保证平整、光滑，避免薄厚落差。

如何选购复合地板

　　复合地板相对实木地板而言，价格上比较有优势，但是市场上的复合地板品牌繁多，质量也是参差不齐，价格也相差很多，在选择的时候，要综合比较，选择综合性能强，有质量保证的符合地板，主要可以从下面几个方面来选购。

1 参考耐磨转数

　　耐磨转数是复合地板耐磨程指标，对于家庭使用而言，6000 转左右即可，当然，对于一些经常宴客型的家庭，可以选择指标高一点的。

2 查甲醛含量

　　符合地板一般含有一定数量的甲醛，如果超过 30mg/100g，那就严重超标了，在选购的时候，要选择 9mg/100g 以下的。

3 找吸水厚度膨胀率

　　吸水厚度膨胀率是一项检测地板是否容易膨胀变形的指标，按照国家规定，指向指标应该控制在 2% 以内才算合格，在选购的时候，要检查这项指数。

4 测试耐磨性

　　为了检测复合地板是否耐磨，可以用普通木工砂纸，在地板上用力摩擦十几下，如果质量好的复合地板，不仅不会被磨白，并且没有太大变化。

5 测试拼接效果

　　质量较好的复合地板在拼接的时候，只要稍微用力就可以拼接好，并且拼接后缝隙小，没有高低差，接口花纹变化也不会太明显，反之，则说明地板质量有问题，则不要选购。

6 观察加工工艺

　　好的复合地板在光线照射下，有金属光泽，纹理清晰，摸起来手感坚硬，但是假的复合地板以及质量不好的复合地板，在阳光照射下，表面发暗，没有光泽，纹理模糊，摸起来颗粒粗糙，甚至有毛碴，就不要选用了。

Tips：

　　复合地板是很多家庭的有限选择，但是，如果我们家庭装修中已经选择了复合地板，那么同一个居室中，就不要再选择太多这种材质的家具，避免甲醛含量超标。

擦亮双眼选择复合地板

　　选择复合地板相对选择其他地板而言，更需要擦亮双眼，无论是材质还是加工工艺，都考验我们选购的能力，在购买的时候，可以从以下几个标准来选购：

1 表面结构

　　新型的细小沟槽结构的复合地板，相对来说清理起来更加容易，并且不容易隐藏细菌，在选购的时候，可以选择现在比较流行的"麻面"结构的复合地板。

2 观察厚度

　　现在市场上的复合地板厚度基本上为 6 ~ 8.2mm，在选择的时候，可以选择稍微厚一点的，使用寿命也相对长一些。

3 防潮处理

　　现在很多复合地板大部分对表层和底层做了防水处理，但是接缝处却没有做防水处理，这样就很容易变形翘起来，因此，在选购的时候，要选择做个特殊防潮处理的产品。

4 高密度

　　复合地板的稳定性以及抗冲击力基本上取决于基材，基材的密度越高，各项指标就越优，而密度较高的地板，重量也会相对重一些，所有，在选购的时候，要考虑这个因素。

5 看认证书

　　购买复合地板，看认证书是必不可少的，就算时候销售者将产品夸得天花乱坠，但是没有认证书也是没有用的。一定要有地板原产地证书，欧洲复合地板协会（EPLF）证书，ISO9001 国际质量认证证书，ISO14001 国际环保认证证书，以及其他一些质量证书。质检报告也必须是权威机构签发的，一定要注意。

6 看环保系数

　　环保是大多数人关心的问题，在选购的时候，也要考虑这个因素。

新型材质，竹地板

竹地板是一种相对新型的地板，不仅冬暖夏凉，并且抗压、抗弯曲性能都很强。

1 使用寿命

竹地板的使用寿命平均可以达到 20 年，如果使用和保养方式正确，也能延长使用寿命。

2 价格区间

竹地板的价格在复合地板与实木地板之间，纹理自然，维护简单，不容易变形，性价比较高。

3 适用范围

卧室、书房、健身房等，都适合选用这种材质的地板，不过，对于浴室、洗手间、厨房等潮湿区域，则不适合。

4 外观

竹地板的色泽天然，有独特的韵味，色差也比较小，受日照影响不严重，竹纹丰富，色泽均匀。

如何选购竹地板

1 看原材料

竹地板虽然都是选用竹子做原料的，但是正宗的楠竹抗压抗弯度高，并且耐磨性好，不吸潮，在选购的时候要注意，不要将其与其他竹类纤维混淆，选错产品。

2 了解含水率

市场上有很多没有经过处理偷工减料的竹地板，含水率特别高，可能在一些空气干燥的地方不会出现问题，但在一些空气湿度较高的地区使用，就会发黑、变形，这主要是含水率太高，所以，在选购的时候，一定要根据当地的空气湿度来选择适合的产品。

3 了解防虫处理

经过精加工的竹地板会有严格的防虫、防霉浸泡和高温蒸煮处理，在选购的时候，要看说明，并且仔细询问。

4 观察漆面处理

优质的竹地板会将四周、底和外表都封漆，避免吸潮，在选购的时候，要注意观察，是否六面都有淋漆。

5 看质感

优质的竹地板都采用的是高级淋漆处理，质感与普通漆器不同，并且具有防静电、不吸尘、耐高温的特点，在选购的时候，要仔细观察。

6 了解厂家

竹地板对机械化程度要求较高，在选购的时候，最好先了解一下生产厂家的实力，只有实力雄厚的，才能有完整的设施和准确的检测手法，因此，了解厂家实力非常必要。

> **Tips：**
> 竹地板做为一种新型的地板，并不是所有的家庭都适合，在选择的时候，我们要根据区域气候特点来选择，当然，也要根据自己的经济实力来选择。

悉心保养竹地板

◎关键一：保持通风干燥。竹地板虽然经过了防潮处理，但是如果室内不通风并且湿度较大，就会导致竹地板生虫，因此，一定要保持室内通风，让空气对流，将竹地板中的一些化学成分蒸发，并且让室内干爽，避免潮湿。

◎关键二：避免暴晒。竹地板有一大克星就是日光暴晒，长时间暴晒会导致竹地板老化，开裂和干缩就不可避免了，并且也不能淋水，这样会导致竹地板变形发霉，因此，在平时打理要注意拧干抹布中的水再擦竹地板。

◎关键三：防止刮碰。竹地板的漆面是一层保护层，要防止硬物碰撞和利器刮伤，尤其在移动家具的时候，要特别小心，最好能用橡胶皮垫起米，避免损伤。

◎关键四：正确打理。竹地板清洁步骤是先用干净的扫把将尘埃和杂物清扫干净，然后用拧干水的抹布擦洗，然后用干抹布擦干，一定要避免水渍。当然，如果有条件，还可以三个月做一次地板打蜡，这样也能延长使用寿命。

地板中的尖端产品——软木地板

软木地板作为一种高端地板，不仅柔软，并且舒适，能够很好地抵抗家具摩擦，再恢复性能也很好，所采用的材质也比较特殊，选用的是生在地中海沿岸以及同一纬度的栓皮栎橡树的树皮制成的，被称为地板中的极端产品，那么，它有哪些特点呢？

1 环保性

软木地板从原材料到采集生产，整个过程都是纯天然的，环保性更强，并且栓皮栎橡树的树皮也是一种可再生树皮，7～9年就可以再次采摘，更加绿色环保。

2 吸音

相对其他材质的地板而言，软木地板的吸音效果更好，还能吸振，弹性也很好。

3 防潮

根据软木地板材质本身的特征，在经过热压等工序处理之后，表面完整封闭，不仅不容易变形也不容易受潮，更不容易藏污。

4 耐磨

跟软木地板名称不同的是，这种地板的软并不是不坚实，而是有弹性，并且合格的软布地板还具有很强的耐磨性。

5 适用范围

儿童房、老人房、厨房、卫生间、书房、卧室等，都适合选用。

> **Tips：**
> 软木地板虽然好，但是价格比较昂贵，对于一般家庭而言，在选择的时候需要慎重考虑，衡量使用过程中的性价比。

哪种材质的地板更适合用作地热板

地热采暖是通过加热地板，辐射和对流的传导方式向室内供暖，这种供暖方式比较科学、环保和节能，也越来越受到追捧，而这种取暖方式对于地板也有一定的要求，我们先来看一下地热地板必须具备的几点要求，然后再了解各类地板是否适合。

1 地热地板必备要求

地热地板首先要免龙骨悬浮铺装，避免钉、胶、龙骨、拔缝、悬浮拼装；其次，要有很高的环保性，不含人工添加剂和不释放游离甲醛；再次，要有很强的稳定性，能够防潮；最后，要有很好的散热性，保持室内供暖充足。

2 实木地板

实木地板不仅环保、并且外观自然、脚感舒服，能够调节室内温度，适合用做地热版，但是价格较高，对干燥处理要求比较严格，也很耗材，需要进行适当考虑。

3 竹木地板

竹木地板有弹性，但是在地热环境中，容易开裂变形，一些经过特殊处理的竹木地板虽然可以用作地热地板，但是使用起来也有一定的风险，要慎重选择。

4 复合地板

复合地板耐磨、容易打理、防潮系数也较高，比较适合做地热地板，但是，对于一些普通的复合地板而言，甲醛含量可能会超标，品质不能够完全有保证，如果选购，一定要选择密度高、基材稳定性好、环保性良好的强化地板。

复合地板中的实木复合地板本身稳定性好，能很好地分解受热面的热量，脚感舒适，也很适合用来做地热地板，但是耐磨系数没有强化地板高，并且怕水，在使用的过程中要注意。

认真选择环保地板

地板作为家庭装修最主要的材料，在装修中的地位是无法比拟的，尤其是其环保性能以及环保指标，更是引起了广泛关注，在这个鱼龙混杂的地板市场，我们如何挑选真正的环保地板呢？

1 根据国家标准

国家规定地板甲醛释放量要小于或者等于 1.5mg/L，这样才符合室内环保健康需求，因此，在选购的时候，首先要看地板甲醛释放量。

国家检测甲醛释放量的方法主要有 3 种，一种是穿孔萃取法，一种是气候箱法，另外一种是干燥器法，而干燥器法是最能体现环保性能的检测方法，在选购的时候，可以认真阅读并仔细询问。

2 根据检测报告

检测报告是地板环保指标最直观的书面材料，在购买的时候，一定得让商家出具检测报告。

不过检测报告的检测机构有很多，但是新的国标正式实施后，标准更加统一，而检测类别如果为国家监督检查或企业委托抽检，其可靠性比送检的可靠性高，在阅读的时候，要仔细。

> **Tips：**
> 为了辨别质检报告真伪，可以在每份质检报告（包括复印件）的首页背面找寻印有出具检测报告机构的电话，通过电话就可查询质检报告的真伪，尤其是批次和日期。

了解不同材质地板的安装方法

俗话说，七分工具、三分技术，也就是说在安装地板的时候，工具非常重要，因此，在安装地板的时候，首选要选好工具，而除了工具之外，不同的地板、不同的使用场所，铺设方法也不同，我们来了解一下。

1 直铺法

直铺法就是将地板直接粘接在地面上，这种方法也是一种比较常见的地板安装方法，尤其是地热地板安装，大多采用这种方法。

一般实木复合地板采用这种安装方法。

2 悬浮铺设法

悬浮铺设法是让地板与地面不连接，悬浮于地面上，中间可以加铺垫宝。

一般强化地板、实木复合地板、实木地板往往采用这种安装方法。

3 龙骨铺设法

龙骨铺设法根据龙骨的材料，大致有3种，一种是木龙骨，一种是塑料龙骨，一种是铝合金龙骨。

◎木龙骨：在地面打眼，固定木龙骨，木龙骨上表面找平，将地板用钉固定在龙骨上。这种安装方法容易变形，要小心安装。

一般实木地板、实木复合地板采用这种安装方法。

◎塑料龙骨：不用在地面钻孔，固定塑料龙骨后，将地板固定在龙骨上即可，但是塑料制品容易老化，选择需谨慎。

一般实木地板采用这种安装方法。

◎铝合金龙骨：在龙骨下面垫海绵垫，不在地面钻孔，打钉，将地板固定在龙骨上即可，但成本相对较高，要根据经济实力来选择。

一般实木地板采用这种安装方法。

4 毛地板垫底法

毛地板垫底法是直接用毛地板垫底，然后将地板铺贴在上面的安装方法。

一般实木复合地板、实木地板采用这种安装方法。

5 毛地板龙骨铺设法

毛地板龙骨铺设法比较繁琐，需在龙骨上面加一层毛地板，然后再铺设地板。

一般实木地板采用这种安装方法。

Tips：

这种方法比较特殊，一般家庭不需要采用这种方法，如果有专门的健身房，就可以采用这种方法。

卫浴——
便捷舒适
是根本

卫浴用品包括坐便器、面盆、水龙头、花洒，一些家庭还会有浴缸等。这些日常生活必需品，在选购的时候，考量的关键点就是便捷舒适，除此之外，再考量美观、智能等因素，这是卫浴装修的基础，也是让我们生活更舒适的关键。

选坐便，看价格更要看质量

选择坐便器，很多人都觉得坐便器大致都一样，因此，往往会从价格方面来考虑，但是，如果稍微深入一点了解，并坐上去试试感觉，就会发现，其实还是有很多不一样的地方，我们在选购的时候，不仅仅要看价格，更要看质量。

1 冲水功能

马桶是否好用，冲水功能是比较关键的，而冲水好坏则取决于管道的设计以及水箱水位的高度，当然还有水件，在选购冲水功能好的马桶时，可以选择虹吸式，比直冲式去污能力更强，并且噪音较小。

2 水件

水件结构是否紧凑，连接部位是否敏捷可靠，封水部分是否平整是选择水件时必须考虑的要素，同时，水件材质也是考虑范围，这直接关系马桶是否能够正常使用，以及使用寿命，在购买的时候，要仔细观察。

3 光泽度和瓷质

好的坐便器光泽度较高，致密性也很高，瓷质也较高，在选购的时候，可以多比较几个坐便器的材质，这样能够方便我们看出优劣。

4 安装与售后

坐便器在安装的时候，一定要配有密封圈，如果能够包安装，提供优质售后服务是最好的，一般有品牌保证的坐便器水件能保 3 年不出现质量问题，5 年正常使用，在选购的时候，要问清楚。

5 储水量

在选择坐便器的时候，还要考虑储水量的问题，如果储水量过高，在冲的过程中会溅水，过低则容易有异味，要选择储水量适中的。

6 釉面

在选购坐便器的时候，还可以看一下马桶釉面，如果釉面光洁顺滑，色泽饱和，不起泡则表示质量过关，并且最好摸一下马桶的下水道，如果太粗糙就需要考虑了，以免日后使用清洁不干净。

Tips：

马桶安装完成之后，最好第一时间冲水试验，可以扔一个烟头，看看能否一下就冲下去，听听声音，如果声音不大，则说明安装没有问题，可以验收。

精挑细选洁面盆

洁面盆是卫生间的一个重要组成部分，每天都要使用，无论是洗脸、刷牙，还是洗手，都要在这里进行，因此，在选购的时候，一定要注意实用为先。那么如何选择实用且质量过关的洁面盆呢？

1 选择合适的大小

洁面盆有两种，一种是独立式的，一种是台式的，从整体构造来看，独立式的占地面积小，便于维修，适合空间不大的卫生间，台式的相对占地面积较大，适合卫生间较大，或者有单独洗手间的居室，在选购的时候，要考虑这个因素。

2 选择合适的高度

无论是哪种洁面盆，高度最好控制在 80 ~ 85cm，如果太高，在使用的时候就比较费劲，太矮，使用的时候会腰痛。因此，要选择高度适合的。

3 选择平整度高的釉面

洁面盆的台盆，在选择时候，还要考虑釉面是否平整，台面是否表面光滑，边缘以及两角圆滑，这样才能保证好清洁，并且避免磕碰。

4 注意水龙头与盆子的深浅

在安装洁面盆的时候，一定要让水龙头水流的强度与洁面盆的深度成正比，以免水溅到身上，并且洁面盆也要保证底部有足够的弧度，这样才能避免积水。

> **Tips：**
> 　　在选购的时候，可以选择烧制的陶瓷盆，其抗热抗冷力强，并且不易裂，性价比比较高，适合家庭使用。

千姿百态水龙头

水龙头使用频率高，型号和形态也各种各样，在选择的时候，需要考虑如下因素：

1 外观

选购水龙头要以外观无瑕疵、无刮痕为基本标准，而水龙头电镀厚度的国际标准是 8μm，好的能达 12μm，在选购的时候，可以用手指按一下龙头表面，如果指纹很快散去，说明涂层不错，可以选购。

2 手感

配装结构好的水龙头，在振动开关的时候不费力，并且感觉很轻柔，但如果配装结构不好，手感就会发涩或者没有力度，在购买的时候要先试验一下。

3 材质

水龙头的内置阀芯关系到水龙头的使用寿命，一般有钢球阀和陶瓷阀，钢球阀抗压性较好，但是密封橡胶球容易老化，陶瓷阀密封性较好，并且更舒适顺滑，可以选购。

4 阅读说明

无论是进口水龙头还是国产水龙头，都有说明书，在选购的时候，一定要看说明书。在价格上，进口的水龙头价格一般为 500 ~ 3000 元之间，合资的水龙头 1000 元左右，国产的一般是 200 ~ 500 元之间，可以根据实际需求购买。

5 安装和使用

安装的时候，不要与硬物磕碰，也不要将水泥、胶水等残留在表面，同时一定要清理完管道内部杂质再安装，避免堵塞，影响使用。

> **Tips：**
> 　　购买龙头一定不要忘记清点零配，一般面盆龙头的配件有去水器、提拉杆及龙头固定螺栓和固定铜片、垫片；浴缸龙头还要有花洒、两根进水软管、支架等标准配件，要仔细检查，省的回家后麻烦。

浴室橱柜，细节更重要

1 金属件的防潮

浴室橱柜除了木板本身要经过防潮处理之外，上面的金属件也必须经过防潮处理，无论是不锈钢材质的还是铝材质的，都要有防潮处理，这样才能避免湿气入侵。

2 合页要精准

在购买浴室橱柜或者定制浴室橱柜的时候，一定要检查柜子的合页是否精准，开启时是否严实紧密，这样才能防止灰尘、水渍进入。

3 柜子要隔离地面

在选购浴室橱柜时，还需要考虑到另外一个因素，那就是隔离地面潮气，因此，最好选择挂式、高脚式或者带轮子的，这样才能避免湿气入侵。

4 隔层处理

在选购浴室橱柜的时候，最好选择有较多隔层的，这样能够分类存放一些小的杂物，避免混淆。

5 考虑水管问题

浴室橱柜还会涉及到其他橱柜不需要考虑的一个因素，那就是水管，因此，在挑选的时候，要保证橱柜能方便水管的检修和阀门开启，并且在安装的时候，一定不要损伤进出水管，避免漏水，让柜体浸湿。

> **Tips：**
> 　　无论是大的浴室橱柜，还是小的浴室橱柜，在使用的时候，一定要以方便、卫生为目的，这样才能让我们使用起来更舒心。

家用热水器的分类

1 燃气热水器

燃气热水器很多家庭都在使用，这种热水器使用起来很方便，能够现开现用，无需提前加热，而常见的燃气热水器又分为直排式燃气热水器、烟道式燃气热水器、强排式燃气热水器和平衡式热水器。

◎直排式燃气热水器是一种比较早期的热水器，其燃烧的废气会直接排放在室内，安全性较差，虽然已经禁止生产和销售，但还是有使用，在选购的时候要注意。

◎烟道式燃气热水器则是消耗室内氧气，并且将燃烧废气通过烟管排到室外的一种热水器，相对安全。

◎强排式燃气热水器在烟道式燃气热水器上增加了风机，利用风机让废气快速排到室外，更安全。

◎平衡式燃气热水器则不消耗室内氧气，并且将燃烧废气直接排到室外，安全性更好，但是安装比较麻烦。

2 电热水器

电热水器是市场占有量最大的热水器，但是要先烧热，然后再使用，也有两种，一种是容积式电热水器，另外一种是即热式电热水器。

◎容积式电热水器是一种传统的热水器，使用起来比较安全，不过加热较慢，内部不容易清洁，需要调节水温。

◎即热式电热水器则是一种短时间加热就能使用的电热水器，但是现在很多民宅的线路无法负荷，并存在一些安全问题，因此，选择要慎重。

3 太阳能热水器

太阳能热水器不仅环保，并且节能，是一种非常好的热水器，但是，目前为止，这种热水器本身也有一些不完善，并且在一些日照比较少的地方，并不适合使用，需要根据所在地区的实际情况选用。

4 热泵热水器

热泵热水器虽然在国外已有近40年的历史，但在中国，家用热泵热水器生产技术还很不成熟，应用也不广泛，选择还需慎重，避免影响人身安全。

> **Tips：**
> 每一种热水器都有本身的优劣势，我们在选择的时候，一定要从弊端上来进行考虑，看看这些使用弊端会不会对我们的日常生活产生比较大的影响，如果会，那么，我们就需要选择影响相对少一点的热水器了。

浴缸有哪些种类

1 亚克力浴缸

亚克力浴缸是一种人造有机材料制造的，不仅重量轻，并且表面光洁度好，价格低廉，使用也很普及。

优点

保温效果好、造型丰富、价格低廉。

缺点

不耐高温，不耐压，不耐磨，表面易老化。

适合人群

使用频率较低，房子几年之内还要装修的人群，可以选购。

2 铸铁浴缸

铸铁浴缸采用铸铁制造，在表面覆搪瓷，重量大，铸造过程也比较复杂，因此价格也比较昂贵。使用时不易产生噪音；由于铸造过程比较复杂，所以铸铁浴缸一般造型比较单一而价格却很昂贵。

优点

经久耐用、注水噪音小、清洁方便。

缺点

安装和运输比较难、价格高。

适合人群

使用频率较高，对泡澡环境有一定要求的人群适合选用。

3 木质浴缸

木质浴缸是一种比较天然环保的浴缸，也越来越受欢迎，市场上则以香柏木最常见。

优点

容易清洗、不带静电、保温性强、完全浸泡身体。

缺点

价格较高，需保养，干燥后容易变形漏水。

适合人群

对泡澡有特殊要求的人群适合选用。

4 钢板浴缸

钢板浴缸是一种传统的浴缸，选用的是浴缸专用钢板冲压成型后，再经搪瓷处理制成的，性价比高，很多家庭都在使用。

优点

耐磨、耐热、耐压、质地轻巧、便于安装。

缺点

保温效果差，注水噪音大，造型单调。

适合人群

普通家庭适合选用。

选浴缸要综合考量

选浴缸时，要根据居室的情况，以及个人使用需求来综合考虑：

◎保温性能。从保温性能来看，很多人泡澡的时间较长，就需要选择保温性能最好的，那么，亚克力浴缸与木桶浴缸保温性能最好，陶瓷浴缸其次，铸铁浴缸保温性能最差，因此，需要根据自己的需求来选购。

◎材质硬度。从硬度方面来看，铸铁浴缸最好，陶瓷浴缸其次，亚克力浴缸和木桶浴缸较差，对于一些家庭成员都属于重量级的人群来说，要考虑这个问题。

◎成本。无论是浴缸本身的价格，还是安装成本，都需要考虑。铸铁浴缸最贵，陶瓷浴缸其次，木桶浴缸较贵，亚克力浴缸最低。亚克力浴缸和木桶浴缸的安装成本最低，陶瓷浴缸与铸铁浴缸安装成本较高，在选购的时候，要将这部分预算加进去，避免超支。

◎易碎度。从结实角度来考量，铸铁浴缸最结实，木桶浴缸和压克力浴缸其次，陶瓷浴缸最差，如果家里有捣乱分子，就需要考虑这个因素。

◎舒适度。从舒适度来考虑，陶瓷浴缸和铸铁浴缸舒适度较差，尤其在冬天，刚入缸时让人感觉冰凉。木桶浴缸和亚克力浴缸则舒适度较好，这也是必须考虑的项目。

◎清洁度。从清洁度来考虑，亚克力浴缸好打理，陶瓷浴缸和铸铁浴缸其次，木桶浴缸则最难清理，对于比较懒的人来说，最好还是慎重选择。

Tips：

在购买浴缸的时候，首先要考虑材质，其次要考虑品牌，再次要考虑尺寸、形状以及安装位置，最后再根据自己的喜好来选择最适合、最舒适的浴缸，这才是聪明的选购方式。

四要点教你挑选卫浴配件

卫浴的配件很有多种类，主要有肥皂台、毛巾杆、浴巾架、衣钩等，每一种都有不同的用途，都是卫浴里不可缺少的。在选择浴室配件时，必须考虑安装的容易性与配件的实用性，当然，还有款式与颜色，以下4点就能教你选择最适合的卫浴配件。

1 配套性

配件最关键的就是要与自己配置的卫浴，浴缸、马桶、台盆的风格配套，并且要与水龙头的造型及其表面镀层相吻合。一般而言，卫浴配件选择抛光铜处理或者镀铬处理的比较容易与其他浴室大件配套，不容易出现不协调。

2 材质选择

卫浴配件有铜质的镀塑产品，也有铜质的抛光铜产品，还有镀铬产品，而钛合金产品是最高档的，铜铬产品、不锈钢镀铬产品也还不错，在选择的时候，要考虑到材质使用问题，尽量选择优质的产品。

3 镀层处理

卫浴配件在镀铬产品中，普通产品镀层为 20μm，使用时间长，里面的材质就容易氧化，最好选择铜质镀铬镀层为 28μm 的，使用起来不容易氧化，寿命也相对长一些。

4 实用性

很多人在选择卫浴配件的时候，也喜欢选择进口产品，一般进口产品表面经过钛合金或铜质镀铬，精致耐看，但是比较昂贵，修补更换都不方便，而一些合资品牌以及一些国产品牌的配件产品，表层经过铜镀铬，性价比较高，也比较实用，是不错的选择。

门窗——
要与装修
风格统一

在居室装修中，门窗安装看起来好像是一件非常简单的事情，但是，如果不注意，还是会产生很多问题，尤其是如果与装修风格不统一，那么，就会让整个装修水准大打折扣，这需要我们在装修之前，因地制宜选对门窗。

防盗门的挑选与安装

防盗门是保证家庭成员人身、财产安全的首要关卡，在选择和安装上一定要特别谨慎，选择安全系数高，质量过关的防盗门，同时还要考虑各种因素，我们分别来看一下在选择和安装上要注意的各个事项。

1 选购防盗门

◎安全等级。市场上防盗门有甲、乙、丙、丁 4 个等级，家庭防盗门一般选择的是丙级和丁级，对应的标识分别是"B"和"D"；防盗门还有另外一个安全标识，那就是 FAM，在选购的时候，要仔细看标识。

◎材质厚实。防盗门的钢门板厚度不能小于 2mm，可以用手摸一下，看看表面是否光洁；用食指敲打一下，听声音是否沉重；掂量一下重量，不能轻于 40kg；看看门扇是否是实心的，这样能够判断防盗门是否真材实料。

◎选准尺寸。在选购防盗门的时候，门洞尺寸、开启方向、颜色风格，都要根据实际居室情况挑选，最好能够先测量好，然后再选。如果是定做，一定要满意后再付全款。

◎查看细节。在选购防盗门的时候，要测试锁具开启是否灵活，开关门是否轻松，不要有卡滞、门框相碰撞的现象，门扇与门框的左侧、右侧、上侧隙不要大于 3mm，下侧不要大于 5mm。

◎核对检验报告。在选购的时候，还要查看并且核对检验报告，并且核对批号以及型号是否属实，否则不要购买。

◎选择可信厂商。为了保证安全，一定要选择可信的家居市场以及厂商，并且一定要保证有售后，避免出现问题。

2 安装防盗门

检查之后再安装。在防盗门送到之后，一定要先检查漆膜是否有瑕疵，门框和门扇是否凹凸，如果有问题，要及时更换，然后再安装。

◎对准门洞。在安装防盗门时，要先将墙体凿平，让门洞对上，并且让门框与墙体紧密连接，如果有缝隙，要用水泥或者膨胀胶填充。

◎临时固定。安装防盗门时，应先找直、吊正，合适后先将其临时固定，并校正、调整，确保无误后再进行连接锚固。

◎检测安装效果。在安装完成之后，要测试安装效果，用钥匙开启，看是否灵活，看防盗链安装是否牢固，把手是否灵活，逐一检查，如有问题，要及时调整。

◎装修钥匙和正式钥匙。现在防盗门装修都提供装修钥匙和正式钥匙，等所有装修完成后，用正式钥匙开启，然后用装修钥匙试验一下，看是否失效，保证装修钥匙不能再次使用，避免安全隐患。

挑选室内门，先了解材质性能

1 实木门

实木门是以天然原木做门芯，加工制造而成的，对制作工艺要求很高，如果处理不好，就容易变形开裂，而价格也比较贵，一般在 2000 元以上。在选购的时候，如果气候温度变化较大，或者是当地空气湿度加大，最好慎重选择。

2 复合门

复合门中间用实木龙骨，在两边贴上木纤维板，再贴实木，然后刷油漆，这种门造型丰富，价格相对比较便宜，一般在 600 ~ 1000 元，也比较受大众欢迎，但是不耐水，需要根据实际情况考虑。

3 模压门

模压门是有两片带造型的门脸和一些纤维板压在一起制成的，价格比较便宜，环保性能较差，隔音和手感都不是很好，也不防潮，需要慎重选购。

4 钢木门

钢木门的中间是木龙骨，外门是钢板，不易变形，比较环保，越来越受欢迎，属于性价比较高的产品，但是比较重，造型比较单一，要根据自身情况选择。

Tips：

选择室内门的时候，我们可以在门把手和门的底部观察门的断面，来判断门的材质，质量好的室内装饰门门四周跟底部不刷漆或仅仅刷层清漆，在选时要注意鉴别。

看看门套是如何制成的

现如今，很多家庭装修都是定制门，一些购买木门的也有很多是厂商负责安装，而门在安装的过程中，门套的制作是必不可少的，这包括一系列的过程，我们来了解一下。

◎第一步：基本框架。选择结实的木头作为芯材，按照门的尺寸将木板裁成等宽大小，做成门框的基本框架。

◎第二步：墙上打眼。用电锤在墙上打眼，顶上木锲，做好标记，将门套各个方向垂直、水平安装，保证框架直角，然后将圆钉穿过门框，钉入木锲，将门框固定在墙上。

◎第三步：一层叠级。当门套的基本框架固定好之后，就需要做一层叠级，让门关得更严实，而为了让开门关门更加方便，在装门的一侧通常要留出 4 ~ 5cm 的距离。

◎第四步：贴面板。在所有的部件都安装完毕后，接着就是贴面板了，无论是清水的，还是混水的，都要跟整体的装修风格相配套。需要注意的是，贴面板时，要测量好尺寸再裁剪面板，保证同一扇门的面板色差接近，保证边缘无毛刺，交界处缝隙严密。

◎第五步：安装木线条。面板贴完之后，最好就是安装木线条了，可以在门框的正面由里向外保留出一公分的位置，做上标记，然后将切好的木线条将按照标记进行安装，整体门套就更加美观了。

Tips：

在制作门套的时候，一定要注意门框与地面之间留取 5cm 的空间，保证其他工序，如地面找平、贴地板或瓷砖的时候，有足够的空间。

4要点帮你选木门

木门的价格从1000到10000价格不等，好的木门在加工工艺上经过了脱水处理，含水率较低，也不易变形和开裂，适合家庭装修使用，在选购的时候，要把握如下4个要点。

1 功能性

在选择不同方位的木门时，首先要考虑的就是功能性，卧室门要私密、不易透光，厨房门要防水、密封，卫生间的门要防水、私密，书房则要隔音。

2 质量

在考虑功能性的同时，质量也是非常关键的，可以用手摸面板、边框和拐角处，质量过关的木门在细节的处理上都很在意，不会有刮伤也不会凹凸不平，我们可以站在门的侧面迎光看油漆面，看看刷漆是否完整。

3 环保

家庭使用木门出于安全考虑，一定要选购环保的，现在大量廉价人造板使用劣质胶水，甲醛含量超标，在购买的时候，不能购买这种产品，可以在打开密封包装的时候，闻一下，看看有没有刺激的气味，警惕低价陷阱。

4 查看报告

品质有保证的木门都有严格的检测报告，并且相关资质认证也很齐全，各种有害释放物都在标准允许范围内，因此，在选购的时候，一定要检查厂家的相关资质认证，通过这种方式来衡量产品优劣。

精挑细选实木门

实木门造价很高，但隔音效果好，并且没有任何化学添加，属于纯天然的产品，同时，就算是磕坏了，还可以再次修补，对于一些追求生活品质的人来说，选择实木门是非常明智的。

1 原木材料

这里所说的材料不仅仅包括原材料，并且还包括辅料，由于实木门最凸显的特性就是其原木材质，因此，材质本身很重要，好的实木门，多用花梨木和柚木制作，材质坚硬，纹理清晰，在购买的时候要询问清楚，并在信誉好的厂家购买。

2 制作工艺

实木门有天然的纹理，但是，在购买的时候，还要考虑其木材颜色花纹是否搭配协调，工艺是否平整，表面是否有虫眼、裂纹、死节等缺陷等等，这些都要仔细检查清楚。

3 油漆

上漆好坏直接影响到实木门的最终形象，优质的实木门上漆后的品质和颜色往往是一般街头油漆无法比拟的，在选购的时候，要仔细观察漆面，看漆面反光效果和平滑度，选择最优质的产品购买。

4 价格

实木门本身造价价高，一般以花梨木和柚木制作的实木门价格往往在 2500 元左右，而名贵一些的则价格更高，在选购的时候，一定不要贪图便宜，买到假的实木门。

> **Tips：**
> 　　市场上真假实木门复杂多样，要选购货真价实的实木门，一定要多看、多选，货比三家才不会上当。

了解实木复合门

实木复合门的门芯多以松木、杉木或进口填充材料等黏合而成，外贴密度板和实木木皮，经高温热压后制成，这种门隔音效果好，并且不易变形，也被越来越多的家庭所喜爱。但是，市场上销售的实木复合门品质参差不齐，一定要先自我辨别。

1 掂重量

真材实料的实木复合门，采用的门内填充物都是实心的，会有一定的分量，在购买的时候，可以先掂量一下，将集中不同的实木复合门比较一下，还可以用食指敲击听声，看看是否实心。

2 观察密封条

在门套和门扇接触部分的密封条是检测实木复合门的又一个关键，这关系到门的质量是否过关，优质实木复合门的密封条摸起来比较柔软，可以检查一下。当然，如果连密封条都没有，那就不必购买了。

3 看门套

一些商家在销售实木复合门的时候，并不一定会使用相同的材质制作门套，有时候会用密度板做门套，这样就会影响整体的防水效果，在选购时，一定要考量门套的材质，避免上当。

模压门

模压门是由两片带造型和仿真木纹的高密度纤维模压门皮板经机械压制而成，隔音效果和防水性比较差，但是相对而言，比较经济实惠，也有很多家庭选用这种门，这种门也有自身的一些特点。

1 环保理念

模压门面采用的是木材纤维，最初传递的理念就是保护森林资源，并且经过加工制造的模压门，有一定的质量保证，并且有一定的环保意义。

2 安全经济

模压门由于材质选购的问题，价格上自然是比较经济实惠的，并且安全性能也比较好，虽然隔音和防水效果差一些，但是对于家庭使用，也没有太大的影响。

3 美观抗变形

模压门整体而言，保持了木材的天然纹理，美观大方，并且不易变形，使用一段时间之后，也不会出现氧化、变色的现象，也比较实用。

4 选择性强

模压门往往会附带中性白色底漆，购买之后，可以根据自己喜好上色，选择性较强，符合一些人群的个性化需求。

烤漆门

烤漆门顾名思义，就是喷漆后进烘房加温干燥的油漆门板，工艺比较复杂，防潮性好，并且容易打理，颜色很鲜艳，价格也比较高，常被一些追求时尚的年轻消费者选用，这种门也有一些自身的特点。

1 制作工艺复杂

要先选择中密度板，将双面贴白色三聚氰胺纸，接着做镂铣处理，然后做一遍封闭漆，打磨后喷白色底漆，再接着打磨两次，着色，重复进行8～9次打磨抛光喷涂处理，最后进行亮光漆喷涂，水打磨，蜡抛光，这样才算完成。

2 视觉冲击力强

经过反复加工制作的烤漆门整体不带油污，效果好，视觉冲击力是其他门无法比拟的，并且工艺最好的能干调制成30多种颜色。

3 注意清洁

烤漆门容易打理，但是不能用钢丝球擦洗，容易出现划痕，并且也不能重力撞击，会导致破损，相对应其他门而言，这种门一旦损坏，就不易修补，只能更换，因此，使用时要注意。

推拉门的选购注意事项

为了更大限度地利用和节省空间，很多家庭会使用推拉门，但如何选购是你最需要了解的。

1 板材

现在市场上做推拉门的木板，都是人造板，并且使用的胶粘剂含有甲醛，容易造成污染，对身体健康也不利，在选购的时候，一定要认准板材，避免选购甲醛超标的推拉门。

2 门芯

有的推拉门用玻璃或者镜子做门芯，有的用木板做门芯。如果是玻璃门芯，厚度一般为5cm，木板则为10cm，不能太薄，避免推拉晃动，影响正常使用。在选购的时候，可以测量一下再购买。

3 滑轮

推拉门的最重要的一个组成部分就是滑轮，金属滑轮噪音较大，碳素玻璃纤维滑轮安全性较好，经久耐磨，塑料滑轮则容易出轨，非常不安全，在选购的时候，最好选择碳素玻璃纤维的滑轮。

4 保修

推拉门一般有保修年限，在使用年限内如果出现问题，能够上门维修，但是一些服务较差的厂商往往没有保修这一项，因此在选购的时候，一定要清楚了解产品厂商实力，并索取质保卡。

> **Tips：**
> 推拉门的款式较多，有冰雕的、花格的、晶贝的，等等，在选购的时候，要根据整体的装修风格来选购，避免格调不一致，影响美观。

因地制宜选室内门

室内门的选择，不仅仅要看质量，还需要根据居室主人的品位，因地制宜的选择，书房、卧室、厨房、卫生间等各种室内门，都要根据本身的功能和风格来选择。

1 卧室门

卧室门要考虑能够营造温馨的氛围，并且注意私密性，在选购的时候，可以采用透光性弱的木门，实木门或者复合门都是不错的选择。在风格上，可以选择造型优雅的、磨砂玻璃的或者打方格的，能够满足卧室门的需求。

2 书房门

书房是学习的场所，在门的选择上，一定要选择隔音效果好并且透光的，可以选择磨砂玻璃木门或者古式窗棂的木门，书香味十足，能让我们更安心于阅读学习。

3 厨房门

厨房门的目的是为了有效阻隔油烟，在选购时一定要考虑到密封性和防水性，可以选择半透光的玻璃门或者带喷沙图案的木门，阻隔效果更好。

4 卫生间门

卫生间门最主要考虑的是私密性和防水性，可以选择全磨砂处理的玻璃门或者塑钢门，更符合卫生间使用需求。

> **Tips：**
> 除此之外，门的颜色要与地面、家具的颜色相近，与墙面颜色有一定的反差，才能营造空间层次感，让这个居室更美观、更温馨。

塑钢窗的优缺点比较

塑钢窗因其重量较轻，隔热性较好，并且价格相对低廉，因此，市场占有率较高。但你知道吗，塑钢窗也有缺点，在选择时要格外注意。

1 优点

◎保温性。铝塑复合型材质的塑钢窗导热系数较低，隔热效果好，保温性能比较好，适合北方居室使用。
◎隔音性。质量好的塑钢窗设计精细，接缝严密，隔音效果比较好，比较适合城市居室人群使用。
◎防水性。封闭式的塑钢窗具有很好的防水性，对于雨水较多的城市而言，是很好的选择。
◎防盗性。配置了优质五金配件的塑钢窗防盗系数也比较高，一般盗贼无法入室行窃。
◎清洁性。塑钢窗本身不容易被腐蚀，可以直接用水清洗，也不必费精力保养，家庭选用非常方便。

2 缺点

◎防火性。塑钢窗的防火性不强，出现火灾不好处理，但是铝合金材质的防火性相对高一些。
◎安全性。塑钢窗在燃烧时会有毒气释放出来，危险性较大，要尽量避免。
◎坚硬度。采用PVC材料的塑钢窗钢性不好，必须在内部附加钢条才能增强其硬度。

> **Tips：**
>
> 　　虽然塑钢窗有一定的缺点，但是优点也很多，比较适合家庭使用，在使用的时候要特别注意防火。

选塑钢窗要注意什么

　　塑钢窗一般有单层玻璃和双层玻璃两种，为了让保温效果更好，一些家庭会选择双层玻璃的塑钢窗，不过，在选购的时候，有一些注意事项：

1 板材

　　在选购塑钢窗的时候，可以检查窗户的内存钢板，钢板的厚度不能小于1.2mm，而整体壁厚不能小于2.5mm，内腔必须为三腔结构，这样才能保证使用不变性、不容易老化。

2 质量

　　塑钢窗的塑料型材最好平整、光滑，色泽为青白色或者象牙白，焊接处没有断裂的情况，颜色不能过白或发黄，表层要有保护膜，这些细节需要我们在挑选的时候，仔细观察。

3 玻璃

　　塑钢窗如果是单层玻璃，必须平整，没有水纹，安装要牢固。如果是双层玻璃，要没有灰尘和水汽，玻璃和塑料型材间有密封压条。

4 五金件

　　五金件的外观要光滑，无刮痕，安装要牢固，使用起来要灵活并且齐全，这样才能保证窗户的正常使用。

> **Tips：**
>
> 　　除此之外，也是所有检查都必须注意的一项，就是证件齐全，这样才能保证质量和信誉。

挑选百叶窗的注意事项

　　百叶窗的款式多样，价格从低到高都有，但不管是什么款式、什么价位的百叶窗，选购时都要从以下几个方面入手。

1 叶片

经过精细加工的百叶窗，叶片整体平滑均匀，摸起来不会有毛刺，在选购的时候，可以用观察并且直接用手感知一下。

2 调节杆

调节杆是调节百叶窗升降和角度的工具，选购时，一定要检测调节杆使用是否灵活顺畅。

3 开合

测试百叶窗的时候，还需要观察各叶片整体开合功能：开的时候，注意叶片间隔是否均匀；关的时候，叶片是否吻合不漏光。

4 尺寸

百叶窗的安装要根据窗户的尺寸来选购，如果是安装在窗棂格中，宽度要比窗户左右各缩小 1 ~ 2cm，高度要与窗户一样，如果是安装在窗户外，高度可以比窗户高 10cm 左右，左右两边的宽度可以比窗户宽 5cm，遮光效果更好。

5 风格

百叶窗的颜色要与家具和墙壁相匹配，米色百叶窗可以配白色墙壁，香槟色百叶窗可以配红色家具。

> **Tips：**
> 　为了保证选购到优质的百叶窗，可以打开百叶窗之后，用手用力压叶片，让叶片向下弯曲，然后迅速松手，看叶片的恢复情况，如果恢复得很好，并且没有弯曲变形，则表明质量较好，可以选购。

如何选择铝合金门窗

铝合金门窗的特点是自重较轻，隔热和隔音效果好，维修方便，比较经久耐用，不过，在选购的时候，为了挑选到性价比最优的产品，需要注意一些问题。

1 材质

铝合金门窗的用材包括铝型材、玻璃和五金件，在选购的时候，先要考虑铝型材和玻璃的厚薄，铝合金门窗的铝型材壁厚不能低于 1.2mm，其次要考虑五金配件是否经久耐用，是否安全耐磨，使用是否顺畅。

2 工艺

优质的铝合金门窗，加工精细，切线流畅，在拼接过程中应该不会出现明显的缝隙，密封性能好，开关顺畅。在选购的时候，也要观察其工艺，看看是否有裂缝、玻璃是否牢固。

3 复合膜

铝合金门窗表面的复合膜，是人工氧化膜着色形成的，具有耐腐蚀，耐磨损，还具有一定的防火功能，因此，在选购时要多将同类的产品进行比较，选择光泽度高，使用优质复合膜的产品。

4 价格

优质铝合金门窗价格要比劣质产品高出 30%，但是本身的厚度以及安全性能也有保证，因此，在购买的时候，出于安全考虑，千万不能贪图便宜。

油漆——靓丽家居与环保并重

油漆不仅可以装饰物件表面，还能保护物件，避免物件遭破坏。当然，随着科技的发展，现代油漆的作用也越来越多，有的油漆还具有杀菌、防滑、防噪音等特种功能，这也让我们的居住环境更加靓丽，不过，我们在选购的时候，更需要考虑环保因素。

涂料有哪些种类

1 功能区分

油漆按照功能区分，可以分为装饰涂料、防腐涂料、导电涂料、防锈涂料、耐高温涂料、示温涂料、隔热涂料、防火涂料、防水涂料等。我们在家庭装修中通常使用的是装饰涂料、防水涂料。

2 用途区分

油漆按用途区分，可以分为建筑涂料、罐头涂料、汽车涂料、飞机涂料、家电涂料、木器涂料、桥梁涂料、塑料涂料、纸张涂料等。我们在家庭装修中通常是建筑涂料、木器涂料、家电涂料。

3 基础料区分

油漆按基础料区分，可以分为可分为有机涂料、无机涂料、复合涂料。有机涂料又分为有机溶剂型和有机水性。我们在家庭装修中通常是有机涂料，尤其是有机水性涂料。

4 装饰效果

油漆按装饰效果区分，可分为表面平整光滑的平面涂料、表面呈砂粒状装饰效果的砂壁状涂料、形成凹凸花纹立体装饰效果的复层涂料，通常在家庭装修中，使用最多的是平面涂料。

> **Tips：**
> 　　虽然油漆分类很多，但是，在家庭装修中，需要使用涂料的主要是墙壁、天花板、门窗，墙面大多使用乳胶漆，属于有机水性涂料，而木料和金属多采用油性漆，这都需要我们好好选择。

挑选涂料要注意的问题

　　在家庭装修的过程中，很多人都为选择涂料而发愁，由于市面上的涂料品牌很多，在选购的时候，往往目不暇接，这也为我们选购涂料带来困扰，那么，在挑选涂料的时候，到底应该注意哪些问题呢？

1 甲醛含量

甲醛含量是居室的隐形杀手，它吸附在墙壁以及家具上，飘浮在空气中，给我们的日常生活带来很多安全隐患，因此，甲醛含量是选购涂料的第一个注意事项，千万不能甲醛超标。

2 重量

一些油漆的包装往往缺斤少两，黏度也很低，在选购的时候，可以先将油漆桶提起来，晃一下，如果发现里面有稀里哗啦的声音，就不要选购了，一定要选择正规厂家生产的，晃动的时候，听不到什么声音。

3 弹性

在选购涂料的时候，涂料弹性越大，在施工之后，就越不容易产生裂缝，因此，在购买的时候，一定要问清楚涂料的弹性。

4 漆质

在选购油漆的时候，一定要选择图层细腻，遮盖力好的油漆，色泽要光亮。

> **Tips：**
> 　　信誉度较高的厂商生产的油漆有良好的售前和售后服务，在选购的时候，可以多方咨询，看看哪些厂商服务比较好，然后再选购。

了解内墙涂料的种类和特点

内墙涂料就是一般装修用到乳胶漆，是乳液型涂料，施工简单，装饰效果简洁大方，是应用的最广泛的内墙装饰材料。而居室内墙涂料一般可以分为以下几类。

1 聚乙烯醇水溶性涂料

这是一种比较低档的水溶性涂料，是聚乙烯醇溶解在水中、再加入颜料等其他助剂而成的，最常见的是803涂料。

优点

价格便宜、无毒、无臭、施工方便。

缺点

湿布擦洗后会留下痕迹，耐久性不好，容易泛黄变色。

Tips：
这种内墙涂料目前消耗量最大，常用来中低档或临时居室室内墙装修。

2 乳胶漆

乳胶漆主要成分是丙烯酸酯类、苯乙烯－丙烯酸酯共聚物、醋酸乙烯酯类聚合物的水溶液，加入多种辅助成分制成的，最常见的有LT-1有光乳胶涂料。

优点

耐水性强、湿擦洗后不留痕迹。

缺点

色彩较少，性价比不高。

Tips：
这种乳胶漆在国内市场上并不广泛，在国外比较普遍。

3 多彩涂料

多彩涂料目前较为风行，主要成分是硝基纤维素，一次喷涂可以形成多种颜色花纹。

优点

细腻、光洁、淡雅。

缺点

施工工艺复杂，耐湿擦性差。

4 液体墙纸

液体墙纸又称液体壁纸，是目前较为流行的内墙装饰涂料。

优点

环保，效果多样，色彩可任意调制，耐磨、抗污力强。

缺点

要求较高、未完全普及。

5 泥粉末涂料

这种涂料包括硅藻泥、海藻泥等，是目前比较环保的涂料。

优点

环保、运输方便、无需防腐。

缺点

施工复杂。

挑选乳胶漆必须知道的

虽然市面上乳胶漆无论是质量还是价格都参差不齐，但是，作为自己家庭装修，在考虑性价比的同时，还有一些必须知道的事情，只有知道这些，才能让我们在挑选的过程中不被迷惑。

1 可擦洗性

在购买乳胶漆的时候，要购买符合国家标准防水配方的可擦性乳胶漆，能够轻易地将墙面污渍擦洗干净，并且不会磨掉漆膜，一些有小孩子的家庭更需注意这一点。

2 防潮性

对于一些相对比较潮湿的南方城市，以及一些比较潮湿的居室，如浴室等，乳胶漆的防潮性和防霉性是必须考虑的，一定要能有效阻隔水分对墙体的侵袭，避免霉菌生长。

3 持久性

在涂抹乳胶漆后，漆面一定要持久不易褪色、不易脱落，至少保持 3 ~ 5 年崭新亮丽，这是挑选乳胶漆时应该注意的。

4 环保性

无毒、安全和环保是大家选购乳胶漆时所追求，而乳胶漆的主要成分是无毒性的树脂和水，在涂刷过程中不会对人体、生物及周围环境造成危害，但是一定要注意生产厂家、生产日期和保质期，并且有无铅、无汞标识。

> **Tips：**
> 除此之外，在挑选乳胶漆的时候，不要相信所谓的技术指标，乳胶漆技术含量不会特别突出，只要选购符合国家标准的产品就可以了。

合格的乳胶漆肯定没危害吗

在装修时，大家都会问这样一个问题，乳胶漆对人体是否有害呢？高档乳胶漆应该色彩丰富、遮盖力强，并且不含铅汞等对人体有害的物质，这是基本要求。而实际上是怎样的，需要我们深刻了解。

1 国家标准

按照国家标准，内墙涂料的挥发性有机化合物含量不能高于 200g/L，现在市场上很多乳胶漆能够符合这个标准，不过，这个仅仅是市场准入标准，也是最基本的质量要求。

2 绿色环保标准

绿色环保标准则是挥发性有机化合物含量不能高于 100g/L，实际上，在发达国家标准的内墙涂料中，也只有不超过 20% 的产品能够获得绿色环保标志认证。

从这个意义上说，即便是达到了国家标准和绿色环保标准，也只是其中含有挥发性有毒物质的含量非常小而已，少量使用不会危害健康。因此，就算是合格的乳胶漆，也不一定是完全无毒。

> **Tips：**
> 为了我们的健康，我们在使用的时候，要有健康意识，一定要让装修好的居室通风透气，让这些挥发性有机化合物挥发掉，然后再入住，以免危害健康。

选油漆，淡色更环保

很多家庭在装修时，为了凸显装饰效果，往往会选择颜色比较鲜艳的油漆，但是，这却容易带来安全隐患，尤其是对有孩子的家庭而言，更是要慎重。

1 鲜艳危害大

油漆的主要危害是铅含量超标，为了使油漆颜色持久保持鲜艳，油漆中的一些物质，如黄丹、红丹和铅白等能够起到作色的效果，但是它们也是铅含量最高的，从这个意义上来说，颜色越鲜艳的油漆，铅含量越高，尤其是橙色，然后是黄色、绿色和棕色等。

2 铅的危害性

油漆中的铅如果含量超标，被人体吸收，一旦通过呼吸道、消化道、皮肤等途径进入人体，就会在血液中持续累积，就会导致一些毒性反应，如贫血、记忆力下降等，要引起注意。

3 对小孩危害更严重

距离地面 1m 处，往往是铅浓度最高的，与儿童身高相吻合，并且一些孩子经常会触摸墙壁，并且吮手指，铅就非常容易被他们吸入，他们对铅的吸收率相当于成人的 5 倍，危害非常大。

> **Tips：**
> 颜色鲜艳的含铅油漆非常普遍，单白色油漆含铅量较低，在选购的时候，要尽量选用环保油漆，颜色淡一点的，才能最大限度降低铅污染，避免危害健康。

如何挑选腻子

腻子是家装中的必需品，虽然我们肉眼看不见，但是整间屋子都是被腻子粉所包围的，古人云："皮之不存，毛将焉附"，腻子就相当于皮，如果皮没弄好，自然也就不耐用，因此，在选购腻子的时候，还是需要好好挑选。

1 粘连性

挑选腻子，一定要选择黏结牢固的，并且有一定硬度和柔韧性，如果黏度不高，墙壁就容易开裂，现在很多装修公司为降低成本，选用廉价劣质腻子，装修完入住之后一段时间，就会出现起皮、脱落等状况，因此，选腻子，首先要选粘连性好的。

2 光滑、细腻

为了让表皮涂抹感官上更好，腻子要光滑、细腻，杂质含量不能太多、粉末不均匀。

3 环保性

一些传统的仿瓷及801、107有毒建筑胶水腻子，含超量游离甲醛等，被涂料层覆盖后，释放期长达仍然长达3～15年，危害极其严重，因此，在选购腻子时要注意查看检测合格证以及国家认可的质检合格证等。

> **Tips：**
> 在选购腻子的时候，最好还是选择知名品牌的，并且具有批量生产能力的厂家，这样配方相对科学，制作程序也相对严格，质量也能相对过关，性能相对好一些。

了解油漆的涂刷方式

油漆的涂刷方式主要有3种，刷、滚、喷，这些都是家装装修油漆涂刷的常用方法，但是在刷的过程中，要根据实际情况与期望效果来选择正确的方法。

1 刷

刷是用毛刷施工，是平面效果，容易留下刷痕。最好使用比较柔软的羊毛刷，能够尽量减轻刷痕。

> **Tips：**
> 刷漆时加水的比例要控制在2%～30%之间，避免出现脱粉、浮色、漏底等问题。

2 滚

滚是用滚筒施工，是毛面效果，类似于壁纸效果，家庭滚刷最好使用短毛滚筒，容易操作，花纹也比较浅，容易打理。长毛滚筒容易挂灰，可以做电视背景墙、走廊背景等小面积施工，效果美观。

3 喷

喷是用喷枪施工，表面平整光滑，平面效果好。分为有气喷与无气喷两种，有气喷的漆膜较薄，需要几道才能达到效果，无气喷的漆膜较厚，一次就能达到效果。

Tips：
　　刷墙面和木器一般采用滚涂或者喷涂，而刷暖气一般采用喷涂和刷涂，喷涂较为费料，刷涂比较省料。

警惕油漆造假

　　油漆造假已经屡见不鲜了，造假者着侥幸心理，以次充好、以假乱真，让我们难以分辨，那么，如何警惕油漆造假呢，我们来了解一下。

1 假货滋生地

　　造假者往往瞄准销量最好的一些品牌产品，虽然一些销量不好的产品也有人去仿冒，但是，假货几率较高的往往就是人家常见的，并且喜欢购买的油漆，如立邦、多乐士、红狮等品牌的油漆，在挑选时一定要睁大眼睛看清楚。

2 真桶假货

　　常见的造假方法就是使用真桶，然后装假货，这种迷惑性很强。造假者都是回收旧桶，然后重新利用。在选购的时候就要细心，如果是假的，桶上面会有撬过的痕迹，或者有生锈的迹象，可以通过仔细观察的方式来分辨。

3 假桶假货

　　这种造假方法也比较常见，属于严重伪劣产品，在选购的时候，可以先看包装，用手按，假包装桶质地不好，并且外包装光泽度也不行，桶盖可轻易地取下来，可以凭借这些方法来辨别真假。

Tips：
　　在假货滋生的年代，选购油漆的时候一定要货比三家，对同一包装、同一品牌的商品，要从质量、价格、服务等方面综合考虑，千万不能贪便宜。

涂料VOC是什么

　　VOC 是指涂料中的有机挥发物的含量，对于一些装修之后，要立刻入住的家庭来说，一定要严格考虑这个指标。而这个东西究竟有哪些猫腻呢？我们来看一下。

1 "零" VOC 存在吗

　　现在市场上有很多产品标榜自己是"零"VOC，那么，真的有"零"VOC 涂料吗？按照目前的生产水平来说，"零" VOC 的涂料是不存在的，如果标榜了此类字眼，那也只是用来吸引受众的一个手段，我们不要上当。

2 VOC 隐藏地

　　VOC 含量超出了一定标准时，会刺激我们的眼睛、皮肤以及呼吸道，我国规定 VOC 含量应小于 200g/L，欧盟标准是 75g/L，而涂料调色的色浆是 VOC 含量最高的，因此，在选购的时候，一定要小心，谨防被鲜艳颜色吸引，上当受骗。

3 味道不能评定含量

　　很多人都通过打开涂料桶闻气味的方式判断 VOC 含量，其实 VOC 含量多少和气味没有必然联系，有 VOC 不一定有气味，有气味也不一定含 VOC 高。判定含量的唯一办法就是挑选知名品牌，选择数值小的，这样才能更安全。

> **Tips：**
> 　　如果涂料中一点味道都没有，甚至有香味儿，一定要警惕，有可能是添加了有毒"遮味剂"。

一般木器漆与水性木器漆

　　木器漆是用于木制品上的一类树脂漆，分为水性木器漆和油性木器漆，近年来，水性木器漆越来越受到市场追捧，也是很多家庭的首选，那么，水性木器漆相比油性木器漆有何优缺点呢？

1 水性木器漆

◎可燃性：相比较硝基漆和聚酯漆中所含的易燃物而言，水性木器漆用水代替有机溶剂，相对安全，不容易燃烧。
◎毒性：水性木器漆 VOC 含量较低，相比较硝基漆和聚酯漆所含的甲苯、二甲苯等毒性较高的产品而言，更环保。并且，在涂刷的过程中，不会产生刺激气味。
◎干燥度：水性木器漆涂刷完成后，容易干，而硝基漆和聚酯漆涂刷完成后，要等待较长时间。
◎耐用性：水性木器漆不容易发黄，并且能长时间保持效果，比较耐用。

2 油性木器漆

◎硬度：聚酯漆的漆膜硬度较高，比较耐磨，而水性木器漆相对弱一些。

◎手感：聚酯漆在漆膜的手感、丰满度的效果是最好，其次是水性木器漆，最差的是硝基漆。
◎价格：油性木器漆的价格比水性木器漆价格便宜很多。

> **Tips ：**
> 　　从市场占有率上看，油性木器漆的经销商占很大比例，水性木器漆经销商在规模上无法比拟油性木器漆，我们在选购的时候，也需要找准正确的渠道。

选购水性木器漆

　　既然水性木器漆有那么多的优势，尤其是装饰效果好、功能强大，那么，在选购的时候，有什么方法能够帮我们选到优质的水性木器漆呢？

1 气味

　　优质水性木器漆无发臭、刺激性气味，而劣质的水性木器漆含有刺激性气味和工业香精味，不仅影响施工质量，还会危害人体健康，所以在选购的时候，可以先从气味来判定。

2 擦洗

　　在选购水性木器漆的时候，可以拿块湿抹布在对应的样板上进行擦洗，如果涂层经过擦洗，并不容易被破坏，那么就可以选购。

3 细腻度

　　好的水性木器漆开罐后无沉淀、无结块，并且细腻柔滑，搅拌后用棍子可以挑起一条线状，这就是优质产品的一个表征。

4 光泽

　　好的水性木器漆样板光亮如新，并且手感柔滑、细腻，漆膜丰满，轻抹不会褪色。

5 成分

　　在购买水性木器漆的时候，还需要看涂料的成分，优质涂料的成分是水溶性树脂或水溶醇酸树脂等，最好去正规经营店购买，避免买到假冒伪劣产品。

> **Tips ：**
> 　　在购买水性木器漆时，还要查看产品包装是否完好，保证铁桶的接缝或焊缝没有锈蚀现象，并且产品名称、编号、产生日期 / 批号、保质期、联系电话及使用说明等齐全。

了解清油与混油

　　给木工制品刷漆的工艺有两种，一种是清油，一种是混油，两种工艺无论是施工流程还是施工规范，都有这一些区别，我们来分别了解一下。

1 清油

◎清油工艺：这种工艺是在木质纹路较好的木材表面直接涂刷透明的油漆，又称为清漆，通过这种方式，我们可以清晰地看到被刷木器的木质纹路。

◎施工规范：清油施工，首先要清理木器表层，然后上润油粉，并且用手来回揉擦，将油粉擦入到木材的察眼内，接着手指用力，涂刷清油。涂刷时要按照少蘸次多、先上后下、先左后右、先里后外的顺序的方法施工。

2 混油

◎混油工艺：先对木材表面进行修补钉眼，打砂纸，刮腻子等处理后，再在木材表面涂刷有颜色的不透明的油漆，这也让装修更个性化。

◎施工规范：混油施工，首先要清理基层，对局部的腻子进行嵌补，顺着木纹用砂纸打磨，然后，对有较大色差和木脂的节疤进行封底，接着均匀涂干性油或清泊，干透后满刮第一遍腻子，之后以手工砂纸打磨，补高强度腻子，最后用细砂纸打磨，涂刷面层油漆。

> **Tips：**
> 　　清油主要善于表现木材的纹理，硬木的纹理比较美观，因此多用清油，混油主要表现的是油漆本身的色彩及木纹本身的阴影变化，夹板、软木密度板均多用清油。

灯具——点亮生活的灯光照明

　　灯给我们的生活带来了光明，它可以说是一个伟大的发明，而随着后来不断的改进，灯具的外形也越来越多变，用处也越来越多，除了灯光照明之外，也成为一种装饰，为我们的生活带来了更多的情趣和生机。

了解灯具的分类

灯具有很多种类，而根据家庭安装灯具来说，主要有如下几种。

1 吊灯

这种底座装在天花板，灯具悬垂在空中的灯具是比较典型的一种灯具。吊灯是每个家庭都需要的，尤其是客厅，当然，种类也很多。客厅使用多为多头吊灯，卧室、餐厅等使用多为单头吊灯。

2 壁灯

壁灯是装在墙上的灯具，常用于卧室、卫生间照明使用，不仅能够起到照明的作用，还能营造特殊的氛围。

3 吸顶灯

吸顶灯是一种底座和灯罩都装在天花板上的灯具，一般安装在房间中央，常用于客厅、卧室、厨房、卫生间等处照明使用。

4 落地灯

落地灯，顾名思义，就是放在地上的灯具，有直立式和悬挑式之分，常常用来放在沙发拐角处，光线柔和，是区域照明和直接照明的常用灯具。

5 台灯

台灯主要是放在桌子或柜子上的灯具，也是区域照明和直接照明的灯具，常用于写字台、床头柜、茶几等地方。

6 镜前灯

镜前灯是装在镜子前面的灯具，往往用于卫生间镜子前方。

7 射灯

射灯是吊顶四周或者家具上不使用的灯具，能够起到照明的效果，还能够让局部采光更多，烘托特殊气氛。

水晶灯如何选

水晶灯是很多家庭都爱选购的一种灯具，不仅造型美观，并且款式也多种多样，当然，材质也千差万别，如何挑选适合自己的水晶灯，在挑选时要注意什么呢？

1 风格

在挑选水晶灯的时候，首先要考虑整体的装修风格和居室结构，要选择适合整体风格的水晶灯，并且要测量层高，衡量天花板横梁的距离，水晶灯最低处与地面的距离不能低于 2m，以免产生压迫感。

2 功能

水晶灯不仅仅是装饰，还必须能够起到照明的作用，要根据水晶灯的直径以及灯泡的瓦数衡量照明效果，尤其是在需求照明度较高的居室，如客厅等，一定要选择照明效果好的水晶灯，如果只是用来装饰，那就需要配备一些其他的灯具充当照明灯。

小晶灯

3 质量

水晶灯虽然是人造灯，但水晶本身也是玻璃的一种，在选购的时候，要从水晶的角度来考虑质量，选择切面规则、平整、光滑、棱角分明的水晶，这样折射效果更好，并且在挑选的时候，要看水晶有没有气泡、裂纹和杂质，避免购买不合格产品。

4 效果

在选择水晶灯的时候，还要考虑灯光效果，家庭使用最好不要选择磨砂的或者有颜色的灯泡，让照明更加充分。当然每颗水晶吊灯垂饰的形状尺寸最好一样，以免影响水晶灯的优美外观。

> **Tips：**
> 在购买水晶灯的时候，到正规的建材市场，灯具超市，仔细选购，避免在网上购买导致的货不对版。

节能灯是否真的节能

节能灯是我们生活中常用的一种灯具，从诞生以来，就以节能省电闻名，是否真的节能还需要与其他灯具比较得知。

1 节能灯用电量

按照普通家庭每天使用 10 只灯，每只灯使用 5 个小时计算，普通白炽灯按照 60W 功率计算，一年用电大约 1000kW·h，而普通节能灯按照 15W 功率计算，用电大约 300kW·h，从这个角度来看，白炽灯与节能灯在使用效果上大致相同，但是耗电量却截然不同。

2 节能灯工作原理

涂在节能灯壁玻璃上的粉是用稀土元素的化合物制成的，发光效果特别强，能够让电灯的电能利用率提高了15%，让同一功率的电灯发出更亮的光，因此，只要选择适合的亮度，节能灯就可以起到节能的作用。

3 分别真假

为了分别真假节能灯，可将节能灯放至手掌旁开启，如果手掌颜色呈红润自然色，则是真节能灯，如果手掌变成铁青色，则是假节能灯，在选购和使用时一定要注意。

> **Tips：**
> 虽然节能灯节能，但是，在节能灯下看东西容易变色，如果对于颜色准确度有特殊需求的家庭，最好不要使用。

如何选择客厅灯具

客厅是家人活动的中心，也是接待亲朋好友的地方，在选择灯具的时候，一定要考量整体照明与局部照明相结合，那么，如何选择客厅灯具呢?

1 主体灯

吊灯是客厅必不可少的，也是总体照明灯，在挑选的时候，可以选择多头或者单头吊灯，在造型上，最好稳重大方。当然，还需要根据客厅的面积和高度来考虑，如果面积较小，可以用吸顶灯代替，如果客厅较大，并且很高，可以根据自己的喜好选择温馨舒适的吊灯。

2 点缀灯

对于比较大的客厅而言，单一的主体灯是不够的，还可以选择落地灯、壁灯等，来点缀客厅，让整体效果更好。在选购的时候，可以根据客厅风格来挑选，原则上是让整个环境更加优雅，但不刺眼。

主体灯

3 外形选择

客厅需要凸显和谐的气氛，因此在灯具的选择上，不能太奢华，避免让人有心理压力，但是，也不能太平淡，显得太过寒酸，因此，在选购时，还需要从外形上考虑，选择高雅一些，能突显居室主人品位的吊灯。

4 尺寸选择

在灯具尺寸选择上，要考虑与客厅相匹配，如果客厅的面积不超过 20m²，灯的直径就不要大于 50cm，30m² 的客厅，灯的直径则不要大于 80cm。而对于层高 2.7m 的客厅来说，灯的高度不要超过 40cm。

> **Tips：**
> 在选择客厅灯具的时候，要避免购买光源外露的灯具，以免产生眩光，让人的眼睛不舒服。

如何选择卧室灯具

卧室主要是睡眠和休息的场所，当然，也有卧室起着其他的作用，如梳妆，这就需要我们在选购的时候，考虑整体和局部效果，选择适合的卧室灯具。

1 整体照明

为了让休息环境更舒适，卧室照明最好是宁静、温馨、柔和的。可以选择造型简洁的吸顶灯，或者运用光檐照明，或者安装嵌入式顶灯配壁灯，任何一种选择都能打造温馨典雅的氛围。

> **Tips：**
> 光线柔和并不是降低亮度，偏暗的灯光会给人造成压抑感，对于有睡前阅读习惯的人来说，会损伤视力，切忌不能选择亮度太低的灯具。

2 局部灯具

◎射灯：对于有梳妆台的卧室而言，可以选择温射型灯具，白炽灯或三基色荧光灯，安装在梳妆镜上方，让视野呈 60° 立体角最适合。

◎壁灯：对于一些喜欢在床边看书的人而言，可以安装壁灯，或者是台灯，在选购的时候，要考虑光线的柔和性，最好选择有灯罩的，能够反射光线，让光线更柔和，避免伤害眼睛。

3 光色

卧室的主灯最好选择乳白色白炽吊灯，装在房间中央，而局部灯具，如壁灯，可以在床头距地面 1.8m 的墙壁上安装，比较符合卧室安装效果。

> **Tips：**
> 卧室主要是休息的场所，因此要尽量少放其他东西，并且要通过光线明暗的表现手段来突出主体，避免杂乱。

如何选择厨房灯具

厨房是烹饪的地方，灯光设计还要考虑洗菜做饭的光线，尤其是采光效果，那么，厨房灯具该如何选择呢？

1 荧光主灯

厨房主灯最好选择荧光灯，能够保持蔬菜、水果的原色，让人们在做饭的时候，能够将蔬果洗涤得更干净，并且让整体光线更温馨。

2 局部射灯

为了让厨房光线更明亮，可以在天花板内镶嵌一些射灯，5～10个，可以让整体效果更好。还可以在储藏柜安装射灯，避免在寻找物品时，看不清东西。

3 防潮功能

厨房安装灯具，还需要考虑安全问题，灯具能防潮是必须考虑的范围，这样能够避免潮气入侵而使灯具出现破裂，当然，平时也可以用干布擦拭灯具，保持灯具干净整洁。

如何选择浴室灯具

浴室是一个隐蔽的场所，实用性与安全性是非常重要的，当然舒适度也是必须考虑的，因此，对于灯具的把握和利用也非常重要。

1 简单为主

浴室一般区域有限，最好选择简单的灯具，如镶嵌式的灯管，就比较适合浴室使用，而过大或者过于繁琐的水晶吊灯，台灯等，都不适合浴室使用。

2 防潮性

浴室的水蒸气比较多，尤其在洗澡的过程中，因此，在灯具的选择上，首先要防潮，不要选择纸质或者容易生锈的铁质灯具，这样能够保证我们的人身安全。

> **Tips：**
> 防水系数简称IP，在选择浴室灯具的时候，可以选择带有防水系数的灯具，能够避免触电，让用灯更安全。

3 两种光源

浴室的灯具最好不要选择刺眼的白炽灯，尤其是在人们泡澡的时候，如果被强烈的光线照射，就会影响泡澡的心情。当然，在梳妆镜前面，可以安装明亮的白炽灯，能够让自己的妆容更精致。因此，对于浴室而言，最好配备两种灯具，一种亮一些，一种稍微暗一些。

如何选择书房灯具

书房灯具的选择要为读书、写字等日常工作提供照明条件，要考虑光的局部照明功能。

1 柔和主灯

书房主灯的安装，最好选择乳白色或者是淡黄色，避免光线太强烈，这样能够营造温馨、舒适的氛围和空间，让我们定下心来去学习、工作。

2 台灯

书房是学习的场所，台灯是必不可少的，在选择的时候，最好选择功率稍微大一点的白炽灯，60W 最合适，能够满足照明效果。在造型上，也最好选择典雅型的，营造宁静的环境，避免过于华丽。

> **Tips：**
> 台灯的选择还需避免选用有色玻璃漫射式的或纱罩装饰性的工艺台灯，华而不实。

3 射灯

为了方便阅读和查阅书籍，在书柜上，还会用到射灯，这样可以弥补日光灯光线不足或者过于耀眼而导致的书柜死角采光不足的缺陷，可以在书柜内安装射灯。当然，人不要离太近，避免光照太强，对眼睛造成伤害。

墙纸——风情各异的壁上生活

墙纸又称壁纸，因为色彩和图案都很丰富，并且施工方便，被很多家庭用作室内装修材料，尤其是在一些发达国家，运用的非常广泛。现在很多家庭为了凸显异国风情，也选择用墙纸来装点墙壁上的生活，不过，壁纸种类很多，如何选择并粘贴，需要我们花一些工夫。

壁纸主要分哪些种类

随着时代的变迁和经济的发展，壁纸也发生了很大的变化，种类也越来越多，越来越环保，那么，现在市面上一共有哪几种常用的壁纸呢？

1 纯纸壁纸

纯纸壁纸是一种环保性能较高的壁纸，但是也有一些缺点。

优点

纯天然材质，草、树皮加工，皮质较高，如果是优质木浆加入精致纤维丝的，还能防静电、不易吸尘。

缺点

不能直接用水洗，要用布擦。

2 塑料壁纸

塑料壁纸在市场上比较多见，价格比较低廉，被广泛使用，有自身的优缺点。

优点

结实、耐用。

缺点

环保性差，燃烧后会产生有害气体。

3 发泡壁纸

这是一种印花后再发泡制成的壁纸，相比较普通壁纸有着自身的优势，使用也比较广泛。

优点

纹理感强、价格低廉、表面富有弹性。

缺点

容易积尘、不防水。

4 纺织物壁纸

纺织物壁纸采用的是传统纯布面料，使用也比较广泛。

优点

富有弹性、不易老化、有一定的透气性和防潮性、耐磨。

缺点

不易擦洗，容易积尘。

5 天然效果壁纸

天然效果壁纸是由天然的草、木、羊毛织成的，具有田园气息，使用广泛，也很受欢迎。

优点

吸音、透气、散热、防潮、不变形。

缺点

不易清洗。

6 木纤维壁纸

木纤维壁纸是一种比较经典的高档壁纸，环保性很好，使用也比较广泛。

优点

透气性好、无污染、耐用、可水洗。

缺点

价格较高。

如何选一款合适的壁纸

在了解了壁纸的类型之后，我们就要根据自己的需求和品位来选择壁纸了，那么如何选择一款适合的壁纸呢？这需要我们考虑如下几个关键问题。

1 考虑材质和花色

在选择壁纸的时候，我们很多时候先挑选自己喜欢的花色，从而让居室形成特定风格，但这也不能忽视壁纸的材质，可以通过撕和烧的方式来鉴别，好的壁纸有明显的两层结构，烧的时候也没有浓烟和刺鼻味，要注意。

2 找一手代理店购买

很多卖壁纸的店面规模都很大，但多数不是一手代理，在购买的时候，为了买到合适价格的壁纸，最好找一手代理店购买。

3 注重品牌

每一种家装建材品牌都很多，但并不代表有牌子的都是正规品牌，在选择品牌的时候，最好要先了解品牌和历史，然后再购买。

4 考虑效果和受用度

很多壁纸贴上墙后效果都不错，但是好看的并不一定耐看和受用，在选购的时候，最好要选择耐看并且受用的壁纸，最好不要选择表面发亮的壁纸。

5 现场擦拭

在购买壁纸的时候，如果选定了一款颜色亮丽的壁纸后，一定要现场用湿布擦拭，看一下壁纸的纹理，看看是否脱色，是否会凹凸不平，这样才能避免选错壁纸。

> **Tips ：**
> 卧室壁纸的选购最好偏暖色，柔和一些。如果家具颜色较重，壁纸颜色要淡，如果家具颜色偏淡，可选用与家具色彩类似的对比色衬托。除此之外，窗帘的颜色最好与壁纸色接近，避免冷色调。

贴壁纸也有讲究

墙纸虽然好看，操作也相对方便，但是贴的时候也是有一些讲究的，如果贴的不好，就会凹凸不平，因此，需要注意以下几个问题。

1 保证基面平整

贴壁纸前，一定要保证基面平整，如果不平整，要先磨平。

2 新房刮泥再贴

如果是新房，贴壁纸就不需要刷墙漆，直接刮 2 遍到 3 遍腻子后，就可以贴了。

3 原有壁纸要铲除

如果是重新装修的房子，原先有壁纸，要先铲除，如果是石膏板，要先防潮，如果在木质板上贴，要先刷油漆，防止变形。

4 使用环保辅料

贴壁纸的辅料也要使用环保胶水，避免造成污染。

5 工艺过关

在贴的过程中，要保证壁纸、施工人员的手以及工具高度清洁，避免壁纸留有污渍。还需要贴平整，避免凹凸不平。

6 贴完关闭门窗

刚贴完壁纸后要关闭门窗，让其阴干，如果立刻通风，会导致墙纸翘边和敲起米。

7 擦拭

等壁纸铺装结束，3 天后要用潮湿的毛巾轻轻擦去墙纸接缝处残留的墙纸胶。

8 破损补救

壁纸不耐磕碰，如果发现表面有小的破损，可以用近似颜色的颜料或油漆补救。

其他——
小零件有
大用处

　　家庭装修是一项细节工程，一些毫不起眼的小零件同样也发挥着至关重要的作用，如果不谨慎选择，一个小零件就有可能影响我们的正常生活。为了让我们的生活变得更舒心，一定要把好小零件关。

如何挑选门锁

　　门锁是功能性的零件，安装哪种门锁取决于空间的功能，大门、卧室门、浴室门，根据功能不同，可以安装不同的门锁，在选购的时候，也需要注意一些技巧。

1 不同门的不同锁

◎大门锁需要考虑防盗问题，是保护家庭财产的关键，也是使用频率最高的，因此，大门锁一定要考虑耐磨性、坚固性和防盗性，选择上要非常慎重。

◎卧室锁需要考虑到私密性的问题，但不能太复杂，所以，在选择的时候，要考虑到便捷性、易操作。

◎浴室锁则是需要考虑安全问题，因此，在选择的时候，要防止死锁，必要时能够用硬币拨开。

2 买锁的注意事项

◎手感

　　门锁的手感好坏，直接决定使用寿命，当然，这关系到门锁内弹簧是否优质，在试验的时候，要测试弹簧是否柔和，不能太硬也不能太软，韧度一定要好。

◎耐磨度

　　门锁是否耐磨取决于门锁选用的材质，相对铁铸的门锁，钢质的耐磨性更强，而市场上还有一种粉末碳钢，耐磨性更强。

◎保护层

　　门锁外层往往有镀层，目的是让整个门锁更加美观，但是好的镀层是不会掉色的，即使反复使用也不会轻易被氧化和磨损，在购买的时候，可以用手指刮试一下。

选择适合的门拉手

　　门拉手虽然是小物件，但也应该把钱用在刀刃上。在选购的时候，要选择合适又划算的门拉手。当然，也要因地制宜。

室外门拉手：对于室外门拉手，一定要结实、保险，最好有公安部认证。

室内门拉手：要美观、方便、质量好。

在选购的时候，可以根据如下方法：

◎要根据门的功能选择，外门拉手使用频率可以在 20 万次，室内的 10 万次即可。

◎要选择有较大强度，并且能够长期使用的，牢固的。

◎选择要与内部装饰相匹配，无论是样式还是色彩，都需要符合家庭整体装修风格，凸显美感。

◎拉手表层的保护膜要确保无损伤和刮痕。

Tips：

当然，选购门拉手跟选购其他零件一样，也要考虑到品牌和材质，不能贪图便宜或者贪图名气，要选择性价比最优的，最符合自身使用的门拉手。

挑选合页有妙招

相对锁具来说，合页的材质较少，常见的材质有铜和不锈钢两种，铜质的价格较高，但是使用寿命也比较长，但是制作工艺上也是多种多样，在选购的时候，可以依据以下几个数据来选择。

1 打磨平整

好的合页外皮都会经过一些处理，在选购的时候，最好选择表皮光滑，没有毛刺的。

2 观察润滑油

好的合页弹簧片润滑油部分使用了一些淡黄色或者乳白色的顶级润滑油，使用寿命也比较长，但是劣质的合页，弹簧片上的润滑油非常廉价，黏度较低，容易干，可以用手感觉一下。

3 试验合页开合

好的合页开合比较轻，调整螺丝配合十分紧密，第一次使用的时候，要松动螺丝才能转动，质量不好的合页，开合比较生硬，调整螺丝配合也不够紧密，手就能转动，要谨慎选择。

Tips：

在安装的时候，合页必须与门、窗相匹配，合页槽与合页高度、宽度、厚度也要相匹配，两片页板必须对称，保证同一扇门的合页轴在同一铅垂线上，以免弹起来或者翘起。

选插座要从用途出发

　　随着家庭电器的增多，插座也进入家庭装修优先考虑的范围，到底安装多少插座，选择哪种插座安装，也是一件非常麻烦的事情。在选购的时候，要坚持从用途出发，宁缺毋滥。

1 根据家电选购

　　很多家用电器都是待机就耗电，尤其是洗衣机、电热水器这种使用频繁的家电，那么，在安装这些电器的插座时，就要选择带开关的插座，能够避免频繁拔插头。

2 根据位置选购

　　对于一些容易被溅水或者被油烟污染的插头来说，尤其是安装在厨房和卫生间的插座，一定要选择有防潮盖的插座，避免引发触点危险，当然，儿童房也要选择有保护门装置的插座，防范危险。

3 按家居风格选购

　　在选购插座的时候，除了选购质量有保证的插座之外，还需要考虑插座本身也是一种装饰品，影响着整体的家装，在选购的时候，要考虑与整体家居风格的搭配，在强调个性、时尚的同时，考虑装饰效果。

[第04章]
因地制宜——不同空间不同装修

　　家庭装修，无论是小两居，还是大三居，在装修的时候，都要在满足使用功能的情况下，搭配自己喜欢的风格，并且根据家庭成员的需要，因地制宜地对每个区域进行精细的装修，如客厅、厨房、主卧、儿童卧室等，这个过程中，自然是要花点心思，凸显不同空间的不同装修元素。

让客厅看
起来宽敞
明亮

　　客厅装修是整个装修中最关键的一个环节，客厅的装修风格能够凸显居室主人的整体品位和意境，而这个用来会客、聚会的场所，在空间上，一定要合理分配，协调统一，让整个客厅看来更宽敞明亮，有延伸感。

客厅装修三原则

　　客厅不仅是家居生活的核心，也是招待客人的场所，是一个面子工程，在装修中，也是重中之重。客厅装修主要有三个原则。

1 风格明确

　　客厅的面积往往是整个居室中面积最大的，也是开放性的，在装修风格把握上，一定要明确，是选择传统风格还是现代风格，是中式风格还是西式风格，一定要统一，千万不要不中不洋。

　　而客厅吊顶、色彩、灯具的选择，也要符合客厅的整体风格，而一些细小的装饰，如字画、工艺品、小饰品等，都能体现居室主人的修养和品位，在装修的时候，一定要多加考虑，风格统一。

2 合理分区

　　客厅的使用频率很高，有的客厅还兼具就餐、学习的功能，因此，在布局上，一定要合理分区。休闲区域，如看电视、闲聊区域要独立划分，而特殊功能区域，如就餐、学习区域，也需要通过灯光、装饰装修的手法，将其划分出来，这样才能层次分明。

　　当然，在区域划分中，可以通过地面铺设地毯的方式进行区域划分，也可以通过隔断、家具设置的方式来划分。需要注意的是，在划分的时候，切忌硬性划分，让空间变得局促，最好是软性、硬性划分相结合，大空间中凸显小空间。

3 突出重点

　　客厅的组成有顶面、地面及四面墙壁，而墙面往往成为重点区域，但是，在墙面设置的时候，千万不能四面墙都作为重点，要凸显一面，也就是我们常说的主题墙，而其他三面，简单一点即可，这样才能突出重点，画龙点睛。

客厅

> **Tips：**
>
> 　　客厅在设计和装修时，一定要光线充足，尽量避免其他杂物遮挡光线，当然，壁面的颜色也不宜选择太暗的色调，以免让人感觉不适。

让客厅的墙壁更丰富

　　相比较传统的客厅装修，现在的装修更讲究主题凸显，而不是干干净净的白墙壁，因此，在装修的时候，可以考虑通过增加一些元素，让墙壁更丰富，而具体有哪些方法呢？

1 照片墙

　　对于一些年轻家庭来说，可以在客厅的墙壁——沙发后背墙上，放一组带框照片，可以设计一组造型，大小不一，墙壁可以刷成浅米色、浅蓝色或者其他浅浅的颜色，这样，就会让墙壁丰富起来，更能让整个居室更温馨。

2 壁砖

　　一般家庭不会在客厅的墙壁上贴壁砖，但是，如果为了装饰比较单一的电视墙，完全可以通过贴壁砖的方式，来点缀单调的墙壁，尤其是一些有丰富花样的带釉瓷砖，能起到很好的装饰效果。

壁砖

Tips：

墙壁铺设壁砖，在铺贴的时候，要考虑整体的设计性，不要太饱满，避免生硬。

3 壁画

对于一些追求简洁效果的居室而言，客厅主题墙可以尽量精简，挂几幅壁画，或者做一些简单的造型，或者是挂一副巨大的抽象画或者壁毯，也能保持风格的完整性，并且突显个性，是个不错的选择。

4 壁纸

壁纸对于客厅墙壁而言，也是一种非常好的选择，不仅环保，并且颜色和款式多种多样，可以根据整体的装修风格来选择适合的壁纸，当然，最好不要满墙都做，以免重点无法突出，让人感觉压抑。

5 装饰品搁架

为了让某个墙壁，通常是沙发背面的墙壁更富有立体感和层次感，可以在墙面上用纯装饰品或者是简单的几个搁架来点缀墙壁，突显现代风格的墙壁效果，让墙壁更活泼，更丰富，这也是一种不错的选择。

背阴客厅的装修技巧

对于一些客厅方位和光线不是很好的居室来说，在装修的时候，需要通过一些合理的设计，弥补采光不足的缺陷，让背阴的客厅变得光亮起来，这其中有一些装修技巧，我们可以借鉴。

1 射灯补光

背阴的客厅主要的问题就是光线不足，那么，我们就通过人工补光的方式，来增加光源，在天花板上，增加一些射灯，或者是在墙壁上，增加一些辅助光源，让射灯投射在浅色画面上，让反光更明亮，填补光线不足的缺陷。

客厅采光

2 冷色调墙面

为了让背阴的客厅显得不那么沉闷，可以通过铺设色块的方式，让整体变得柔和一些，如选择冷色调的哑光漆家具、冷色哑光地板或者是冷色墙面乳胶漆，能够让冷色调节光线，突破客厅沉闷感，避免吃光。

3 节约空间

对于背阴客厅而言，有一个最大的禁忌，就是空间过于局促，因此，对于这类客厅来说，一定要根据客厅的大小来选择相对小一点的家具，背景墙和电视柜等也要选择相对小一点的，尽量节约空间，让视觉保持清爽，让客厅显得光亮。

做电视墙要考虑的问题

电视墙是家人目光注视最多的地方，装修就需要有些讲究，为了避免使用过程中出现问题，或者是长期使用心生厌烦，在装修时，就有一些关键问题需要考虑。

电视墙

1 确定大小

背景墙的设置要考虑客厅的大小以及电视的尺寸，如果背景墙过大，就会让人感觉压抑，并且浪费空间，如果电视机的尺寸小，背景墙大，就会让整体感觉不协调，因此，背景墙一定要根据客厅大小和电视机尺寸来设置，不能过大。

2 位置确定

在装饰背景墙的时候，要先确定沙发和电视机的位置，然后根据沙发的高低确定背景墙的壁挂电视的高低，而沙发与电视机的距离最好是电视机尺寸的 3 ~ 4 倍，这样才不会让整体显得狭小。

3 提前布线

电视墙的布线是装修前的一项重要基础工序，尤其是挂壁式电视机，墙面要预留出预埋挂件的位置和足够的插座，最好暗埋一根较粗的 PVC 管，这样能够方便电线通过该管到达下方电视柜。

> **Tips：**
>
> 　　如果你不需要壁挂，也要设计好电视摆放的位置，预先设置好安装孔，在装修之时把线埋入，能够让客厅更加整齐，避免杂乱。

4 灯光处理

很多人会在电视背景墙上安装灯饰，以期产生绚丽的效果，但是，这种效果对健康非常不利，会导致视觉疲劳，因此，最好不要安装过于亮丽的灯具在背景墙上，但是，可以在电视背景墙上安装吊顶，在吊顶上安装照明灯，但瓦数不能过大，这样效果更好。

根据客厅大小做沙发

一般市场上出售的沙发都是按照国家规定的尺寸标准制作的，但由于每个家庭客厅大小不同，在选购沙发的时候，最好按照自己客厅的尺寸大小来订购合适的沙发，当然，也要符合整体装修风格和个人坐姿习惯，那么，如何根据客厅大小来定制沙发呢？

1 小型客厅

有的居室整体面积不超过 60m²，客厅往往也就十几平方米，这个时候，应该定制体积比较小的分体沙发，可以自由移动和组合，整体数量也不要超过 3 个，沙发背也不要定制太高，这样就不会让小居室看起来更拥挤。

2 中型客厅

对于居住面积稍微大一点的居室来说，客厅面积大约 20m² 左右，这个时候，定制沙发宜选择大小适中的两人或者三人沙发，也可以选择分体沙发，沙发背可以适中，也不要太高，可以按照面积大小进行"1+3"或者"2+3"组合，让整体看起来更协调。

3 大型客厅

对于整体面积较大，客厅面积超过 30m² 的居室来说，沙发的定制也要注意，可以选择尺码较大，沙发面较长的整体式沙发，避免单件摆放，让整体产生破碎感，不要选择沙发背太矮的沙发，避免客厅太空洞。

大客厅如何装修显温馨

对于一些 **200m²、300m²** 的居室来说，客厅面积往往都 **40** 多平米，为了避免客厅过于单调，要善于利用大格局的优点，通过家具的呈现来让客厅更舒适，或者通过增添副厅的方式，来增加空间的多元性等，能够帮我们打造温馨的大客厅。

1 配置家具

为了让大客厅更温馨不空旷，可以通过家具配置的方法来装修，双套主沙发、多套单椅座、大茶几等，都能够填补大客厅的居室空缺，让大客厅更符合家庭使用。

沙发背景墙

◎古典家具：对于本身具有凝聚视线效果的古典家具来说，比较适合摆放在大空间中，让空间的线条感增强，体现家具的质感，尤其是一些欧式风格的古典家具，更适合大客厅使用。

◎尺寸大小：对于大客厅而言，豪宅家具在尺寸上可以尽可能的放大，让低调奢华的质感释放出来，填补大客厅的气度，更有张力。

◎材质选择：在家具材质选择上，最好不要选择过于单薄的材质，可以选择一些厚重有质感的材质，从而产生更强的吸引力。

2 一分为二

对于大的客厅来说，可以将其一分为二，划分出单独的副厅，作为下午茶区域，或者是将客体分组使用，让客厅有更多的空间变化，这样也能够充分利用大客厅的优势，让空间得到更好地利用。

3 豪华背景墙

大客厅还可以通过设置豪华背景墙的方式来装饰空间，来彰显宽敞客厅大气装修，让整体布局更协调。

> **Tips：**
> 对于大客厅的设计，最好不要采用休闲感较强的设计，这样会让空间更单薄，不利于营造温馨的氛围。

小客厅如何装修显宽敞

对于一些客厅较小的居室而言，为了让客厅既整洁，又有较大的空间感，在装修的时候，开放式的布局和简约的搭配是小客厅装修的基础，以下几个技巧能够帮我们更好的装修小客厅，让小客厅变得宽敞起来。

1 简约风

简约风格的客厅装修能够克服小客厅空间的局限，尤其是简单的黑白搭配，或者是黄色和巧克力色的搭配，能够起到放大居室的效果。当然，电视柜的设计最好也能充满现代感，简洁大方，或者再搭配一些亮色的家具，也能让整个空间有跳跃，更显宽敞。

2 合二为一

对于有限的空间，客厅和餐厅最好能够合二为一，并且连接起来，避免分割而让整个空间更显局促，在家具的选择上，可以选择更加简单、时尚感更强的桌台、沙发等，能够让整体效果更好。

小客厅

3 装饰由小变大

在选择装饰品的时候，可以选择镜子之类能够产生由小变大效果的细节装饰，如选择一个高大宽敞的白色落地镜，或者选择天花板几何方块设计等，都能起到由小变大的效果，这是小客厅装修时必须考虑的。

客厅照明需要注意些什么

在客厅设计中，灯具所起到的作用不仅仅是照明，同时还具有装饰的作用，在灯具配备和设计时，要根据客厅的面积、高度确定所需的光源体及光源的位置，并且按照自己的喜好来选择，当然，还有一些注意事项。

1 主灯不可缺少

主照明通常是客厅顶部的吊灯或吸顶灯，这需要根据喜好和整体风格来选择，无论是水晶灯、玻璃灯还是雪花石吊灯，都要考虑整体感，不能给人压抑沉重的感觉，最好灯罩口能朝上，让光线经过天花板反射变得更柔和。

> **Tips :**
>
> 如果客厅高度比较矮，低于 **2.6m**，最好选用吸顶灯，如果客厅高度比较高，可以选用吊灯。

2 副灯装饰效果好

除了主灯之外，辅助照明灯，如立灯、壁灯、台灯等都能够让客厅层次感更强，当然，尺寸的选择要符合客厅大小，而在门厅、走廊位置安装壁灯，还能起到引导作用，但是在造型上，可以选择跟整体风格一致的，让整个客厅更协调。

辅助照明灯

> **Tips :**
>
> 还可以采用落地灯和台灯做局部照明，这种灯发射出来的光，能够在听音乐、看电视时显得更柔和。

3 射灯不宜太多

很多人在客厅装修的时候，安装很多射灯，其实，这种方法不仅有安全隐患，还不容易打理，装修完了就会后悔，因此，在安装射灯的时候，一定要坚持能少则少的原则。

> **Tips :**
>
> 虽然客厅不宜安装太多射灯，但是，单就一个居室来说，客厅应是整个居室光线最亮的地方，所以在照明上，一定不能太暗，可以通过提高主灯的瓦数来提高光亮度，而不是选择增加装饰灯具。

客厅色彩攻略

客厅色彩直接影响人的情绪，在色彩的搭配上，也有一些基本的原则，而对于采光不同的客厅来说，色彩的搭配和选择也需要注意。

1 暗调客厅

整体暗色调的客厅一般来说，不太好搭配，但是，可以制造一些亮点，如深灰色的墙壁，黑色的皮沙发，配置驼色的浅色系地毯，能够展现空间感。还可以通过上下透光的低灯来打造错落感，驱散黑暗。

2 素调客厅

对于素色调的客厅，可以用鲜艳亮丽的颜色来装点，如白墙壁、白家具上，加粉蓝色的沙发，花色繁复的背景墙，或者玫红色的扶手椅等，能够让装饰性的亮色在主题为白色的空间中产生跳跃感，让整体颜色搭配更耀眼。

客厅色彩搭配

3 不同采光的客厅

◎窗户朝东的客厅采光不错，可以选用黄色作主色调，颜色深浅可以根据自己的喜好来选择。

◎窗户朝西的客厅下午采光强烈，可以选用绿色来进行调和，主色调可以选用白色，能够有效抵御酷暑。

◎窗户朝南的客厅采光较好，可以选用白色、米色为主色调，避免用橘色、大红等暖色，可以让居室舒适、清爽。

◎窗户朝北的客厅采光不足，可以选择淡红、浅橘等暖色调作为点缀，增加温暖感。

4 主次搭配

　　客厅色彩首先要符合整体格调和个人喜好，在主次色调上，也要分明有序，如果主色调是红色，其他的装饰色就不要太强烈，以避免造成色彩冲突。如果主色调为橙黄色，其他装饰色可以稍微深一些，让整体更柔和，当然，一定要主次分明。

> **Tips：**
> 　　客厅一般还是要凸显清新淡雅的感觉，因此，不要选择不合时宜的包门、花里胡哨的地砖、摆设等，以免过于杂乱。

布置客厅，必须要知道的

因客厅的功能限制，所以布置宜简不宜繁，整体色调明快大方，装饰物宜精不宜多。总之，客厅的布置既要让人感觉舒适自然，还要整齐宽敞。

1 基本原则

客厅布置以宽敞为基本原则，主要体现舒适自然的感觉。

2 色彩搭配

一般客厅的主色以白色为主，配以米黄、淡黄、橙黄等各种黄与橙的搭配色。这种颜色比较百搭，不挑剔家具及其他配饰的颜色。

3 客厅家具

在选择客厅家具时，要根据空间大小来确定配置哪些家具。如果客厅的空间较小，一般放沙发、茶几、视听设备等就可以起到最基本的待客与休息功用。如果客厅空间足够大，还能配上各种柜架、餐桌椅、装饰灯具等其他家具。

4 窗帘配饰

窗帘等配饰的选择要与客厅的色调和风格相统一，因为客厅是接待客人，家人闲聚的场所，因此要选择大方、明亮、简洁的窗帘款式。

让客厅整洁有序的几个方法

客厅是正常居住出入最频繁的地方，也是最能体现居室主人气度的场所，如何让客厅第一眼看上去便能体会所传达出来的靓丽、清爽气息，而不是杂乱无章，狭小无序，这其中是有一些方法的。

1 让杂物隐形

宽敞的客厅能让人感觉轻松和愉快，这也是客厅收纳的前提。那么，如何让客厅显得宽敞呢？可以在视觉和心理上下文章，让一些原本存在的物体通过视觉空间的转换隐形，让杂物消失在居室主人的视线范围，这便是一种技巧。具体可以参考如下方法：

◎制作隐形储物柜。对于本身空间并不大的客厅，可以改造一面墙，在墙的前面装饰或者设计一些玻璃和镜面，而玻璃和镜子后面，将墙改造成一个隐藏的储物柜，这样不仅方便收纳一些杂物，还可以增加客厅的纵深感，让狭小的客厅显得宽敞。

◎让接线板隐形。很多客厅都装有音响装置、电视、空调等各种电器设备，这就难免会产生接线板多乱的困扰，也成为客厅杂乱的一大表现。对此，我们可以让接线板隐形。选择在组合电视柜下面做一个暗格，将接线板放进去，或者在茶几下做一个暗格，放置接线板，这样就避免了桌面杂乱的状况，如果家里有小孩，也能有效避免安全隐患。

客厅设立隐形储物柜

2 选择简洁易拆的家具

出于审美的考虑，客厅的设计风格最好能够被普通大众所接受，简洁、大方。尤其是家具的选择，无论是风格上，还是结构上，都要简单，这也是让客厅显得整洁的好方法。当然，为了方便收纳，一些木制的能进行组合拆装的家具，能确保客厅更有亲和力。基于此，无论是组合电视柜，还是组合沙发，组合茶几，都能成为收纳杂物的好帮手，还能避免一些笨重家具占领居室的沉重感，是让客厅兼容并包的好方法。

3 充分利用空间

客厅本身的平面空间有限，为了储物方便，可以充分利用一些边角空间，如电视上方的空间做一个内嵌式的储物格，摆放一些艺术品或者存放一些 CD 光盘等，与组合电视柜上下呼应，增添视觉平衡感。这种设计不仅实用，还能在利用高度空间的同时节省平面空间，也是客厅设计可以遵循的法则。

当然，很多人在装修客厅的时候进行吊顶，但吊顶的厚度直接影响了客厅空间感，基于客厅高度的考虑，最好采用薄一点的石膏板吊顶，吊顶的同时，可以考虑在顶的四周镶入照明度较高的嵌入式照明灯。对于层高较低的居室来说，最好不要在客厅当中挂垂吊式灯具，用镶嵌式的灯代替，这样能够让客厅空间看着更开阔，并节省空间。当然，白色的墙面和吊顶，能够减少层高不够的客厅的压抑感，是客厅墙壁首选。

购置客厅家具要考虑到收纳功能

　　再大的客厅，如果摆放物品杂乱无序，并且每天都陈列出不同的堆放品，这不仅仅让人觉得憋闷，也会让人有逃离的冲动。如何解决这个问题呢？

　　一方面是需要居室主人勤快一些，随时整理，一方面需要客厅家具"大肚能容"。从这个方面来考虑，就需要我们有选择性的挑选有收纳功能的客厅家具，如电视柜、沙发、茶几、CD柜等等，考虑风格的同时，注意收纳这个实用价值。

1 大储物家具——电视柜

　　客厅里面最大的收纳家具非电视柜莫属，因此，在选购的时候，一定要做到"能容"这一点，才算是合格的电视柜，抽屉式和推拉式收纳电视柜是很好的选择。还可以选择电视柜与书柜相融合的收纳柜，不仅能够存放多类物品，并且设计感强，颇具个性！

2 容纳利器——沙发

　　除了电视柜之外，沙发算是客厅一个大件家具，占据空间也比较大。现在，有一些沙发底部可以打开，能够收纳并放置一些物品，这是一个不错的选择。当然，沙发本身的扶手也是放置遥控器、通讯录的好地方。当然，还有一些沙发旁边设有沙发袋，可以放报纸、杂志等，也是非常实用的收纳型沙发。

考虑风格的同时也要考虑收纳作用

3 收纳好帮手——茶几

茶几是客厅又一不可或缺的家具，虽然占地不大，但却能够起到很大作用。在选择上，可以选择多功能组合茶几，或者设有多层或者多个抽屉的茶几，这样，就能够帮我们存放很多杂物，需要取的时候也方便。

4 不可或缺——CD柜

很多家庭都会在客厅摆放一个CD柜，但是很多人认为这个东西可有可无，有些人并没有收藏CD的习惯，也没有存放碟子的嗜好，但是，造型简单，可开放可封闭，功能强大的CD柜，对于客厅而言，是一个非常好的装饰，也是非常有效的收纳用具，不可或缺。

家用电器怎么买如何放

家用电器是结构复杂的耐用消费品，选购家电是一件大事也是一件难事。买回来的家电如何在居室合理摆放又是一件难事。本节重点讲述家电的购买技巧和摆放原则，希望能给有需要的你一点合理的建议。

1 家电的购买技巧

购买家电前，一定要先了解家电的价格、质量、性能、规格等，然后再一一评比，进行选购。

首先，明确需求比质量。面对铺天盖地的广告和宣传，我们总是不知道该如何选择。其实购买家电前，我们应该明确自己的消费需求。然后通过亲友的介绍、网上的数据，以及自己的喜好，进行反复比较，最后确定属于自己的家电类型、品牌、性能和价格，这样才能买到适合自己的家电产品。

其次，比价格。明确了家电的类型和品牌以后，我们就要货比三家，比较不同商场中的同一产品，尽量选择信誉好价格优的商场购买。一般而言，人们习惯性地选择大商场，其实现在一些专营的连锁店业务更专一一些，品种可供选择的余地更多一些，业务量更大，批发成本更低，相应的市场价格也就低得多。因此购买时可以多关注一下这些专营店铺。

再次，比便利。现在很多商场和店铺都会送货上门，但是有些朋友喜欢自己开车去买，觉得更安全。如果选择自己开车去买家电的话，最好选择比较便利的偏远点的商场，可以避免拥堵。另外需要注意商场的责任范围，商品的安全和质量，是出门就由您自己负责还是货到调试完成后由您负责。在购买之前先比较一下各商场的便利条件是很必要的。

最后，比服务。我们当然是更愿意选择售后好一些的商家来购买家电。一般来讲，越是声誉好的商家其增值服务也就越多一些。从保证期的区别上，有的商家只承诺两周内保换，而超过了这一期限就只能保修而不能更换；而有的商家则承诺可以在两个月内保换。从售后跟踪服务来比较，有些商家会定期做售后回访，有些商家则不会。

2 家电的摆放技巧

客厅的家电一般有电视、音响、电脑、空调、电风扇等，家电的摆放有一定的小门道，合理摆放家电能让我们的生活更健康安全。

首先，减少家电的辐射。别让家电扎堆放置，电视、电脑、电冰箱不宜集中摆放在客厅中，这样会有超量的辐射产生；不要将电脑的背面朝着有人的地方，因为电脑背面是辐射最强的地方。电视机放在沙发对面，距离沙发2m左右，切忌距离太近，避免电视机工作时发出的X射线伤害人体。

其次，电视机旁不要摆放花卉、盆景。一方面植物的潮气影响电视机的使用寿命；另一方面，电视机的X射线会危害植物的正常生长，导致花木枯萎、死亡。

再次，电视机不宜与大功率音箱或电风扇放在一起，防止因音箱和电风扇的震动造成电视机的损害。

最后，客厅的空调不要对着沙发直吹。柜式空调可以放在客厅的一角，壁挂式空调注意调整风向。另外空调的风不要吹向门口，风水学上认为空调风吹向门口会带走财运。

客厅的完美绿化

让植物住在家里是很多人的梦想。绿化客厅，让草香与花香时刻萦绕在梁间，为都市中的家营造一份来自乡村的自然风情。

1 清丽水仙的摆放

水仙是过年时的花卉品种，不管是常见的白水仙，还是进口的西洋水仙。优雅的姿态、清淡的花香都决定了水仙是装点居室的优良花材。将明黄色的西洋水仙插在黑色花瓶中，绝美的配色会让客厅光彩熠熠，增添了迎接新年的感受。

客厅绿化

2 干净的水培植物

水培植物是以水为生的，在室内在栽种水培植物，更干净卫生。而且冬春干燥时节，水养植物更容易给室内增湿，缓解干燥的状况。

3 带来喜悦感的橙色花卉

橙色是介于黄色与红色之间的颜色，既有红色的吉祥喜悦，又带着黄色的优雅迷人。橙色的花卉有郁金香、非洲菊等。利用它们点缀客厅，让客厅低调却高雅，迅速凝聚空间的焦点。

4 高低花器让空间更具层次感

圆形的广口瓶、圆形阔口瓶、细长花瓶，玻璃的、青铜的、陶瓷的，花器的形状与材质各不相同，因此决定了客厅绿化的多变层次。如果花瓶是矮墩墩的，放在储物柜或窗台等较高的位置能拉长花瓶的长度，矮墩墩的花瓶适宜放枝条较短的花，如非洲菊、紫罗兰等。如果花瓶形状细长，则不宜放得太高，而且不宜插枝条短的花，比较适宜放百合、郁金香等。

5 绿化花材不宜多

虽然绿化的初衷是把家庭装扮成花园，但并不是鲜花越多越好，多了反而会失去想要强调的重点，所以适度留白更是一种美。

8要点帮你挑选好沙发

如今沙发是家庭中最重要的家具之一，购买沙发时人们总是很感性，看到漂亮的沙发就念念不忘。其实购买沙发应该要理性一些，从沙发面料到沙发腿儿都是我们要着重了解到的，沙发的美观、承重力、组合方式、大小等在挑选时都很重要。下面从8个方面介绍选购沙发的技巧。

1 沙发骨架是否结实

沙发的骨架是最重要的问题，它决定了沙发的使用寿命和质量。沙发的框架一定要选择实木质地的，实木的框架具有很好的承重力。而在实木框架中又以进口桉木为首选，一般用桉木制作的沙发主框架能够用6年左右。

2 填充材料的质量

沙发的填充材料决定了沙发的舒适度。在购买时用力按沙发的扶手及靠背，如果能明显地感觉到木架的存在，那就说明沙发的填充物密度较差，弹性也不够好，而这又会加快沙发面料的磨损，减短沙发的使用寿命。

3 沙发的回弹力

沙发的回弹力影响沙发变形与否。好的沙发回弹好，就算有小孩在沙发上乱跳，坐垫也不易发生变形。购买时，让身体呈自由落体式坐在沙发上，身体如果能够被沙发坐垫弹起 2 次以上，说明此套沙发弹性良好，不易变形。

4 坐垫的舒适性

过软或过硬的沙发，对人体正常的坐卧都不太好，还会对人体的脊椎产生不良影响。购买时要坐在沙发上几分钟，看看是否舒适，还要看材质是否进行了防过软或过硬处理。如今市面上海绵加羽绒的材质可以使坐垫更舒适。

5 沙发大小

购买沙发前要确实了解自己客厅的大小，然后根据一定的比例来购买沙发，以防买的沙发过大或过小，造成空间上的不协调。

6 根据家人生活习惯

家庭中每个人对沙发的利用情况不同，有人喜欢在沙发上吃东西，有人喜欢在沙发上看书看报纸，有人喜欢在沙发上看电视或玩电脑。这时需要选择开放格与扶手合二为一的沙发，或是选择带可移动搁板的沙发，这样才能满足家庭的需要。

7 根据客厅风格

现在很多沙发都很漂亮，但是并不是所有漂亮的沙发都适合自己家客厅的风格。比如简约风格的客厅选择古典风格的大沙发就显得很臃肿。因此选择沙发时一定要注意沙发风格与整体装修风格的和谐搭调，让沙发起到衬托客厅风格的作用。

8 沙发的耐磨与可清洗性

沙发的清洁和耐磨度也是需要注意的方面。家里有老人、小孩，需要购买清洁性比较好，耐磨耐脏的沙发，麂皮和斜纹布料的沙发可以满足这个要求。另外在选购沙发时可以多做一套沙发套，以备平时的更换清洗。

Tips: 了解沙发的健康高度

单人沙发：坐前宽不应小于 48cm，高度在 36 ~ 42cm 之间，坐面的深度在 48 ~ 60cm 之间最为健康舒适。

三人沙发：每个人的坐面间距在 45 ~ 48cm 最佳，高度在 36 ~ 42cm 之间，坐面的深度在 48 ~ 60cm 之间，沙发的扶手一般高 56 ~ 60cm 为宜。选购沙发时，首先您可以亲身体验，其次可辅以这些数据做参考。

温馨舒适
是卧室的
基调

卧室是居家休息的场所，布置的好坏，直接影响到人们的生活和工作，在装修风格上，无论是选用古典韵味的风格，还是选择浪漫地中海的风格，或者是明媚田园的风格，整体的基调都离不开温馨舒适，只有这样，才能让我们更安静的睡眠。

合理利用卧室空间

卧室是一个比较私人化的场所，空间相对较小，当然还起着收纳个人物品的作用，尤其是四季衣物、床单被褥等，都需要在卧室收纳，这就给卧室空间的设置提出了考验，如何合理设置空间，充分利用有限的空间，需要我们好好把握。

1 上升空间的设置

出于收纳衣物的考虑，卧室空间的设置避免不了要摆放衣柜，相比较传统的衣柜而言，定制打造整体衣柜，让衣柜向上延伸，充分利用上升空间，或者是打造上层隔板等，都能够让卧室空间得到充分利用，帮助收纳衣物，是非常有必要的。

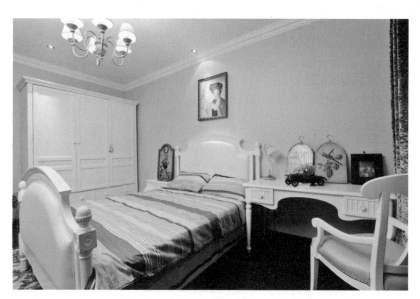

卧室

> **Tips：**
>
> 最好不要采用传统的单门柜、五斗橱等家具，这样不仅占地面积大，空间使用率还比较低，也不容易协调，相比较而言，整体衣柜更有优势。

2 ▰ 开发床头两边墙壁空间

床头两边的墙壁空间，也可以很好的被利用，可以各放置一个藤制的或者布艺的储物盒，大小要符合整体结构，就可以用来放书籍、报纸之类的小物件，也可以用来放置一些平时需要使用的毛毯、暖手宝之类的东西，能够避免空间的杂乱。

> **Tips：**
>
> 无论是储物盒，还是其他家具，最好选择外形小巧的，避免过大、过于豪华，让卧室拥挤不堪。

3 ▰ 提高床的利用率

卧室最主要的家具——床，在设置和选择上，可以充分考虑利用率的问题，尽量提高床上和床下空间的利用率。可以在床下部设置几个大抽屉，能够用来存放一些物件，让室内整齐、干净。

> **Tips：**
>
> 床的摆放最好不要在临窗位置，这样不便于开关窗扇，并且冬天会比较冷，下雨天如果开窗，还可能弄湿被褥，需要注意。

如何装修卧室墙面

卧室墙壁的装修很多人都是四面白墙，说好听一点是走简洁路线，其实就是没有装修，为了让家庭卧室墙壁装修富有设计元素和情趣，并且符合不同人群的需求，有一些处理方法，可以尝试一下。

1 ▰ 色调与风格

卧室的色调要以宁静、和谐为主旋律，一些暖色调的涂料、壁纸、壁布都是不错的选择，而对于一些面积较小的卧室来说，可以采用一些暖色调的小花、淡浅色的图案来营造温馨的居室环境。

2 因人而异

针对不同人群的卧室，在装修墙壁的时候，要考虑房间使用人群的年龄和喜好。对于老年人来说，卧室可以选用细巧雅致一点的，年轻人的卧室则可以选择欢快、轻松一点的图案，而儿童卧室，则可以选择颜色稍微鲜艳一点、图案新奇一点的，这样就能够满足不同人群的需求。

3 适当装饰

为了让卧室不单调，多一些生机，可以选择在墙壁上多一些装饰来补充，如照片，用带有相框的照片来装点卧室，能够凸显温馨。当然，在画框的配置上，要与整体的风格一致，对于现代风格的装修，可以选择纤巧、浅淡的框架；传统风格的，可以选择色泽富丽的框架。

> **Tips：**
> 在装修卧室墙壁的时候，要充分考虑材料的修饰效果，以及环保性能，让整体协调一致，当然，也要充分考虑价格，不要为了装饰而装修，一定要让墙壁装修使整个卧室更温馨、更舒适，否则就不要乱装点。

卧室墙面装饰

怎样选择睡床

人有三分之一的时间是在床上度过的，因此，选择一个舒适的床是非常重要的，无论是床架的选择，还是床垫的选择，都需要仔细推敲，选择更符合自身需求的床。

1 床架的选择

床架的选择最好符合个人的喜好，选择工艺过关的床架，无论是板式设计的，还是金属设计的，或者布艺设计的，都需要工艺过关，结实耐用，整体机构规整，质量过关。

2 高低选择

床的高度要与整个卧室相匹配，不能太低，这样会造成床下通风不良，潮气太重，影响健康，也不能太高，以免上下床困难，甚至跌倒。最合适的高度是人在坐在床上的时候，双腿能够不太费力的接触到地面，这个高度最适合。

3 床垫的选择

对于床垫的选择，不能太硬，虽然中国人都比较喜欢硬板床，但是太硬的床板不利于人体精力恢复，会增加疲劳感，也不能过软，会影响体型和身体的发育，让脊椎变形，尤其对少年儿童不适合，最好选择软硬适中的。

> **Tips：**
> 优质的床垫弹性较好，用手按压正面，有饱满感，并且不容易下陷，弹簧的数量最好不低于500个，海绵也不能太薄，这样才能减轻身体压力，改善血液循环，保障睡眠。

下面我们来看看床垫都有哪些种类，以及如何挑选优质的床垫。

◎弹簧床垫：由弹簧、毡垫、棕垫、泡沫层和床表纺织面料组成，现代弹簧床垫采用更科学的支撑、更人性化的设计，多区位设计的床垫分别支撑身体多个不同重要部分，让脊柱在睡眠中中保持自然状态，能够释放腰背部的肌肉，让睡眠更舒适健康。弹簧床垫的透气性较强，不易发生霉变，因此使用寿命较长。

◎棕榈床垫：用棕榈纤维编制而成，一般质地较硬，或硬中稍带软，这类床垫的耐用性较差，较容易发生塌陷变形，而且使用时会有棕榈的气味。但是正是由于棕榈床垫比较硬的特点，因此能够缓解颈椎、腰椎和腿部的不适，对骨质增生也有一定疗效。这类床垫比较容易发霉，气候潮湿的地区不宜使用。

◎现代棕床垫：是用山棕或椰棕添加现代胶粘剂制成的床垫，具有环保的特点。山棕床垫比较有韧性，但是承托力不足，易塌陷变形；椰棕床垫整体的承托力和耐久力比较好，受力均匀，但是稍微偏硬。同时山棕的皮、根、子都具有止血降血压，抗肿瘤的作用，因此山棕床垫具

床垫

有一定的保健疗效。

◎水床垫：使用范围不是很广的一款床垫，利用浮力原理，轻盈舒适。人们躺在上面会有浮力睡眠、动态睡眠的感觉，而且冬暖夏凉、还可以采用热疗。但是这类床垫的透气性比较差。

◎乳胶床垫：分为天然乳胶和合成乳胶，天然乳胶采用橡胶树汁液制成，取材天然安全，无污染。天然乳胶床垫具有高弹性，能平均分散人体重量的承受力，具有矫正不良睡姿功能，更有杀菌的功效，同时无噪音，无震动，能够有效提高睡眠质量。合成乳胶床垫又称PU泡沫床垫，是用聚氨酯类化合物制成的，柔软度较高，吸水力强，因此容易受潮，同时合成乳胶床垫透气性差，弹力也不足。

◎磁床垫：属于保健性床垫，其原理是在弹簧垫的表层置有一块特制的磁片，利用磁片产生稳定的磁场，并利用磁场的生物效应，来达到镇静，止痛，改善血循环，消肿等作用。

◎充气床垫：充气床垫方便收藏、携带方便，适用于临时加床、旅游等。充气床垫的承托力较好，并可通过控制充气量来适当调节其软硬度，但是在使用中产生的浮动感会干扰人的睡眠质量。

> **Tips：**
>
> 选购床垫要学会一看、二压、三听。一看是指看床垫外观是否厚薄均匀、表面平整、线痕匀称美观，同时还要看床垫有无合格证书；二压，即用手试压床垫，看承压力是否平衡对称，填充物是否分布均匀；三听是检测弹簧床垫是否有均匀的弹簧鸣声，如果发出"嘎吱、嘎吱"的噪音说明弹簧的质量很差。

4 宽度、长度的选择

床的宽度最好不要窄过双手垫于脑后平躺时，双肘贴紧床垫时支出的宽度，而长度最好要比身体长15cm，这样才不会影响睡眠。双人床则需要按照两个人的宽度来选择，长度要以个高的人的身高为标准。

聪明装修小面积卧室

很多人会抱怨自己的卧室太小，或者是房间设置不合理，在装修的时候，如果布局能够让小卧室看起来不那么拥挤呢？这里有一些聪明的招数可以参考。

1 内置储物空间

要想在有限的空间内安置各种卧室物件，那么，储物柜就最好不要用传统的方法，这样会占太多的空间，可以利用墙壁的内置空间，这样从外部看没有太多痕迹，但内部却大有文章，是一个聪明的方法。

> **Tips：**
>
> 当然，床底下也可以用来储物，能够很好地节省外部空间。

2 选择功能型家具

对于卧室较小的家庭来说，在选择家具上可以考虑一物多用的功能型家具，选择具有储物功能的床头柜、选择既能当梳妆台又能当书橱的柜子、既能当床又能当沙发的沙发床等等，都能够发挥一个空间多样功能的作用，让小空间更能容。

3 发挥镜子的功效

虽然安装镜子在卧室从传统意义是来说，是一种避讳，但是，只要将镜子的位置安置妥当，就能够增强卧室的视觉效果，让卧室看上去不那么狭小。当然，千万不要正对床摆放，晚上起来容易吓着自己。

4 统一风格

在卧室装修上，一定要整体风格统一，选择同色系、同材质的家具和饰品，能够避免杂乱，当然，对于一些不必要的东西，最好能够扔掉，也不要不停地购买添置，避免拥挤。

小卧室装修

卧室装修以床为基准

在卧室设计的过程中，基本上所有的设计都是以床为中心而展开的，在确定好床的具体位置之后，再设计床之外的其他部分，这样，就能够打造一个更温馨舒适的卧室了，而一般有如下几种方式。

1 床下设置

为了突出床的中心位置，在床的下方区域，装饰出 10cm 的木质地台，能够让床有一种被烘托出了的美感，而木质的地台还可以让人有一种如临大自然般的清新，当然，这需要卧室空间稍微大一些，才能营造这种效果。

> **Tips：**
> 对于卧室空间相对较小的，可以通过床下铺设地垫的方式，营造这种效果。

2 床头设置

床头设置可以针对床头上方的空间，人为设置假窗效果，或者使用窗帘布垂挂，甚至还可以竖一块高大的板材，内藏床头灯，让床头有延伸、扩张的感觉，虽然床头不临窗，但是通过这种方式，能够让床头别具风味。

3 床尾设置

除了床头设置外，床尾也可以增添一些元素，起到扩张床尾空间的效果，如床尾地面铺设一小块地毯，或者放一个延伸型床尾柜台，能够避免被子掉下来，还能扩张床的空间，当然，如果卧室太小，就不用考虑这种方式了。

4 床边设置

在床边可以配备落地灯，或者高大的绿色植物，能够突破床这种家具条框的限制，让空间更多元化，也是一种很好的装饰方法，能让居室主人感到更温馨。

床头设置假窗

> **Tips：**
> 既然床已经成为整个卧室设计的中心，在窗帘的搭配上，面积就不能太大、太艳丽，避免喧宾夺主，让人眼花缭乱。并且，床在整个卧室家具中，一定不能档次太低，要有中心感。

卧室花卉要清新淡雅

卧室为休息场所，对于人们的生活而言，起到至关重要的作用，在花卉的摆放和选择上，也需要特别注意。

1 风格搭配

卧室植物的造型设计，一定要与墙壁、地面、床、窗帘搭配，要以清新淡雅为主，避免过于艳丽，妨碍睡眠。

2 大小选择

在植物的选择上，最好选择小型或者中型的盆花或者吊盆植物，一定要少而精，避免堆积，让人不安。

3 造型搭配

在造型上，最好选择本身造型纤细、轻盈类的植物，这样才能显现柔和的曲线，让人能够尽享安乐时光。

4 种类选择

在植物选择上，最好选择在夜间能够吸收二氧化碳的植物，也可以选择一些有散发清香味的植物，如水仙、茉莉之类，吊兰、文竹也是不错的选择。切忌选择带有浓烈香味和异味的植物，会让人难受。

卧室花卉

> **Tips：**
> 卧室一定不要摆放夜来香、郁金香、玫瑰、牡丹之类的植物，会让人精神萎靡，不能安睡。

5 因房而异

对于不同人群卧室来说，植物的选择也是需要注意的，老人的卧室可以摆放常绿植物，如虎尾兰之类的；年轻人的卧室可以放茉莉、蝴蝶兰之类雅致植物，或者是别具情趣的插花；青少年的卧室可放一些姿态奇特的植物，如八角金盘、球兰之类的，增加趣味感。

> **Tips：**
> 卧室中要尽量避免放置多刺植物以及吊挂植物，以免造成危险。仙人掌科、含羞草、一品红、夹竹桃、黄杜鹃、状元红和虎刺梅等植物带有毒素，最好不要摆放在卧室，而月季、玉丁香、浮绣球、天竺葵等会使人产生过敏反应，也不要摆放在卧室。

卧室色彩的运用

每个人都有自己喜欢的颜色，而不同的颜色则表达不同的情感，在卧室色彩搭配上，也要讲究一些搭配原则，这样才能在彰显个性的同时，避免怪异和凌乱，下面有一些搭配方案，可以供我们选择。

1 白色 + 桃红

对于以白色为主色调的房间来说，搭配一点桃红色，配上吸引眼球的床头墙纸，能够点缀房间，让整个卧室亮丽起来，是一种不错的搭配方法。

2 白色 + 嫩绿

对于一些喜欢清爽感的家庭来说，可以将卧室的颜色用白色搭配少量嫩绿的方式，让整个卧室更干净、清爽，适合年轻人群。

3 灰色 + 紫色

为了增添卧室贵族气息，可以以灰色为主基调，搭配梦幻迷离般的淡紫色，贴上淡紫色搭配的碎花墙纸，也能让整个卧室更稳重，更贵气。

卧室色彩搭配

4 黄色 + 白色 + 深棕色

柠檬黄能够给人带来温暖，如果在卧室中增添这个色调，配上深棕色家具，能够让整个卧室更温馨，犹如孩子般的微笑，能让人感到舒适而温暖。

5 白色 + 金色 + 浅棕色

金色能够给人华贵的感觉，如果用有金色花卉的墙纸装点床背后的背景墙，搭配欧式白色复古床，配上浅棕色的木质地板，整个房间就变成了高雅宫廷范，也是不错的选择。

6 白 + 黑 + 绛红

对于一些喜好复古风格的人群而言，卧室的颜色搭配可以选择黑白两色调，搭配绛红，稍微点缀一点橙色，形成撞色的视觉效果，符合复古韵味，并且不失大气，适合有年龄的人群。

> **Tips:**
> 除了房间色彩的搭配外，家具的色彩也很重要，对卧室内的装饰效果起着决定性作用，浅色家具可使房间活泼、明快，扩大空间感，中深色家具可使房间显得宁静、典雅，可根据自己的喜好选择。

暗卧要学会用色彩提亮

有的房子因为卧室在阴面，采光不够而显得阴沉。这样的情况在不采用灯光或其他手段时，色彩的搭配最能够提亮卧室的颜色，让卧室看起来更轻松、温馨、舒适。

白色和蓝色搭配

◎白色：白色作为过渡色既不冷也不暖，却可以将房间的色彩提亮。如果是阴面的卧室，采用纯白色、奶白色作为墙面的主色调，同时地板和家具采用白色或浅色，也可以使卧室很明亮。而阳面由于墙面、地板或家具导致的暗卧，可以选用白色的窗帘和白色的床品，就可以提亮卧室的颜色，还可以营造出典雅大气的氛围。

◎白色＋淡黄＋淡红：白色除了作为背景色和主色可以提亮卧室，和淡黄色还有淡红色搭配的软装，可以让卧室充满阳光活泼的感觉。房间里的床品可以采用白底，浅黄色和浅红色搭配的纯棉布料，颜色上的和谐组合，释放出明亮的色彩。

◎橙色＋湖蓝：冷色与暖色的强烈对比，将热烈与宁静结合在一起，营造出简明大气的感觉，卧室的色调随之变得明亮。橙色与湖蓝的搭配不适于大面积使用，可以是局部使用并形成呼应。

◎白色＋蓝色＋绿色：蓝色和绿色都是冷色调，冷色的重复大面积使用可以使卧室显得宽敞明亮，给人清新雅致的感觉，跟纯洁的白色搭配，让卧室显出层次感。这样的卧室再搭配上星点的红色或黄色，会让色调更加明亮。

◎浅粉色＋绿色：粉色和绿色的搭配最能让人感觉到春天田野的氛围，温馨浪漫，明亮柔美。浅绿色的墙纸，浅绿色的窗帘，浅绿和粉红交织的床品，一幅春意盎然的图景，搭配着粉红色的小单人沙发，整个卧室活泼可爱，明亮温馨，特别适合年轻人居住。

客卧的装修技巧

对于一些居室房间比较宽裕，并且经常来客人的家庭来说，设计一间客卧是非常有必要的，能够让自己在接待来客和亲戚的时候，更从容，不过，由于客卧本身使用率较低，在设计上可以考虑如下问题。

1 简洁实用

客卧在设计上不用凸显特殊的装修风格，但整体上还是要风格一致，在设计上，就需要考虑是否方便打理，是否简洁，配合舒适的床、温馨的灯光、简单的家具即可，当客人到了的时候，能够好好休息。

2 提高收纳功能

客卧相对来说使用率较低，在设计上，可以考虑多一些收纳功能，可以将家庭人员一些不经常使用的物品放在里面，减轻其他房间的空间压力，当然，一定要预留一个客人存放物品的空间，不要失礼于人。

3 家具灵活性

客卧的家具配置上，要灵活简洁，能够随时根据需要随时调整和改动，选择尽量简单的家具，能够在居室主人有需求的时候，随时将其改造成其他房间，如婴儿房之类的，提高使用率。

卧室必备的家具种类

卧室是人们休息的地方，有时也兼做书房和工作室。但是随着人们居室面积的扩大，生活质量的提高，人们逐渐摒弃了影响睡眠的不良因素，将卧室打造成专供人们睡眠休息的私密空间。卧室的家具有床、床头柜、衣柜、梳妆台、床垫等。下面我们将简单介绍卧室家具的一些特点。

1 床

卧室的床主要有双人床、单人床两种。床的质量会直接影响人们的睡眠状况，也会影响卧室的风格气质。例如一张原木的大双人床，很有厚重感，给人清新温暖的感觉，躺在床上会很踏实。实木的床在使用中是最舒适的，而且能够和多种家具组合搭配，让卧室更温馨惬意。

2 床头柜

床头柜是卧室的一个小收纳空间，也是床头摆放台灯等物品的台面。床头柜上要能够摆放一盏台灯、镜框、一只小花瓶、几本书、水杯等常用物件。床头柜上要保持整洁干净，颜色最好与床保持一致，看上去很协调。

3 梳妆台

梳妆台是人们，尤其是女性梳妆的地方，一般有大量的瓶瓶罐罐，因此可能会比较杂乱。最简单的解决办法是买带有抽屉的梳妆台，将一些物品整齐的放进抽屉里，这样看上去整洁许多。梳妆台要配上镜子，可以是单独挂在墙上，也可以是与梳妆台一起的，立在墙边，还可以设计成推拉、折叠的形式。

4 衣柜

卧室中最大的收纳工具，平时不用的被子毯子，还有平时穿着的衣服都可以放到衣柜中。衣柜内部可以用隔板组合，让物品收纳更合理。一般选择木质的衣柜，如果空间较小，可以采用推拉门。当然现在衣柜也有玻璃和金属材质的，比较彰显个性，也比较时尚漂亮。

5 休闲椅

目前市面是有多种休闲椅，造型款式各异，但是他们共同的特点就是舒适自在。在卧室的一角，摆一只休闲椅，让居室氛围更加随意一些，也可以起到很强大的装饰效果。

另外卧室中还可以搭配尾榻、小圆几或者圆凳等，满足人们休闲的需要。

卧室家具

合理选择卧室家具，为收纳做足准备

　　卧室是人们休息和睡眠的空间，最需要私密和安宁，出于功能需求出发，不仅要满足睡眠的基本要求，还要休闲、舒适和卫生，这也对卧室家具的布置提出了要求。如何将所有私人用品、衣物、贴身用品，收藏在卧室里，如何让卧室维持清爽和整洁，为居室主人提供一个清净舒坦的休憩空间，这需要功能强大的家具来帮忙。如何选择功能强大，符合卧室需求的家具呢？主要有几个要诀。

1 要诀一：从生活习惯出发

　　一般来说，卧室里面最大宗的收纳物品要数衣服了，当然，也有一些人会有较多的护肤品、配饰、书籍等等，但是，每个人的生活习惯并不相同，有习惯在卧室梳妆的，要选择收纳功能强大的梳妆柜；喜欢在卧室穿、戴搭配衣物的，需要内置镜子并且收容性强的衣柜；习惯在卧室看书的，需要设置相关的书架；要在卧室熨烫衣物的，需要专门的柜子，能够摆放熨衣板。基于这些因素考虑，所有卧室家具的选择，都需要根据个人需求精心挑选，考虑到卧室活动来安排摆设，以实用、方便为原则。

2 要诀二：以安宁为主

　　卧室家具的选择，首先要考虑是否能让人在这样一个环境中感到安全、放松，无论是床，柜子，都不能太大，以免让卧室显得拥挤；在摆放上要注意保留一定的空间，这样才不会让居室主人躺在床上的时候感觉到压迫。重一些或是宽大的家具，最好降低高度，也能让家具之间的距离看起来远一些，不会相互干扰，让人比较舒服。而色彩的搭配上，最好能够选择淡色、原木以及米色调的，能够让人更加安宁，不至于情绪起伏过大，无法安睡。当然，如果是小孩的房间，可以考虑在颜色上做一些处理，米黄色、粉红色、淡蓝色等颜色的家具，能够让孩子的房间温馨舒适。

3 要诀三：最好一物多能

　　卧室本身空间有限，因此在家具的选择上，最好能够一物多用，一物多能。如梳妆台，既可以用来梳妆，也可以在梳妆台下面的抽屉中存放饰品、书籍等，当然，在特殊时间，还能够作为书桌、写字台使用，这当然更好。基于这点，如果选择开放式梳妆台设计，必要时将其作为烫衣板使用，可以说是功能齐全，也是居室主人根据需求来选择家具的又一要诀。

> **Tips：**
> 　　一般家庭的卧室也就十几平米的面积，要想让空间不显狭促，最好先规划好再选购家具，其实这点其他空间同样适用。

摆放卧室家具有法可循

　　卧室是供人休息的地方，私密性是最重要的空间属性。大多数家庭的卧室面积都相对较小，而很多大件家具，床、衣橱等得放在卧室中，怎么合理摆放卧室家具问题重大。

1 衣柜与墙壁融为一体

开放式的衣柜容易落灰，而且占用空间，将衣柜设计在墙壁中，一来免得东西露出来显得乱，二来可以避免灰尘污染。

2 床组的摆放决定舒适程度

床的大小要根据卧室面积确定，如果卧室偏小却选择一张过大的床，会让居室显得局促狭小。而且，为了保证睡眠质量，床头和床尾最好不要靠窗、不对门，床头也不能靠着浴室墙面摆放。如果是双人床，为了方便上下床，最好两边都别靠墙壁。

3 床头柜的灯具设置很重要

床头柜的作用主要是放置一些睡前使用过的东西，如图书、报刊杂志、水杯、眼镜等。床头柜还有一个重要作用就是安置床头灯。一盏床头的小夜灯，可以方便睡前阅读，而且适宜的灯光还有助于营造睡眠气氛。床头灯尽量简单，开关方便，灯光不宜太明亮。

4 与卧室风格统一的梳妆台

虽然卧室的空间很小，但大多数女孩子还是希望能在卧室中开辟出一块小天地供自己梳妆打扮。对于梳妆台的设置，最好选择与卧室风格相符合的桌子和椅子，放在角落的位置。但需要注意的是，要给桌上的瓶瓶罐罐做好收纳，避免台面一片凌乱的景象出现。另外梳妆台的摆放也是有讲究的，从风水学上讲，梳妆台，尤其是梳妆镜的摆放有很多禁忌，下面我们就来看看摆放梳妆台有哪些门道吧。

◎梳妆台上摆放的大多是女性的化妆品，这些东西最怕阳光的照射，因此，梳妆台一般避免摆在向阳或者接触阳光的地方。

◎房间里的床头柜有时只有一个，卧室面积较小时，可以将梳妆台床头柜摆放在床头的两侧，这样可以形成对称，使卧室的布局更加协调。

◎梳妆台上的镜子能够反光，最好不要照着床头，镜子直冲着床头容易导致人晚上做噩梦，或者精神不济，心情不适等。

◎梳妆镜也不要对着门，从风水学上讲，门作为卧室中气场流通之气口，带有直冲之煞，镜子也属带煞之物，若两者相对则冲煞更甚，对居住者身心健康不利。从居住环境来讲，门口直对着镜子，人们晚上进入睡房时容易被镜子的反射吓到。

家电该不该住进卧室

家电应不应该进卧室，这是一个比较有争议的问题。有人说家电在卧室中会产生电磁辐射，电磁辐射会导致心悸、失眠、心律不齐、淋巴液和细胞原生质改变甚至引发癌症。也有人说，家电在卧室中非常方便，能够满足生活的需求。那么家电到底能不能住进卧室呢？哪些家电可以在卧室中为我们服务呢？下面我们来看一看。

1 电视

卧室里摆放电视，人们除了受电磁波的辐射外，还会受到电子灰的污染，电子灰能够迅速被人体吸收，从而使人感染呼吸道疾病。电视的电磁辐射非常强，有可能让人失眠、焦虑或引发其他病症。电视还会使卧室内的空气水分降低，会让人产生口干眼涩，头昏脑涨、精神不振的现象。而且电视对婴儿和儿童的辐射更强，因此电视还是远离卧室为好。液晶电视的辐射要小一些，如果要摆放，最好在室内放一些龙骨、仙人掌、芦荟等植物，并且床和电视保持2～3m的距离。

2 电脑

电脑的显示器具有很强的辐射，不过现在的液晶显示器辐射要小得多。不要让显示器的背面对着人或者床，以免让电脑辐射伤害人体。将床与电脑保持1m的距离，这样辐射就会小很多。同时电脑桌下方常常有一堆电线及变压器，要尽可能地远离你的脚。

3 手机充电器

手机充电器看似不起眼，其实辐射很强。不过手机充电器的辐射范围有限，超过30cm的距离，辐射马上就会下降到很低的水平。因此手机充电器最好放在卧室中远离人和床铺的位置。

4 音响

有些音响说是"床头音响"，其实也不能放在床头。音响也有电磁辐射，放在卧室也要注意，尤其不要靠近床头。电磁辐射对男性的生殖系统的伤害尤其大，因此要特别注意。

> **Tips：**
> 卧室尽量少放电器，即使放也要离床远一些，最好在1m以外；防电磁辐射产品可以降低电磁辐射的伤害，可以用来保护家里的孕妇、老人、儿童等；电视机、音响等电器关机后要切断电源，不要处于待机状态，以防在休息时受电磁辐射。

卧室收纳小妙招

现代居家，卧室的面积都不算太大，但拥有宽敞明亮的卧室是每个人的梦想，现在能做到的，就是让你的小房子保留大空间。避免大大小小的柜子让卧室显得局促拥挤，而又能轻松收纳各种衣物，家居多功能储物方案使之变得可能。下面几个妙招让你的卧室整理收放自如。

1 挂在空中

利用挂衣杆，把各式大件的衣服高高挂起，这样既可以节省空间，又能保证衬衫、大衣、西装等笔挺整齐，避免褶皱。还有一种转角式延伸挂衣杆，连卧室角落的空间也能有效运用。当然，如果你觉得这种毫无遮拦的挂衣杆会使衣物蒙尘，可以选一些无纺布的收纳袋，或是衣物专用的防尘袋，一个个排列起来，也会使你的挂衣杆层次分明。

2 巧用搁板

搁板的用处非常多，固定式的搁板可以收纳衣物，而且灵活多变，也能放置一些杂物，或是床头小电视、书籍之类的。如果你想把个人爱好搬进卧室，那这种搁板非常适合你，不会让你把杂志、书籍等胡乱堆放在床上。

3 拉伸式裤架

那么多条裤子，如何放置实在让人头疼，折叠起来会出褶皱，一条条挂起来又着实没那么大衣橱。现在好了，这种拉伸式的裤架可以帮忙。给裤子排排队，全部挂在裤架上，最多的可以挂 13 条之多。而且钢质喷漆的表面，会防止裤子滑落。外拉式设计，也方便拿取。这么多条裤子只占用一条的空间，是不是非常省地儿呢？

4 让蜂巢与抽屉有机结合

空荡荡的抽屉最容易让人了无头绪，虽然我们知道小物件收纳在抽屉里，但内裤上摆着袜子，袜子旁放着领带的布置却不是我们想要的。这时，风格简约的收纳盒可以帮助你，储物盒可以将抽屉分隔为两层，下面一层放袜子，上面一层放置内衣，这样就方便多了。当然，还有一种被叫做蜂巢的收纳工具，也是协助抽屉收纳的，它是由一个个类似蜂巢的小格子组成，让人头疼的袜子、内衣、围巾等小件均可以纳入其中。蜂巢的材质一般是塑料的，颜色很多，可选择的范围很大。

5 脏衣收纳袋

也许你的卧室经常有这样的景象出现，床上堆两件脏衬衫，床边一双脏袜子，床头还挂着条待洗的围巾……这让你的卧室看起来正好符合脏乱差的条件。现在找一个收纳袋，或是用块布头缝制一个大布袋，袋口穿进一条绳子，把换洗的脏衣服放在里面，扎进袋口，挂在卧室或是浴室的墙上，是不是看起来整齐多了呢？

6 利用床下空间

在购置床时，一定要注意你买的床是不是有收纳功能。如果有很大的床箱供你收藏衣物，这样，换季时的大棉被和羽绒服等大件，就不必在衣柜里占地方了，毕竟这些大件物品不会时常取用，而床下的储物箱也不太方便天天开取。把很久不会用到的放在床下，既能防尘又能体现居室的整洁，两全其美。

7 合理利用墙面空间

如果我们留心观察，就会发现其实卧室很多地方都是潜在的利用空间。不仅仅局限于地面空间，还有墙。对于不适合放置大衣柜的窄小卧室，墙面上的收纳则可以有多种选择，不仅能够起到装饰的作用，还能更好的储物。

说到利用墙壁空间，我们不得不提墙壁隔板的作用，这里就有两个方案。

方案一：巧用床头上方墙壁。床头上方的空间一般被利用的较少，但往往是非常有利用价值的地方。如果在上方做镶嵌式的收纳柜，不仅能够收纳各类书籍，还能够摆放各种艺术品，甚至是相册，不仅不会显得杂乱，还方便拿取书籍。能让居室主人好好利用晚上 9 点到 10 点的时间读书，增长知识。

方案二：顶部墙板收纳。对于一些空间比较小的卧室来说，为了能够收纳更多的生活必备品，如鞋子、衣服等，可以利用墙壁顶部空间。在卧室墙壁顶部打造几个可以摆放收纳盒的收纳区域，可以将这些物品全部隐藏在上面，不容易被发现，也不容易被触碰。当然，收纳盒最好选择颜色比较一致的，以免影响整洁。如果为了更好地隐藏，还可以将收纳区域挂上自己喜欢的挂帘，美观、大方。

除了隔板和收纳柜的定制外，墙面还有很多可以利用的地方，我们可以发挥我们的奇思妙想，让墙更可用，我们来看看墙面挂钩。

提到挂钩，肯定有很多人想到的就是单调的挂钩，但是创意挂钩却能够赋予家庭与众不同的气质，最大化的利用墙面区域，并且还可以随心所想的进行设计。下面我们提供两个个性化挂钩选择方案。

搭配主题墙的人性化挂钩。如果卧室内有一面完全空置的墙面，但是却有各式衣物、领带、腰带、围巾无处挂放，这个时候，我们可以在这面空墙上做做文章。根据物件本身的长短，设计高低不等的挂钩，悬挂不同的衣物，再配以墙面设计，填充温暖的色调，或者贴上可爱的贴纸，整个屋子也变得亮丽起来，这便是墙面挂钩的功效。

上存下挂，两全其美挂钩。无论是定制，还是购买带有凹槽的挂钩挂在墙面，都能彰显居室主人对生活品质的追求和主张，这种有凹槽的挂钩上面可以存放一些小物件，如手机、镜子、钥匙等，而下端则可以挂衣服、帽子等物品，一举两得、两全其美。当然，也可以选择圆筒造型的挂钩，圆筒中间可以存放手套、太阳镜、钥匙、钱包等，外部则可以挂衣物，也是不错的选择。

除了这两种选购挂钩方案外，生活中还有很多既好用又好看的墙壁挂件，帮助我们充分利用墙壁空间，这需要我们有善于发现的眼睛，能够将物品本身的优势特质发挥到最大极限，给自己提供更洁净的家居生活环境，这是我们努力的方向。

定制衣柜要注意的事项

衣柜作为卧室家具中的重要组成部分，与人们生活起居息息相关。但是，很多人却因为衣柜而头疼，觉得自己的衣柜太小，没放几件衣服就满了，其实，仔细看，很多衣柜的空间不是被塞满的，而是被浪费掉的。尤其是市面上一些内部结构设计不合理的衣柜，简单的一根挂杆，一个隔板，造成了过多的浪费。因此，对于大部分家庭来说，定制衣柜是最有效的空间利用方法，不仅能够根据个人的需求和喜好来设计，并且更人性化。但是，在定制衣柜的时候，还有一些需要注意的事项。

1 面积决定大小

定制衣柜，无论是样式还是大小，都要根据房间的大小来设计。如果卧室面积有限，定制衣柜就需要从节省空间的角度来设计，造型要简单，体积要小，以免定做的定制衣柜入不了墙。除此之外，空间的运用要全面，最好能够根据实际需求选择组合柜，让衣柜内部的格子架、抽屉、挂篮、裤架能够任意组合搭配，这样才不会显得过于拥挤。

2 风格要统一

定制衣柜跟购买衣柜有同样的注意事项，那就是风格的统一。衣柜的定制一定要符合卧室整体风格，如果是中式装修风格的卧室，最好不要选择定制板式衣柜，如果是现代风格的卧室，就不要选择定制中式衣柜。颜色的搭配上也是如此，整体浅色调的卧室装修，就不要定制过于深色的衣柜，以免格格不入。

3 设计要科学

现在衣柜设计师水平参差不齐，为了避免定制上的误差，居室主人还需要将自己的需求说清楚，并且让设计师们更科学的打造衣柜，如需要加多一些隔板，那就要考虑衣柜本身的高度和宽度，以及布局的合理性。就算是设计多隔板，也要留出 1/3 的空间用来挂衣服。如果是定做小孩房间的衣柜，就需要根据孩子成长状况，配置可以自由增减的隔板和抽屉，这样也有利于充分发挥孩子的动手能力和想象力，促进智力的增长。除此之外，对于衣柜内部格子架、抽屉、推拉镜、裤架、小挂钩、挂篮等，在设计上最好能够考虑到组合搭配的因素，让衣柜更人性化。

4 真材实料

一般好的定制衣柜，使用寿命需要经得起时间的考验，10 年左右不成问题，但是如果质量不过关，可能 5 年都用不到，这样便是极大的浪费。因此，定制衣柜在材质和做工上要有保障。从材质上来说，实木颗粒板稳定性比较高，握钉力度也比较强，是定制衣柜的首选。而出于家人身体健康的角度考虑，一定要使用环保材质，以免造成危害。

Tips：如何识别材质甲醛含量超标？

判定衣柜甲醛含量是否超标最直接的方法就是打开柜门，看看是否散发出强烈刺激的气味，严重的情况下，还会让人流泪，也可以打开抽屉进行判断。如果甲醛含量超标，就一定不要选用。

当然，面板厚度、配件滑轮、趟门的饰面板等，都需要质量过关。从做工上来说，柜门边框上的防撞条需要做工严密，防止拉动起来发出"咯吱"声，除此之外，木板与木板的衔接也需要精细。而减震装置则是体现定制衣柜质量的一个关键，需要居室主人选好定制服务商。

---

5 配件齐全

定制衣柜除了主要材质的质量重要之外，配件也很重要。带有滑动门的衣柜是比较节省空间的，不会因为开门而阻碍通道，至此，滑轮是否耐磨、是否顺滑、是否耐压就需要考虑清楚。导轨设计上的防跳装置也要坚持，两个防跳装置能够确保防滑门滑行时安全不回弹，只有一个防跳装置或没有防跳装置的滑轮，使用时门容易出轨，存在安全隐患。除此之外，推拉镜、格子架、裤架、拉篮、L 架，这些配件是否齐全，在设计的时候，是不是便捷、好用，也是判定的又一标准。只有把好每一个配件关，才能更好地保障定制衣柜的质量。

衣柜是重要的卧室家具

卫生间必
须要做到
干湿隔离

卫生间是厕所、洗手间以及浴池的合称，对于家庭装修来说，出于捍卫家人健康以及让家人享受舒适的环境考虑，一个真正的卫生间，必须要做到干湿隔离，这样才能保证卫生间出于干燥状态，避免潮湿和细菌滋生。

了解卫生间的基本用途

人每天上厕所、洗手、洗澡都必须用到卫生间，而这些基本生活需求就赋予了卫生间基本的责任，而出于这些用途的考虑，卫生间在设计的时候，也需要注意一些问题，我们具体了解一下。

1 卫生间功能

家庭住宅卫生间有一些基本功能，主要包含以下几个内容：

◎排便：每天的体内垃圾的排除，大小便，这些活动需要马桶。

◎洗浴：洗头、洗澡等，这些活动需要浴室淋浴或者浴缸。

◎盥洗：洗脸、刷牙、剃须、洗手等，这些活动需要洗手台。

除此之外，有些家庭的卫生间还具备了洗涤衣物、清理卫生、晾晒等功能，甚至是有些卫生间还具备了一些特殊的如多功能智能型坐便器、小型桑拿浴房间等功能。

2 使用要求

从基本功能考虑，排便、洗浴、盥洗等是卫生间的基本功能内容，当然，还有洗衣、清洁功能，也正是这些功能，让卫生间在设计上需要进行一些功能性考虑。

◎尺寸：为了符合人体活动需求，卫生间的尺寸最好在 5m² 以上。

卫生间

◎卫生性：为了保证使用更加舒适和健康，卫生间各种设备的设置要便于清洁和打扫，还要通风透气。

◎防护性：为了保证家庭成员的安全，卫生间的地面材料应该防滑，开关、电气设备还需要防水、防潮。

◎便利性：为了让家人在使用卫生间的时候更加方便，在设计上也要考虑便利性需求。

3 设计注意事项

　　既然卫生间那么重要，在设计上就需要出于功能考虑，注意一些设计问题。

◎透气：卫生间相对而言，湿气最多，并且有时封闭性的房间，因此，窗户、门的自然换气必不可少，而排气扇也是必需品，能够在封闭的环境中人工换气，避免憋闷。

◎照明：虽然卫生间是私密空间，但是从健康出发，卫生间的采光也不能太差，最好获得自然光，或者用白炽灯，也能够方便我们做好清洁工作。

◎采暖：为了保证在寒冷的冬天也能舒适的沐浴，浴霸的安装也是不可缺少的，当然，要注意安全。

如何选用适合的颜色

　　卫生间装修用什么颜色呢？这是很多装修居室的人都在思考的问题，从整体而言，卫生间装修一定要避开大红大紫的颜色，那么，哪些颜色是卫生间装修比较适合的颜色呢？

卫生间主色调为白色

1 白色

白色比较素净的颜色，给人的印象也是干净而明亮。对于一些空间不大的卫生间装修来说，选择白色能拓宽我们的视线，也能让整个环境看起来更舒服，因此，白色往往是首选颜色。为了避免过于单调，可以在白色上点缀小块图案，能够起到装饰效果。

2 水蓝色

除了白色以外，水蓝色也是比较淡雅而素净的颜色，亮丽柔和，配合白色墙面的修饰，能够产生碧海蓝天的感觉。

3 黑白色

黑白搭配也是卫生间颜色搭配的一种方法，能够突出层次感，还能够缓解黑色产生的恐惧感，当然，需要根据个人的喜好来选用。

4 橙色

以橙色为主色调的卫生间，能够给人带来温暖和活力，可以作为卫生间装修的颜色，烘托更欢乐的气氛。

> **Tips：**
>
> 卫生间颜色的选择，大多数家庭的选择都基本一致，有少部分的人会选择其他的颜色，需要注意的是，在颜色搭配上，一定要避免过于跳跃，影响整体亮丽感。

如何做到卫生间干湿隔离

传统卫生间，浴缸、马桶、面盆都放在同一空间，洗澡后到处充满水汽，让整个卫生间空气很污浊，出于方便和情节考虑，很多人都选择了干湿分离的卫生间，那么，干湿分离的卫生间如何设置呢？

干湿隔离

1 空间设置

对于卫生间空间较大的居室来说，可以将浴室和方便区分开，并且在干区设置小柜子，存放日用品，而对于空间较小的卫生间而言，可以考虑将淋浴区和方便区分离开来，起到干湿分离的作用。

2 材料选择

为了能有效干湿分离，在材料的选择上，尤其是沐浴区材料，最好选择耐水性好的瓷砖，而洗脸池附近也要采用防水室外地板，防水的同时区分干湿区域。

3 分离方法

◎对于非常小的卫生间，可以用浴帘来区分区域，还可以在淋浴的地面上，围一个小池子，做成隔水条，避免水留到其他地方。

◎对于空间稍微大一些的卫生间来说，在卫生间里面的角落可以安装淋浴房，把洗浴单独分出，避免水花、水气扩散，有效干湿分离。

◎对于空间较大的卫生间来说，可以直接设置浴室，并按照浴缸、玻璃拉门，隔断水花，直接划分 3 个区域，浴池、盥洗台和方便区。

4 盥洗台设置

盥洗台常被单独分离出来，将盥洗室设置在卫浴空间的前端或外面，将马桶和淋浴房设置为一个封闭的房间，这样做的好处是分割明确，但是一定要注意地面排水的处理，避免漏水。

卫生间通风很重要

卫生间如果通风不好，就会潮湿、发霉，有异味，影响我们的正常使用，因此，卫生间的通风对于每一个家庭而言，都是非常重要的。而一般卫生间的通风采用自然通风和人工通风两种方式，我们具体来了解一下。

1 自然通风

自然通风就是不需要安装通风设备，运用开窗户、开门的方式，让自然风吹走卫生间内的潮气，并且更换卫生间空气，保持空气清新。这就对卫生间本身的格局提出了要求，明卫，也就是有窗户的卫生间，能够很好地自然通风。

> **Tips：**
> 对于没有窗户的卫生间，可以选择人工通风的方式，在使用完之后，一定要将门打开，通风，避免潮湿。

2 人工通风

人工通风就是在卫生间吊顶、墙壁、窗户上安装排气扇，将污浊空气直接排到室外，从而达到通风换气的目的。对于建筑上没有通风口的住宅，可以安装一套通风管道通向室外，并及时通风，保持空气清新。

> **Tips：**
>
> 即便是安装了排气扇，最好也保留原有的自然通风渠道，及时开窗、开门，有利于保持卫生间干燥，并且在夏天的时候，还能起到降温的作用。

墙面也要考虑防水

和地面防水一样，卫生间墙面防水也是非常重要的，整个墙面都要进行防水层涂抹，也必须先做完防水处理，然后再进行后续的贴瓷砖等装修工序，具体如下。

1 基层平整

卫生间装修，首先要保证墙壁基层表面平整，不能有空鼓、起砂、开裂等现象，基层含水率也要符合防水材料的施工要求，如果存在缺陷，要填补或者涂抹防水腻子。

2 防水层

对于卫生间来说，防水层应该从地面一直延伸到墙面，均与涂抹防水层，尤其是靠沐浴处的墙壁，高度不能低于1.8m，厚度不能低于1.5mm，防水表层不能起泡、不要凹凸不平，与管件、洁具地脚、地漏、排水口接缝要严密，收头要圆滑，不能渗透。

3 蓄水试验

在做完防水工程之后，整个卫生间要做蓄水试验，封好门口以及下水口，在卫生间地面蓄水没过最高点即可，并做上记号，如果24小时内液面无明显下降，特别楼下住家的房顶没有渗漏，防水就合格了。否则，就要重新做。

卫生间要做好防水

卫生间地面防滑很重要

卫生间容易积水，因此，家庭装修，尤其是有老人和小孩的家庭卫生间装修，一定要做好防滑处理，避免出现危险。而防滑处理应该怎么做呢？我们来了解一下。

1 选择釉面砖

卫生间的浴室地面瓷砖，在选材的时候，最好选择有织纹类型的釉面砖，这种地砖不仅外观天然，并且具有防滑功能。或者根据整体的风格，选择马赛克地砖，让防滑效果更好。当然，花砖的面积不要太多，以免太乱。

2 选择合适的尺寸

卫生间地砖的尺寸最好不要太大，最好选择尺寸较小的地砖，这样能够很好地掌握坡度，并且让地漏下水更顺畅，也能起到一定的防滑作用。

3 细节防护

除了地面的防滑处理外，厕所的门上最好装防护门板，尤其是对于一些有老人的家庭来说，能够方便老人起身的时候抓住，避免摔倒。

4 防滑处理方法

即使做了防滑处理，也要及时清理场所及清洗地面，涂敷防滑液，涂敷时需均匀，掌握液面厚度及保湿时间，如出现干面应及时补湿，测试到有阻力感时才可以，然后用清水冲洗干净，自然晾干后，再使用。

安装电器应注意什么

卫生间里比较潮湿，尤其是在沐浴之后，如果不进行通风处理，就更加潮湿，因此，在安装电灯、电线时要格外小心，避免漏电。

1 保护装置

卫生间的开关、插座安装，一定要有安全保护装置，最好选用带防水盖的，在不使用的时候，将盖子盖起来，沐浴的时候，也要盖起来，以免湿气入侵。

> **Tips：**
> 在设置卫生间的电源开关、插座时，最好放在浴室以外，防止因潮湿漏电，避免意外事故。

2 电线处理

卫生间的电线最好不要暴露在外，要事先想到哪里需要留插座、接头，将一些电线埋在墙内，避免裸露，也不要随便牵拉电源线，避免危险。如果要给刮胡刀充电或使用吹风机，最好能够预先留出插座，方便使用。

3 灯具选择

卫生间的灯具在选择上，应该选择具有可靠的防水性与安全性的玻璃或塑料密封灯具。并且避免安装过低或者过多，以免溅水、碰撞等意外发生，造成人身危害。

> **Tips：**
> 买灯具尽量避免购买铁上面有镀层的、刷漆之类的，容易掉色。

卫生间吊顶注意什么

卫生间吊顶不同于客厅吊顶，要考虑各种安全隐患，在选材和安装上，有一些需要注意的事项。

◎ 在选购铝扣板和龙骨、配件时候，一定要严格检查产品质量，最好选择金属、塑料材质的，不能弯曲变形，在运输和堆放的过程中，一定要搁置平整，不能受压，避免高温时受损，或者被有害物质的侵蚀。

◎ 在安装铝扣板时，如果尺寸有偏差，要先调整，然后按顺序镶插，不能硬插，避免变形。而龙骨安装要平整，避免偏差。

◎ 如果要按照大型灯具和排气扇之类的电器，需要单独做龙骨加以固定，不要直接搁置在铝扣扳上。

◎ 吊顶时要注意给浴霸开孔，而玻璃或灯箱吊顶要使用钢化玻璃和夹胶玻璃，保障安全。

◎ 对于铺设管线的吊顶，最好设置检修孔，可以选择在比较隐蔽易检查的部位设置，还可以用灯具或者饰品进行艺术处理，增强美观性。

装修双卫有技巧

现在很多家庭都拥有两个卫生间或者多个卫生间，这在装修时就需要开动脑筋了，在装修时，一般是一大一小，主卫生间高档次一些，大一些，次卫生间小一些，在装修上，也有一些技巧。

1 主卫生间

◎ 主卫生间一般面积较大，可以配备浴缸，尤其是喜好享受沐浴生活的人，最适合在主卧按照浴缸了，当然，干湿分区是必不可少的。

◎ 主卫生间往往与主卧相连接，私密性较强，可以根据居室主人的需求和喜欢，做一些大胆的尝试，可以做成透明或者半透明的效果，增添情趣，还可以在卫生间安装音响，让居室主人能更好地享受休闲时光。

◎ 主卫生间的色彩搭配上，可以温馨一些，选择暖色系进行搭配，让卫生间与主卧更协调。

2 次卫生间

◎对于次卫生间而言，干净和利落的装修会让人觉得更干净，可以选择明亮的冷色系，如淡蓝、象牙白等等，能从视觉上增大空间感。

◎在功能配置上要遵循简洁齐备的原则，马桶、面盆、家具必不可少，浴缸就大可不必了，但是淋浴却不可或缺。

卫浴家具有哪些种类

现在的卫浴家具不仅仅是单一的木质材料，五金、玻璃、钢材等新材料的运用，让卫浴间充满动与静、虚与实、明与暗、刚与柔相宜相衬的美。现代新潮又实用的卫浴家具有哪些呢？下面让我们来看一看吧。

1 浴室柜

浴室柜是体现浴室风格的亮点，它不同于卧室或者厨房的家具，浴室柜可以按照卫浴间的空间需要，可以悬挂也可以直接放在地上，并可以自由组合。浴室柜的基材有刨花板、细木工板、中纤板、防潮板、橡木板等，基材决定了浴室柜的品质和价格；而面材有天然石材、人造石材、防火板、烤漆、玻璃、金属和实木等，面材决定了浴室柜的风格。浴室柜有大有小，颜色与风格多样，放在卫浴间起着收纳整理的功能，让卫浴更加整洁、卫生、亮丽。

2 台盆

台盆一般分为台上盆与台下盆，由于台上盆装修效果好，且易于清理，因此家庭中使用较多。台盆的种类比较多，最常见的是陶瓷面盆，另外还有不锈钢台盆，与电镀水龙头极为搭配，只是容易刮花，磨光黄铜台盆，防水、防刮花，极易清洁；加强玻璃台盆，厚实安全，防刮耐用，并且有很好的反射效果，令浴室看起来晶莹明亮，与木台面搭配非常漂亮；经过改造的石材台盆，加入了树脂和颜色，有效防污，且款式多样。

3 马桶

马桶是解决人类每天代谢物的关键用具，因此了解马桶的分类以备挑选非常必要。按照冲水方式，马桶可以分为直冲式与虹吸式。直冲式马桶利用水流的冲力来冲走排泄物，水力集中，冲污效率高，但是直冲式冲水声音大，且非常容易结垢。虹吸式马桶总体来说冲水噪音小，冲刷也干净，但是比较费水，也容易堵塞。另外马桶还有分体与连体之分，分体马桶较传统，连接缝处容易藏污垢，连体式马桶体形美观，时尚高档，但是价格较高。不论哪种马桶都需要经常清洁，这样才能保持卫浴环境的卫生洁净。

4 浴缸

如今随着人们生活条件的提高，浴缸也成了人们必备的家具，浴缸既满足了人们沐浴缓解疲劳的需要，也让浴室充满独特的情调。目前，浴缸的主要材料为亚克力、钢板和铸铁，其中以铸铁的档次最高。选购浴缸时要根据浴室大小选择不同的形状，一般三角形的浴缸占用空间最大；其次要看浴缸表面是否光洁，手摸是否光滑；最后带淋浴的浴缸最好稍宽一些，且要有防滑处理。

5 梳妆台

带有梳妆台的卫浴间更显居室的豪华与精致。可以根据卫浴间的大小与风格来选择不同的梳妆台，可繁可简，可大可小。梳妆台的种类繁多，只要自己喜欢且与卫浴间的其他家具搭配即可。梳妆台可以分为独立式和组合式两种。独立式梳妆台，在房间中的摆放比较灵活随意，装饰效果也更为突出。组合式梳妆台是指梳妆台与其他家具组合，如与台盆组合在一起的梳妆台，这种方式更适宜小空间卫浴间。

> **Tips：**
> 卫浴间中马桶、浴缸、台盆的材质、颜色、款式应该保持一致，而浴室柜与梳妆台的颜色与风格应该与其他家具保持一致，这样才能突出卫浴间的和谐精致。

浴室面积小，家具摆设更需智慧

浴室的面积本来就不大，再加上各种家具和一堆盆盆罐罐，浴室显得更加拥挤凌乱，那么小空间的浴室里，如何安置这些家具摆设呢？我们的确需要动点心思，好好规划一下。

1 明确浴室家具尺寸

装修之前，如果明确浴室中各类家具的尺寸，然后根据自己浴室的大小来选择，安排起来就会省事得多。一般马桶所占面积为37cm×60cm，正方形淋浴间面积为80cm×80cm，浴缸的标准面积为160cm×70cm，洗手台的面积为70cm×60cm。

2 洗衣机用防水帘遮一下

浴室中的电器因为常常出于潮湿状态，很容易导致危险，也会缩短实用寿命，将洗衣机放在隔水的木盒中，外侧用防水帘遮住，可以隔绝潮气和水，既方便也安全。

3 设置多层收纳格

在浴室靠墙的边角，或者浴柜中设置多层收纳格，给浴室中的洗发精、牙膏、沐浴乳、卫生纸等找个合适的安家之处，可以让浴室看起来更加整洁美观，也有利于浴室的卫生。

4 分割干湿区

浴室中最好还是要分割出干湿区，可以利用不同的地砖的吸水性的区别来划分，也可以利用浴帘隔开，但是最好采用浴帘加矮墙的设计方式。分割后的浴室显得更加宽敞，而且浴帘还可以起到很好的装饰效果。

5 使用壁挂洗漱台

以前的老式洗漱台太笨重，总是占用了浴室中一大块空间，让浴室显得特别狭小。壁挂式的洗漱台小巧灵活，花纹和装饰富于变化，让浴室更美观。

6 连体柜子

洗漱台下面利用闲置的空间设计一个大柜子，真的很实用，可以收纳浴室中很多的东西，让浴室变得整洁起来。而悬挂安装的方式避免了卫生的死角，便于清理打扫。

哪些花卉适宜摆在浴室

相对而言，浴室是所有房间中空间较小、光线较暗、空气湿度较大的区域，而且常常会滋生细菌，伴有异味。经常开窗通风换气固然是使浴室空气清新的办法，不过养几盆花卉摆在浴室中，可以起到更好地净化空气、营造氛围的作用。下面这几种植物都是适合养在浴室中的，不妨看看哪一种适合自己吧。

1 一帆风顺

这种植物有着吉祥的名字叫做一帆风顺，其实它也叫白掌。它源自遥远的委内瑞拉热带雨林，属于室内喜阴植物，能够抑制人体呼出的废气，并可以过滤空气中的苯、三氯乙烯、甲醛、氨气、丙酮等。摆在浴室中能够保持浴室空气的清新。

2 吊兰

吊兰的枝叶自然下垂非常美观，而且照顾它也非常简单。吊兰能够吸收卫生棉纸和窗帘等散发出来的甲醛，充分净化空气。而且吊兰细长的枝叶，垂落在浴室的角落，非常引人注目。

3 黄金葛

有人喜欢在卫生间或浴室吸烟，以为这样不会影响到家人，其实浴室最不容易透气，从而让大量的有害气体一直留在室内。可以在浴室中放一盆黄金葛，它能够很好地去除空气中的尼古丁，还能够吸收掉织物、墙面中的苯、一氧化碳、甲醛等。另外黄金葛的叶子是心形的，非常漂亮。

4 文竹

文竹含有特殊的植物芳香，其中含有抗菌成分，可以清除空气中的细菌和病毒，具有保健作用。浴室中由于潮湿不透气，常常会滋生细菌，放一盆文竹在浴室，将空气中的细菌都消灭干净，还浴室一个清洁的空间。

5 银皇后

银皇后的最大特点是空气中的污染物浓度越高，它的净化能力就越强，因此通风不好的阴暗浴室是银皇后发挥作用的绝佳场所。

4个小窍门教你挑选卫浴产品

◎窍门1：仔细观察。在选购卫浴产品时，要求商家多打开几盏灯，在光线较佳的环境下仔细观察，如果产品表面看不到砂眼或是麻点，釉面反光均匀，亮度高，说明产品质量不错。

◎窍门2：用手摸一摸产品的表面，如果感觉细腻光滑，没有摩擦感，说明产品不错。

◎窍门3：轻轻敲击表面。一般质量好的陶瓷被敲击时，会发出清脆的响声。

◎窍门4：考察吸收率。前3个选购窍门是比较直观的，第4个窍门需要一定时间的考察。所有陶瓷产品都会吸水，但吸水率有高低的分别。吸水率高的产品，一旦水被吸进陶瓷，会使陶瓷表面龟裂，影响外观的美感。而且水中的异物脏物也容易被吸入陶瓷中，尤其是马桶，长期这样下去，马桶的异味和污垢会无法清除下去。由此看来，吸水率低的陶瓷卫浴更好。

要不要选择整体卫浴

　　目前整体卫浴开始在市场上崭露头角，整体卫浴就是将许多卫浴设施通过模压成型，配套安装等方式组合而成的卫浴间。它不仅包括了浴缸、坐便器、盥洗台、底板、天花板、照明灯具、换气扇，还包括了化妆镜、水嘴、纸卷器、毛巾器、浴巾架等小零件。面对这个家装新贵到底要不要选择呢？我们来分析一下整体卫浴的优缺点，消费者可以根据自己的需求自行决定是否要选择整体卫浴。

整体卫浴

1 优点

整体卫浴包括了顶、底、墙及所有卫浴设施的整体卫浴方案。它的优点如下：

◎功能性：整体卫浴包括卫浴间所需要的几乎所有产品，满足了个人及家庭对卫浴间的需求。同时由于整体卫浴产品线的完整性，可以充分根据客户需求，选择最适合的产品加以组合。

◎观赏性：整体卫浴设计师，通过对家居整体风格的研究，以及客户的个性化需求，结合实际，制定出最理想的设计方案，使消费者的卫浴间既美观又富有个性。

◎便捷性：传统的装修难免要东奔西走，繁琐不堪。整体卫浴间的设计，将装修化繁为简，只跟一个公司打交道，使用干法施工，只需半天到一天的时间既可以装修好卫浴间。

◎结构合理：整体卫浴间的浴缸与底板一次模压成型而成为一体，无拼接缝隙，从而根本解决了普通卫生间地面易渗漏水这一问题。另外整体卫浴间在结构设计上追求最有效地利用空间，小空间也可以设计出完善的卫浴设施，而且整体卫浴间没有死角，便于清洁整理。

◎专业化：设计师在与客户协商挑选了合适的产品之后，会直接与施工人员进行交涉，稳定、专业化、系统化的团队保证了设计师的意图和客户的需要。产量质量体系具有严格的标准，大大提升了卫浴间的质量。

2 缺点

整体卫浴间是最近活跃与市场上的新贵，涉及陶瓷、家具、五金、玻璃等数个行业，坐便器、浴室柜、五金水暖等数十个产品品类，因此操作起来非常复杂。这也暴露了整体卫浴的缺点。

◎复杂性导致的难题：整体卫浴生产线多，运作复杂，品质控制是关键，而且产品品类繁多，需要成立分工明确地跟单团队，确保产品如期交货，最后物流也是问题，无法实现集中管理。由于整体卫浴连接着多个生产环节和部门，导致每一环节必须按量按时完成任务，才能满足客户的需求。但是由于现在的管理并不完善，其中可变因素较大，所以有时很难做到尽如人意。

◎价格居高不下：整体卫浴产品系统普遍单一，许多配套产品都需要其他企业贴牌，且价格昂贵。再加上产品设计、物流配送等费用造成的成本增加，整体卫浴的价格居高不下。据了解，有些品牌的整体卫浴的价格为每平米6000元，即使只有两三平方米的卫生间的费用也要过万元，普通家庭无法承受。

浴室收纳七大绝招

浴室，是一个清洁自身的场所，也是一个人享受家居生活的核心空间，在这样一个空间中，我们清洁身体和心灵，身心都在最大限度内享受了愉悦。所以，对于我们的日常生活来说，即便是一个狭小的浴室，也要给它营造一种个性、舒适的氛围，同时也要注重收纳，这样我们才能更舒适的享受这来之不易，异常宝贵的美妙时刻！

1 功能配置小而全

对普通卫浴空间来说，空间与其他居室空间相比，最明显的一个特点就是狭小，但是却承载了很多功能，如洗浴、排泄、清洁衣物等等。所以，在浴室空间配置上，一定要注意这些功能家具区域的配置，不仅不要占据太多空间，还需要能够收纳零碎小东西。因此，在选择浴室器具的时候，无论是浴缸、坐便器、淋浴，还是洗脸盆、梳妆台，都要考虑到这个问题，尽量选择小但是功能齐全的，在选购的时候，看好尺寸，丈量自己的卫生间，计算后再购买。

2 合理配置毛巾篮

浴室收纳需要注意保持干燥，一些洗漱用品，尤其是毛巾，要整齐收纳，除了悬挂在毛巾架上，一些干毛巾可以将它们整齐的折叠起来，放在毛巾篮里面。尤其是用来擦手的小毛巾，放在毛巾篮里面，放在洗手台旁边，方便使用。当然，需要注意的是，一定要记得随时更换里面的毛巾，注意保持干爽并经常消毒。

3 巧用便携桶

很多时候，我们在浴室洗澡保养的时候，经常会找不到自己的护理品或指甲刀之类的物品。也有时候，我们要出门旅行，却因为找不到这些东西而抓头，那么，我们需要做的就是巧妙的使用便携桶，将这些经常要用的物品放在小便携桶内，包括沐浴露、洗发乳等，无论是在家使用，还是出门携带，只要拎桶即可，省去了寻找的烦恼。

4 充分利用遗漏空间

在卫浴空间中，很多空间都被我们遗漏掉，如坐便器上方那半寸地、洗手池上下空间，这些都可以好好的利用起来。坐便器上方可以放一个收纳篮，收纳篮可以用来放浴球、磨脚石、搓澡巾等等，在我们进行个人清洁的时候，就可以在这里找寻物品。而洗手池上下的空间也可以充分利用起来，下方可以结合台面打造一个大容器的壁橱，把下面的水管道隐藏起来的同时，还能够收纳相当多的清洁用品，如水盆、卫浴清洁剂等等。而上方则可以摆放洗漱用品，这样一来，空间就会显得整洁许多，并且通过物品的摆放，还能起到美观的作用。需要注意的是，浴室柜子一定要克服潮湿的问题，在选择的时候要将这个因素考虑进去。

5 打造独立浴柜

无论是整理哪个地方，东西一旦多了，就会感觉很乱，但是如果用一个大的收纳柜将所有的东西集中起来收纳，并且在柜子中进行再次分类整理，定时清理，就能避免杂乱的问题。有的浴室空间相对大，可以打造一个独立的浴柜，里面做成隔板，下面放装脏衣服的篮子，中间做设立层板，放置毛巾，再用一层放卫生纸、女性用品等，另外一个隔层放保养品、清洁用品等。在分类的时候，将一些零星小物件用盒子装起来，然后放在浴柜中，就不会看起来很乱。需要注意的是，浴柜虽然能够将各类物品隐藏起来，但是还需要我们定期进行整理，对一些超过半个月不用的东西，就将它们移到其他的地方，对于一些经常使用的东西，清洁后放回原处。

6 墙壁悬挂

浴室空间相对来说是比较小的，所以要充分利用墙壁空间，可以在洗手台的一侧钉挂毛巾杆，放置毛巾。而马桶旁边的墙壁上，还可以悬挂马桶刷。当然，还可以在洗手台上方镜子的下方钉几块简单的玻璃板悬于墙壁上，可以用来摆放洗面奶、乳液等护肤品。还可以在墙壁上钉各类挂钩，将手纸、电吹风等等全部挂到墙面上。不过需要注意的是，电吹风之类的电器，对于周围的环境要求比较高，一定要相对干燥，不然就会影响使用寿命，悬挂在墙上的时候，最好能够配置一个透明的塑料盒子，这样能够防潮也方便拿取，非常实用。

7 镜子收纳柜

镜子是浴室中不可缺少的，但很多家居装修都是将镜子镶嵌在墙上，其实，在这个时候，我们可以考虑在镜子后面做一个柜门，尤其是在洗手台上方，这样也能避免我们在洗手台前因为镜子离得比较远而向前倾。这个柜子还能隐藏所有的零碎，关上柜门，你可以无忧无虑地对着镜子着装打扮，打开柜门，你可以收纳各种物品，非常方便，也是节省空间的一大妙招。

消除卫生间异味

　　很多人一天的生活都是从卫生间开始的，但是卫生间又是一个排污的地方，稍不注意就会有一股异味，尤其是马桶、下水道，使用一段时间后，就会释放出臭气和异味，不仅刺激人体的感官，还会降低人的生活质量，甚至会引起呕吐。而一些气味还带有毒性，危害人体健康。因此，让卫生间保持干燥清爽、芳香，对于家庭的每个人来说是至关重要的。如何让卫生间天生的异味能够消除呢，其实只要我们稍稍动点心思，利用日常生活中的一些小物品，就能美化我们的卫生间，让它告别异味。

1 干花

　　干花是种经过干燥、脱水、漂白、染色后制作出来的干燥花卉，虽然不如新鲜花卉那般艳丽，但是干燥之后能够保持很长时间，还能散发香味，放在卫生间，是再合适不过的了。我们需要做的就是在卫生间相对干燥，并且不容易沾水的地方，放一个花瓶，将干花插入瓶中，隔2天喷少量加入了香薰精油的水，这样就能够让卫生间芳香起来。

2 绿植

　　绿色植物和水果是非常好的空气净化器，也是最好的除味剂。如果将它们放在马桶水箱上面，能够吸收卫生间有害气体，有利于身心健康。而卫生间适合摆放的植物有蕨类植物、垂植、黄金葛等，而水果如洋梨、香瓜、小南瓜等，也可以摆放在卫生间。

3 调味料

　　很多厨房调味料不仅仅能够调出美味，也是非常好用的除臭剂。我们可以在平时讲一些大料、辣椒、桂皮等，用纱布包起来，放在卫生间的角落，能够去除异味，还能散发馨香。而对于一些味道比较大卫生间来说，我们可以用一个矿泉水的瓶子，剪去上半部分，留下下半部分，到一点醋在里面，放在卫生间不容易触碰的角落，也能去除异味，还能起到杀菌的作用。

4 柠檬片

　　很多人都知道干柠檬片能够散发香味，泡水喝还能起到排毒的功效，其实，不仅仅如此，柠檬片也是很好的除臭剂。将干柠檬片放在一个小盘或者小碗中，放在卫生间的某个角落，能够防霉除味，但是不要直接放在瓷砖上面，容易染上印迹，不容易清除。

5 芳香饰品

　　市场上经常会有一些形状奇特，但是能够散发芳香的小饰品，如蜡烛、熏灯之类的，还有一些瓶瓶罐罐之类的小饰品，能够在里面存放香片、干花瓣等等，如果将它们搬入卫生间，不仅能够装饰卫生间，还能起到除湿、增香的效果，非常实用。当然，还有一些小香贴、洁厕香泡等都是马桶、卫生间除臭的好帮手。

6 清洁马桶

　　其实，说到底，卫生间异味的始作俑者多半是马桶，如果长时间不清洁，就会产生异味，给我们的家庭生活带来麻烦，因此，马桶的正确使用和定期清洁是保持卫生间没有异味的第一步。用完马桶后一定要及时冲水，冲水之前，要将马桶盖盖上，然后冲水，这样能够更加卫生。而马桶的清洁是每周必须做的工作，使用除臭型的清洁剂，用马桶刷每隔两天刷洗一次，这样能够更好的杀菌、消毒、除臭，不仅卫生，而且芳香。

7 换气

说了这么多方法，其实最简便易行的方法是经常开窗换气。即便是在寒冷的冬天，也不要为保暖而门窗紧闭，密不透风，一定要开窗户，尤其是在方便完之后。而为了保持室内空气清新，可以在卫生间安装排气扇，或在下水道口装上一个防臭器，这样就可大大降低或消除卫生间的异味。

厨房，实
用搭配有
窍门

在厨房装修之前，往往会有一幅厨房设计图展现在我们眼前，在第一眼看到设计图纸的时候，鲜艳的色彩，唯美的装饰往往让我们不由自主地欣喜，但冷静下来后，不妨思考一下，这是否真的适合厨房装修功能需求，在使用搭配上是不是真的符合，这其中是有窍门的。

使用方便是厨房的装修原则

很多人在进行厨房装修时，会过分注重厨房装修的美观，而忽视厨房装修最重要的原则——使用方便。即便装修得再漂亮，但使用起来极其不方便，那再好看的厨房也不会让人感觉舒适。为了符合方便使用的原则，需要注意以下几点。

◎厨房的设计从减轻劳动强度、方便使用来考虑，合理布置灶具、抽油烟机、热水器等设备，充分考虑这些设备的使用便捷性，灶台的高度设置在70cm为宜。抽油烟机的高度要以主人身高为标准，与灶台的距离不要超过70cm。

◎家具的设计，要依据居室主人的身材制定，矮柜可以做成抽屉式的，方便取东西，壁柜不要太高，不利于拿取，当然，安全是最主要的。

◎厨房的墙壁、吊顶一定要考量抗热、抗火，并且最好选用釉面瓷砖墙面、铝板吊顶等，方便清洗也比较安全。地面则要使用防滑、利于清洁的陶瓷块材地面，颜色最好素雅。

◎冰箱、微波炉、洗碗机等摆放在厨房合适的位置，方便自己的开启和使用原则，同时不应该影响采光、通风和照明效果。

◎为了更安全的使用，可以把安装在墙壁上的吊柜和抽油烟机等有棱角的东西都用一些玻璃纸或者塑料包住棱角，避

厨房设计

免磕碰。

◎厨房装修一定要考量防水的问题，尤其是组合式橱柜，要在橱柜的底座部分做一个 10cm 左右的砖台，避免橱柜被水浸泡。

◎橱柜台面的选择也不能只考虑漂亮，还要考虑是否坚硬，承重量是否高，这样才能方便使用，并且避免造成伤害。

厨房装修的注意事项

厨房在装修的时候，出于家庭使用方便考虑，需要注意一些问题。

1 管道防护

厨房管道较多，如果要将暖气管、上下水管管道保护起来，最好用水泥板包起来外贴瓷砖，高处的管尽量藏到吊柜或者吊顶内，避免危害。

2 操作顺序

根据洗、切、炒的顺序，在厨房装修的时候，水槽、台面、燃气灶最好按照这个顺序安装，不要穿插安放，避免使用不便。

3 开放厨房需谨慎

中国人的饮食习惯也导致在烹饪的时候，油烟较多，因此，如果要营造某种时尚气息，安装开放式厨房，就需要考虑这个问题，尤其是每餐都在家做饭的人群来说，最好慎重选用开放式厨房，避免油烟污染。

4 尺寸制定

在装修厨房前，一定要先让橱柜厂商到厨房丈量尺寸，绘制图纸之后，再进行装修，避免尺寸不准而使橱柜接口对不上产生纠纷，一定要事先处理好。

5 水改造需小心

对于一些没有热水管道的厨房而言，在改造的时候，要增加热水管道，这个时候，水路只能改上水，不能改下水，避免出现水路问题。

6 煤气改造找专业公司

煤气与天然气管道因受房屋结构的限制，一般不要随意改动，如果不得不改，必须经过物业的同意，并且找煤气、天然气公司或物业公司指定的专业公司负责改动，避免纠纷。

如何做到布局合理

通常情况下，厨房面积比较小，在布局上一定要合理，以操作顺序为流程的布局，能够减少往返，避开同时操作的拥挤，合理利用空间，我们应该如何布局呢？

1 组织空间

任何厨房设计，都是以食品贮藏、清洗和烹调为依据的，因此，厨房的3个主要设备炉灶、电冰箱和洗涤槽的布置显得尤为重要，这3个活动区域最好设计成一个三角形，而三角形的三边之和应不超过6m，这样更方便使用。

2 充分利用上方空间

厨房的空间体积往往比较小，要充分利用，在设置上，可以充分利用立体空间，作一些吊柜、吊架、小壁柜等，能够发挥储物功能，并且不影响下方空间的使用。

3 3种设置推荐

◎ "一"字形单排设置，按洗涤槽、案桌、炉灶的顺序一字布置，操作起来更灵活，方便，对于狭长形厨房来说，是一种

厨房要布局合理

非常实用的布置方法。

◎ "L" 形方形布置，洗涤槽防止厨房一侧，炉灶偏里靠侧墙，池灶之间以案桌相连，让洗、切、烧互不干扰，对于方正一点的厨房而言，很适合。

◎ "二" 字形布置，将洗涤槽、案桌、炉灶分列两侧，使用起来也比较方便，适合有两道门的厨房，当然，厨房面积要稍微大一些，否则施展不开。

增加储物空间的重要性

厨房往往是杂物较多的地方，我们又不能将所有的杂物全部摆放在台面上，因此，增加厨房的储物空间显得非常重要，我们该如何做呢？

1 学会隐藏

为了保证有一个整洁的厨房，在对厨房进行空间设置的时候，要划分好隐藏式收纳空间，开发储物装置，让零乱的东西能够隐藏起来。

2 使用隔板

为了让一些酒具、精细陶瓷展现出来，可以选择隔板层架，悬空金属支架、玻璃支架等，都能够很好的陈列物品，并且存放物品，当然，一定要坚固，避免碎裂。

3 增加架子

较小的厨房不适合做满墙的吊柜，可以用架子来解决收纳问题。可以将一些体积稍大一点的物品放到架子上，利用上下空间，存放物品，让操作台面显得大一些。

4 分区设置

合理化的功能分区能够凸显橱柜功能，用不同材料打造不同的隔断，可以让物品一目了然，避免了四处翻找的麻烦，既整齐，又能提高生活效率。

5 墙壁吊柜

对于一些有足够空间的厨房来说，要充分利用角落和上层空间，安装吊柜，用来收纳物品，并且加以区分，要用的东西及时处理，避免杂物堆积。

6 挂起来

为了让有限的厨房空间能够发挥无限的作用，可以将一些物品，如炒勺、毛巾等挂在墙壁上，这样能够有效节省空间，并且方便我们拿取使用。

安装通风设备

通风是现代化厨房设计装修的要点，为了避免大量油、汽、烟等有害气体对人产生的危害，保持厨房的通风，配置相应的排烟设备，是厨房必须考虑的。

现在抽油烟的设备主要有排风扇和抽油烟机两大类，排风扇结构比较简单，也容易拆洗，而抽油烟机则结构较为复杂，清洗比较困难，这需要根据居室主人的喜好来安装。

抽油烟机的安装一定要合理，最好进行吸力测试，可以用"风速计"进行测试。如果抽油烟机吸力处风速低于0.5m/s，就对油烟没有吸力。一般情况下，抽油烟机没有装烟管前吸力最大可以达到3.5m/s，离抽油烟机45cm处大约是0.5m/s，因此，在安装抽油烟机的时候，最好考虑安装位置，让吸力最大化。

Tips：

虽然排风扇也能很好排除油烟，但现在大多数家庭都用抽油烟机代替排风扇，填补了排风扇的一些排烟缺陷。如果家庭使用排风扇，最好按照居室最上方，能够更好地将油烟排放出去，选择功率较大的比较容易排除油烟。

合理安排抽油烟机位置

不留死角的装修技巧

为了让厨房装修不留下死角，并且没有遗憾，在装修的时候，有一些技巧能够避免这些事情的发生，我们来了解一下。

◎预留冰箱位置。我们通常是先装修完成之后，再摆放电器，而厨房最大的电器莫过于冰箱，因此，在装修之前，要预留冰箱的位置，冰箱的宽度、长度，都要预留出来，最好能够有富余的空间，有利于冰箱散热。

◎人造台面开孔要注意。人造台面的开孔位置一定要根据自己的规划，不要随意听信工人的说法，避免面窄盆大。

◎橱柜、抽油烟机同时安装。为了避免抽油烟机和橱柜在安装时候出现问题，尤其是一些缝隙，最好先测量大小，同时安装，避免遗憾。

◎橱柜多加隔板。为了增加橱柜的收纳功能，在定制橱柜的时候，最好能多增加隔板，方便存储。

◎测量橱柜水槽尺寸。厨房水槽的尺寸是由龙骨间距决定的，在装修的时候，要先了解尺寸之后，再做龙骨，避免大小受限，出现装修问题。

◎预留案板位置。厨房装修的原则是实用性，因此，在装修之前，一定要预留案板的位置，不能为了省事，紧贴管道安装灶台与洗菜盆，使洗菜盆与侧墙的距离太小，没有案板摆放位置，这样就会让人在操作的时候，非常别扭，需要事先设计。

◎选用优质五金。橱柜上的五金件可以说是整体厨房最重要的组成部分，如果质量太差，装修完不到一年就会出现问题，因此，在定制橱柜时，一定要选用优质五金。

橱柜的设计与安装

橱柜的设计与安装也是厨房装修必须先精确测量的，在设计和安装的过程中，需要我们按部就班。

◎平面图。在设计橱柜的时候，需要先让设计人员测量厨房尺寸，并且确定橱柜位置，然后出示橱柜的平面及立面的详细图纸，并确保所做柜体能符合实际的厨房尺寸，不能随意缩小和放大尺寸，避免安装时出问题。

◎安装前先清理。在安装前，要将厨房场地清理干净，一些影响橱柜安装施工的障碍物一定要清除，然后才能进行安装。

◎安装吊柜。安装吊柜要先在墙上开洞安装两个挂片，等挂片固定好之后将柜子挂上，对柜子进行水平调整，确保柜体之间的对称，保证分毫不差，以免使用过程中发生倾斜。

◎安装下方柜子。下方柜子相比较来说更不容易安装，对尺寸精度要求更高，要将现场装配好的柜门，逐个的安装至柜体，并固定好位置，然后调整铰链，调节柜门开启度，安装好后，还需适当调整，保证上下边在一条直线上。

> **Tips：**
> 橱柜拉手是看橱柜安装是否得体的标准，如果拉手在门板上的位置一致，并且上下平齐，那么就是正规的橱柜安装。

◎铰链上安装阻尼。柜门安装完成后，还要在铰链上安装阻尼，减少柜门开启时造成的碰撞。

◎组装抽屉。抽屉一般是事先在加工好的，现场组装即可，确保抽拉顺畅。

◎台面安装。台面在橱柜设计前就可订购，也要按照图纸的设计安装，先按照尺寸打磨台面，然后将废台面石料及时清除干净后再安装，而接缝处的处理一定要不留痕迹。

◎安装灶台。灶台安装之前要先确定好在台面上开洞的尺寸，然后将灶台管道连接好，打火实验没问题后，再用密封胶固定密封，避免返工。

◎安装水槽。安装水槽同意是要先确定好台面上开洞的尺寸，洞的边缘要仔细打磨，并且保证水槽与台面连接缝隙均匀不渗水。

◎安装水龙头。安装水龙头需要注意的是上水连接不能出现渗水现象。

除此之外，微波炉、消毒柜等电器的安装最好能同步进行，让整体更加美观大方。

开放式厨房的装修注意事项

开放式厨房是现在很多家庭选择的一种厨房装修方式，虽然开放式厨房能够扩大视野，但是也有一些缺点，如不能很好地阻挡油烟扩散，就会造成家具油烟堆积之类的问题，因此，在装修开放式厨房时候，需要注意一些问题。

1 油烟

◎大功率多功能的抽油烟机是开放式厨房不可缺少的，一定要选择功能和质量都非常好的抽油烟机。

◎开放式厨房的台面要保证美观，要将一些炊具放到橱柜中，让整体感强。

◎通风也是开放式厨房的关键，一定要确保良好的通风，减少室内油烟味。

2 风格

开放式厨房讲究的是餐厨客一体，因此，在装修风格上，要与客厅、餐厅风格协调，家具也要风格一致，让整体更融洽。

3 预留空间

开放式厨房也要摆放餐桌椅，但是也要预留烹饪操作空间，最好椅背和橱柜的距离保持在 1m 以上。

4 地板

开放式厨房所选用的地板材质一定要防滑、防水，并且方便清洁，最好不要采用实木地板，容易受热变形，选用防滑耐磨的瓷砖比较适合。

5 家具

家具的选择也一定要选择不易吸收油烟的金属或木料，不要选择塑料材质的，容易吸油，也不要在厨房附近使用。

Tips：

　　厨房朝向最好坐北向南，可以选择开放式厨房，朝西的厨房最好不要设置成开放式厨房，下午西晒会导致开放式厨房温度更高，更不容易排风散热。

根据面积选灶台

　　现代的灶台包括灶具、水盆和操作台 3 部分，基本都在同一水平高度。灶台的高度与宽度应以人体工程学原理为依据，过高或过宽都不适宜。当然，我们也要根据厨房的面积来选择合适的灶台。

　　一般而言，灶台高度往往在 0.86 ~ 0.89m 之间，也有稍微高一点的，为 0.94 ~ 1.00m 之间。宽度为 0.47 ~ 0.5m 之间，也有 0.55 ~ 0.62m 之间的。但是，出于人体自然弯曲考虑，台面外围弧度直径最宽不要超过 0.62m，最窄也不能低于 0.47m。

Tips：

　　目前市场上假冒伪劣产品较多，设计结构也不合理，因此，在选择的时候，要选择有商标、正规厂家的灶台，让使用更方便。

灶台

厨房布置7要点

　　厨房虽小，但是布置起来并不会比其他功能区更容易。厨房的厨具、家具、家电都要布置妥当，这样才能保持厨房的安全和实用。布置厨房，下面这七个要点一定要谨记。

1 设置中心工作台，有效利用空间

　　现代家用电的多样化，使厨房的空间变得越来越拥挤，因此设计一个中心工作台非常必要。中心工作台，可以集储物、备餐、烹饪于一体，家人和朋友也可以一起进厨房帮忙，一边做饭一边聊天，共同分享做饭的乐趣。而且在中心工作台，可以减少人们频繁拿取东西的时间，做饭比较快捷。

2 配置专业的厨房设备

　　如果喜欢做饭，或者家里经常宴请朋友，那么配置专业的厨房设备是非常必要的。比如可以折叠的绞肉机、带有电子秤的备餐盘，以及在橱柜的台面下面安装加热盘，这些都是简单又好用的厨房必备工具，可以让我们的备餐工作更方便，又能够使食物更加美味可口。

3 选择适宜的尺度

　　厨房中各种用具的设计应该按照人体工程学进行设计，可避免操作疲劳，取物不便和易碰撞等问题。比如操作台的高度一般为 780 ~ 850mm，吊柜高度应既不影响台面操作，又方便取放吊柜中的物品，以不碰头为宜。操作台的宽度以操作方便和适宜的储存量为原则，一般在 450 ~ 600mm 左右。

4 注重厨房照明

　　厨房的照明很重要，合适的照明可以避免很多危险和不便。一般吊柜下方、吊柜和地柜内部、天花、烹饪区都应该安装照明设备，不要为了节省电路改造费用而舍弃这些照明。柜子内部灯的开关应该和柜门开合相连，使用起来更方便。操作区的照明尤其需要注意，使用刀具或其他烹饪工具时最容易发生危险。

5 分区域分类收纳物品

　　厨房的物品非常多，最好是分类收纳。一般先分好区域，再考虑抽屉或者柜子内部的分类，一般常用的物品放在最容易拿取的位置，不常用的物品放在柜子比较深的位置。小件的物品使用抽屉来收纳。拉篮、分隔件都是厨房收纳的好帮手，可以让厨房的分类存储更容易。

6 厨房通风很重要

　　厨房是人们做饭的地方，会产生大量的气体、油烟、湿气，因此良好的通风条件可以保证厨房的卫生洁净。厨房中一般要安装排气扇、排气罩、脱排油烟机等，色彩最好与家具的颜色保持一致。

7 采光与色彩选择

　　一般来说，厨房空间大，采光好，可以用吸光性的色彩，即冷色、亮度低、彩度小的色彩。如果厨房空间小，采光不足，那么适合用暖色、明度高、彩度大的反光性的色彩。

Tips：冰箱摆放有何讲究？

　　如果从风水学角度讲，冰箱摆放在厨房最好，有利于五行平衡。但现在大多数家庭的厨房空间有限，冰箱被移到了客厅或是餐厅，如果抛开五行之说，冰箱在摆放上有什么需要注意的事项呢？

◎ 远离其他电器。在摆放上，不要让冰箱与电视、音响、烤箱、电热器等靠得太近，因为其他电器运转过程中产生的热量，会增加冰箱的耗电量。除此之外，冰箱还要远离一切热源，包括阳光直射，一切热能都会增加冰箱的负担。

◎ 四周有效隔离。在摆放冰箱时，两侧应预留 10cm 左右的距离，后侧要预留 10cm 距离，这样能保证冰箱充分散热。此外，冰箱所在的区域最好是通风散气顺畅的地方，以保证冰箱所散发出的热量顺利流走。冰箱顶部不宜放任何物品，有的家庭习惯把微波炉或是烤箱放在冰箱顶部，这也会影响散热，应避免。

◎ 定期清洁。冰箱与厨房中的所有用具一样，需要定期清洁。不仅要擦拭冰箱外部的灰尘和污垢，还要处理冰箱内部的结霜。冰箱用久了，不论是冷藏室还是冷冻室，都会出现结霜的现象，有的家庭几年不清除结霜，最后会连放东西的地方都没有了，而且结霜过多会徒增用电量，因此要定期给冰箱的内外部做清洁。

厨房家具选择与布置原则

　　厨房家具是保证厨房功能性的关键，也是体现厨房风格的装饰，因此厨房家具的布置也很有讲究。一般厨房的家具包括带冰箱的操作台、带水池的洗涤台以及带炉灶的烹调台，这 3 个部分的合理布置是厨房家具布置成功与否的关键。厨房家具的布置一般遵循以下几个原则。

1 选择亮色彩

　　厨房是家庭烹饪食物的区域，厨房家具一定要表现出干净的氛围，同时人们也会在厨房中，或在厨房旁边设计就餐区，因此家具的色彩还要能够刺激人的食欲。一般灰度较小、明度较高的颜色比较适宜，如白色、乳白色、淡黄色。而橙红、橙黄、棕褐色是非常能够刺激人食欲的食物，选择这些颜色也不错。另外就是厨房家具色彩的选择还要依据家居的整体风格和个人的喜好。

2 选择高明度

　　明亮的光线总是让人身心愉悦，而明度较高的色彩可以调节室内的光线，使厨房更加明亮整洁。因此厨房家具最好选择明度较高的家具，让人在烹饪时感受到快乐，在就餐时吃得愉快。同样明度较低的色彩很难分辨干净与否，让人产生不洁净的感觉。

3 距离适中

　　家具与家具之间，家具与墙面之间的距离要适中，这样才能更好地在厨房中进行操作。比如水池或灶台距离墙面至少要保留 40cm 的侧面距离，才能有足够空间让操作者自如地工作；水池与灶台设计在同一流程线上，并保持适当的距离，这样更符合先洗涤后加工，最后烹饪的流程。

4要点帮你挑选橱柜

橱柜是家庭厨房内集洗、烧、储物、吸油烟等综合功于一身的设施，包括吊柜、地柜、台面和各类功能五金配件。橱柜与我们每天生活息息相关，挑选好的橱柜是装修中的大事。下面这 4 个要点可以帮我们挑选出最适合自己的好橱柜。

◎ 耐热、防潮、防霉是关键：厨房是个特殊区域，水火并存，污染严重，因此橱柜必须具备耐热、防潮功能。在购买前我们要问清楚是否是防潮、耐火板。另外橱柜内部的角落是最容易发霉的地方，也很容易招致蟑螂，所以购买前我们要问清楚是不是有防蟑静音封边，有防蟑静音封边的橱柜，柜门关闭时可以缓解冲击力，因此噪音小，同时还可以防止油烟、灰尘、蟑螂等进入，保持橱柜内部的清洁。

◎ 注重橱柜的质量：橱柜的材质和做工代表橱柜的质量，不同的材料做成的橱柜价格不一样。另外一定要仔细观察橱柜的台面板、柜门、柜体和密封条等是否经机器模压处理，经过处理的橱柜在使用中不会开胶、起泡及变形。另外橱柜生产的流水线也很重要，一般手工制作或半机械化制作的产品质量不稳定，容易出现一些质量问题，而大品牌的流水线作业效果要好一些。

◎ 注重五金件的质量：橱柜五金件的质量关系到橱柜的使用寿命和价格。挑选时要关注支撑脚、接地封边和其他组件。支撑脚和接地封边要选择不易生锈、不易腐蚀的金属材料，拉手、滑轨等要选择润滑度好，不易生锈和划伤的金属。另外，最好选择具备缓冲功能的铰链，避免门板合上时产生噪音。

◎ 良好的设计：橱柜的设计是否合理、人们使用时是否方便、高度是否适中，在选择橱柜时都是要特别关注的问题。由于进厨房的大都是女性，因此存取物品的最佳高度为 95 ~ 150cm，平面操作台深度为 40 ~ 60cm，而吊柜与操作台之间的间距为 55cm 以上。另外选择橱柜还要依据自己在厨房中的活动路线，看橱柜的设计是否满足自己的最优活动路线，以有效利用时间，节省体力。橱柜的色彩与光泽要符合厨房的风格，并营造出洁净宜人的环境。

Tips：聪明选购吸油烟机。

吸油烟机是现代厨房的必备品，可以将厨房内产生的热气、油烟排出，从而保持厨房的洁净卫生。但是市面上的吸油烟机种类繁多，而且选购不合适的吸油烟机不仅吸油烟的效果差，而且还会滴油漏油，清洗也非常困难。如何选购合适的吸油烟机，摆脱这些烦恼呢？下面教你几招聪明的选购办法。

1. 看排风量

排风量是吸油烟机的主要质量指标之一，大风量的吸油烟机能彻底吸排油烟、废气和异味，是改善厨房空气条件的重要手段。同时也要观察其拢烟腔和排烟口，拢烟腔大而深的油烟机，吸烟效果相对要好，排烟口越大，吸排烟速度就快，吸烟效果就好。不过排风量也不是越大越好，排风时会带走过多的热量，从而影响炉灶燃料的正常发热量，因此要根据自己厨房的实际需要选择合适的排风量。

2. 看电机功率

吸油烟机的风机系统运转效率是决定风量吸力大小的关键所在，市面上普遍电机功率在180 ~ 220W 之间，相对而言功率越大吸烟效果越好。如果既要美观又经常做饭，那么可以选择功率大一些的吸油烟机，如果做饭较少，选择功率小点的油烟机也可以。

3. 听噪音

噪音也是衡量吸油烟机质量的一项指标，我国的吸油烟机一般为多叶离心式风机，分贝较高，根据国家标准，应该控制在 70dB 以内。购买时可以通过开机试听来判断。现在很多商家声称自己的吸油烟机超静音，由于吸油烟机的噪音主要是高速旋转的叶轮与空气摩擦产生的，叶轮旋转速度越快，噪音越大；叶轮旋转越慢，噪音越低，因此超静音的吸油烟机现在技术上还达不到，只是通过降低吸油烟机的转速来降低噪音，消费者在购买时要注意。

4. 看虑油装置

使用时间较长的吸油烟机常有滴漏污油的现象，所以一般吸油烟机都设有滤油装置。滤油装置可分为这几种：单层或双层铁丝网，装在吸入口前面，可定期拆下来清洗，一般双层的更好些；迷宫式滤网，利用碰撞原理过滤油烟，可定期拆下来清洗，过滤效果比前种好；通过风机的离心作用把油污甩出，然后沿油槽流入可拆卸油杯，这种比较实用，清洗次数少。

5. 看吸风口个数

吸油烟机的吸风口有单眼的和双眼两种，单眼吸油烟机中有一台电机和风机，一个入风口。双眼吸油烟机是两台电机和风机，有两个入风口。根据家中是单眼炉灶还是双眼炉灶来选择单眼或双眼的吸油烟机。

6. 看功能

并不是功能越多的吸油烟机效果就越好，一般操作简单，功能简单的吸油烟机效果更好些。

7. 看品牌

吸油烟机和其他家电一样，要选择好品牌，不仅能够保证优良的产品，还能够提供完善的售后服务。

吸油烟机的虑油网、内腔都要进行清洁的，因此不要轻信有免拆洗的吸油烟机；所谓自动清洗的吸油烟机，只是在吸油烟机内部装个清洗喷嘴，这种需要每次清洗，非常麻烦，而且效果并不理想；选购吸油烟机时，要选择内腔无积缝的，清洗起来方便。

厨房分区布置便利多多

厨房是用来展示厨艺的场所，环境的舒适、用具的齐备是让自己发挥所长的必要条件，用具可以通过购买，但环境需要营造，而布局的合理正是营造环境的第一步。为了能够让环境更适合自己发挥，就需要从细节出发，将厨房进行更合理的划分，工具、洗涤、蒸煮各归各位，取用的时候才能更方便。

如果从功能上将厨房分区并使其符合使用习惯，我们可以将厨房分成洗涤区、备餐区和烹饪区，而餐具和锅具的存储也需设置专门的空间存放。

1 清洗区域

这个区域能够让食材以及餐具干干净净，主要组成部分是水槽和水龙头，为了方便使用，最好设置高耸伸缩型水龙头，在防止水龙头过低碰到堆叠餐具时，还让水源跟着需求走。水槽最好采用防水、防潮、防冲击的不锈钢材质，容易清洁并且比较经久耐用。

为了安全的进行厨房工作，水槽与冰箱最好能保持 1 ~ 2m 的距离，而水槽后背则需留出 30cm 的活动范围，从而满足使用者的操作需要。

> **Tips：**
>
> 　　在清洁区域可以设置一些金属杆或者挂钩，利用墙面空间沥干餐具，还能够收纳一些常用物件。水槽下方需要设置水槽柜，可放置洗涤剂等清洁用品。

2　准备材料区域

这个区域主要是对清洗好的食材进行加工，为烹饪做好准备。这涉及到削皮、切菜、码盘等，根据需求出发，这个区域最好能够有足够的空间，不仅仅能够放下案板，最好还能有空余的地方，能够摆放碟盘。

出于功能性考虑，这个区域的台面最好使用人造环保石或者瓷砖等防水防潮材质，在使用前后，最好能用干净的抹布擦拭，保证卫生。

> **Tips：**
>
> 　　在这个区域靠近角落的地方，可以摆放料理工具，尤其是刀具，使用起来更得心应手。而上方的墙壁空间也可以利用起来，挂上几个挂钩，可以存放锅铲、勺子等物件。而再往上的空间，可以做玻璃隔板和储物柜，嵌入式的最好，如果无法嵌入，要考虑个人身高问题，以免太低抬头的时候被撞倒，或者太高不方便拿取。这个空间就可以存放杯、碟等物品，让厨房整洁。

3　烹煮区域

烹煮区域一般比较简单，炊具和吸油烟机就占据了整个空间。当然，如果这个区域的空间够大，还可以摆放调味剂，以免在烹饪中措手不及。如果再有多的空间，可以在旁边设计一个小书架，摆上一本菜谱，随时参考，这样就更完美了。灶台下面最好有地柜，可以摆放各类炒锅厨具，方便拿取。

为了让整个厨房免于油烟的困扰，这个区域最关键的吸油烟机的选择至关重要，大功率的平板抽拉式吸油烟机是厨房首选，能让厨房其他物品在烟雾缭绕的环境下幸免于难。

> **Tips：**
>
> 　　炒菜必备各式"武器"，如铲、勺等如果能依序悬挂于灶台前的挂架上则最为方便，但如果不能，也需要就近摆放。

除此之外，厨房中冰箱、水槽、炉灶三点之间的距离如果在 4 ~ 6m 之间能够省去操作过程中往返的路程，还能节省时间，这也是厨房设置需要考虑的范畴。

厨房收纳7妙招

厨房是各种瓶瓶罐罐最多的地方，也是最不好下手的地方，有时候会觉得，厨房这个地方，是越收拾越乱，想找的东西找不到，收拾完的东西还经常要用，真的是很烦人，索性就不收拾了，让它们都摆在那儿好了。虽然，这样方便使用，但是家人和朋友经过厨房，看着这片脏乱，叫人情何以堪！因此，我们还是不要要个性了，切切实实掌握一些妙招比较有用！

1 充分利用角落

首先，让死角变活角。在厨房的一些死角的立方空间，做一个伸拉储物柜，用的时候轻轻拉卡门板，就可以存取物品了。其次，还可以利用立方空间做三角吊柜，让厨房有一个展示餐具的收藏空间。再次可以在角落的地方设置有玻璃的隔板，放茶叶、咖啡、烹饪书。最后，还可以在角落设置上掀式方形橱柜，也可以收纳很多物品。

2 好好使用抽屉

抽屉是厨房收拾比较有效的去处，滑动的抽屉比固定不动的架子要好拿取物品，因此，可以将一些比较沉重的厨具放在厨房抽屉中。为了将各类厨具固定好，还可以利用小木桩固定。而抽屉内部合理分区，就可以借助不用的鸡蛋纸壳板、装饼干的小铁盒等，可以用来分隔厨房各种小物件，如夹子、剪刀等。

3 不忘灶台下方空间

灶台下面的空间是非常好的收纳以及储物空间，可以放一些比较大件的厨具，砂锅、蒸锅等，可以充分利用。当然，还可以用简单的一两层隔板将灶台下面分隔开来，根据个人需求，调节隔板高度，让收纳更方便。

> **Tips：**
> 需要注意的是，灶台下面最好不要摆放粮食、坚果以及已经开瓶使用的调味料，因为在烹饪的时候灶台的温度往往比较高，并且很容易传递到灶台下面，为了防止这些物品因受热而缩短使用寿命，最好不要放在这个位置。

4 就近收纳

很多厨房都有整体吊柜和地柜，并且在吊柜和地柜之间还有金属网篮，可以放置调料和筷勺。在收纳的时候，就需要注意就近收纳，将最常用的餐器、厨具、调料和原材料，集中摆放离灶台相对较近的地方，这样在烹饪的时候也方便拿取，做完之后也方便收纳。

5 分类细小物件

细小器物的摆放是比较繁琐的事情，但将它们分类，再进行摆放就简单许多。例如咖啡杯，可以将托盘撤下来，侧过来排队摆放在一个抽屉中，而杯子则放在另外一侧，这样即便是要随时使用，也容易配对，不用到处寻找。而汤勺也可以侧过来排队摆放在抽屉，另外一侧则摆放汤碗，非常容易，还能保证小器物能回到自己的集体宿舍，不与其他物品混居。

6 瓶罐收纳粮食

无论是米，还是豆子，都怕潮，用大小合适的瓶罐存放这些五谷杂粮是非常方便的。当然，也可以用喝完水的矿泉水瓶，这些瓶子不仅轻便，还不容易打碎，并且透明，存放五谷能够一目了然，不需要开罐看就能够找到，需要注意的是，自己能够在每个瓶罐上贴上购买日期，以免过期。

7 保证地面干净

为了让收纳卓见成效，地板的卫生是必须注意的，当然地板颜色的选择也是非常重要的。如果厨房地板颜色较深，就会显得厨房很暗，无论怎么收拾都无法有敞亮的效果，如果颜色太鲜艳夺目，那就会显得太过夸张，增强凌乱感，因此，最好选择素色的地板，不仅会让你的收纳事半功倍，在出现污渍的时候，也能快速清理，节省清洁的时间。

盘点改造厨房的小工具

1 吊杆 +S 钩

这套组合屡试不爽，不仅在厨房，在卫浴间也是收纳的最佳工具。它们本身占地少，使用方便，而收纳的作用却是出奇地大。大至炒锅、奶锅、饼铛，小至各类铲子、勺子，都能挂在墙壁上，不必大费周折地计算橱柜的空间够不够存放各种各样的锅，也不用每次使用都开关橱柜门。挂在吊杆上，用时取下来，用后挂上去。但需要注意吊杆的最大承重，别让挂上去的东西把吊杆拉跨。

2 布帘

布帘是用作遮挡的，在厨房里，有哪些区域需要布帘帮忙呢？

定做橱柜时，在你经常使用的区域可以不安装柜门，而改成悬挂布帘，布帘的好处是更加透气通风，避免柜内的物品受潮发霉。而且更加方便拿取，不用每次都开关柜门。你可以把常用的调味料、碗筷、碟盘放在这个区域，通风又防尘。

3 废弃的纸盒子

现在饮食非常注重营养搭配，每个家庭每天要吃上好几种蔬菜，大包小包从菜市场购物回来，放在哪儿呢？摆在台面上，不卫生又显得凌乱，很多蔬菜未清洗可能带着土，弄脏了台面还得费事擦。把废弃的纸盒子稍作规整，放在厨房的进门处，蔬菜都放在里面，吃什么拿什么，吃不完的需要保鲜的放进冰箱，不需要保鲜的继续放在里面，即使根茎上落了土也不碍事，而且剩了什么蔬菜，不需要再买什么菜一目了然。

餐厅，与厨房紧密相关

虽然餐厅和厨房是各司其职的，一个是家人聚集在一起吃饭的地方，一个是为家人制作美食的地方，功能有所不同，但是，餐厅与厨房的关系却非常紧密，两者紧密相关，相互影响，相互呼应，在装修上，也是如此。

餐厅色彩搭配要合理

餐厅是一个让家人享受美食的场所，需要干净清爽，而在装修之前，需要考虑色彩搭配的问题，只有搭配合理了，才能让家人心情愉悦，更快乐地进餐。

1 清爽为主

为了增进家人的食欲，给人以温馨舒适的感觉，在色调的选择上，尤其是主色调的选择，最好是选择清爽明快的色调，如橙色系列的色调，就能让餐厅更舒适，让家人心情更好。

> **Tips：**
> 当然，色调也不能太复杂或者太厚重，让人思绪跳跃或者沉默，影响进餐。

2 家具需配色

对于厨房的家具，如餐桌、椅子之类的，最好选择天然木色等稳重的色彩，避免过于刺激的颜色。而为了避免过于单调，可以在台布上做文章，选择清新的单色或者红白相间的颜色，让整体更明快。

餐厅色彩搭配

> **Tips：**
> 　　在选择家具的时候，要先考虑地面颜色，地面是餐桌的背景，因此，餐桌的选材和颜色要以地面为依据，让两者能够产生相互衬托和相互辉映的感觉，才能避免视觉杂乱。

3 慎选冷色调

　　无论是餐桌还是其他家具，餐厅的各种物品最好不要选择冷色系材质的，如大理石、玻璃、瓷砖、铝片、不锈钢等，这些材质的物品看起来就让人感觉很冰冷，不利于增进食欲，因此，在装修餐厅时，最好不要选择这个色系。

> **Tips：**
> 　　为了避免餐厅过于单调，可以在餐桌旁的墙上挂一幅与食物相关的静物画，如蔬菜、水果、茶壶等，能增加视觉美感。

4 避免艳丽花卉

　　有些人会在餐厅摆放各种花卉，希望能够增添春意，但是，色彩艳丽的花卉如果摆放在餐厅，尤其是散发浓郁香味的花卉，就会刺激人的味觉，甚至引起反胃，因此，最好不要为了凸显某种情调而随意摆放，影响整体色调。

> **Tips：**
> 　　如果想要摆放植物，可以选择在餐桌正中摆放铁树、开运竹等的盆栽植物，让餐厅具有生气，但是吃饭的时候，最好拿开，避免影响就餐氛围。

巧妙布置温馨用餐环境

　　餐厅的布置要求注重明亮舒适，以营造出温馨的用餐环境，一些细节处的搭配与布置，让餐厅变得和谐优雅，餐桌上的装饰带给人浪漫的享受，让用餐不仅是满足口腹之欲，还是一种美的享受。

1 餐桌椅搭配和谐

　　餐桌椅的搭配可以体现整个餐厅的风格，如果餐桌椅搭配不协调就会使餐厅显得很乱。比如木制的餐桌最好搭配木质的餐椅，而大理石的餐桌最好搭配皮质的沙发椅。餐桌与餐椅的颜色一致，这样才能形成和谐的用餐环境。

2 干净整洁的环境

　　不论是独立的餐厅还是与厨房连在一起的餐厅，都要求餐厅呈现出干净整洁、简单明亮的用餐环境，这样才能使人感觉到身心愉快，刺激人的食欲。

3 软装的魅力

简简单单的餐桌，经过一块温馨素雅的花格桌布的装点，立刻变得充满乡村的味道，而餐椅上的坐垫是同样花色的格纹布，餐厅看起来充满自然的风情。

4 灯饰的作用

餐厅的照明可以将人们的注意力集中到餐桌上，餐桌上的照明以吊灯为佳，灯具的造型力求简洁、线条分明、美观大方。灯光要求明亮柔和，既能衬托餐桌与食物的美观，又能让人感觉到温馨的家庭氛围，这样的灯光有助于家庭成员之间的感情交流。如果餐厅中有玻璃柜，里面展示精致的餐具、茶具及艺术品时，如果在柜内装小射灯或小顶灯，能使整个玻璃柜玲珑剔透，美不胜收。

5 花卉元素

干净整洁的餐桌上如果能够摆放一只花瓶，花瓶中插着浪漫的花卉，会让整个用餐的过程沉浸在浪漫优雅的氛围中，带给人美的享受。如果使用的餐具中带有花卉的图案，也会收到很好的装饰效果。

6 格调统一

餐厅的布置要注意设计一个主题，使其具有一个统一的格调，地板的颜色、桌子的形状、桌布、灯罩、坐垫的花色等都要协调一致，为餐厅营造出独特的韵味。

用餐环境的布置

合理摆放餐厅家具

　　餐厅是人们在家庭中享受美食的空间，温馨、舒适的就餐环境不仅能增强食欲，还能让人放松心情，感受家庭环境带来的浪漫与温情。餐厅家具的合理摆放，能够营造出融洽的用餐环境，促进家人和睦相处，让家庭生活幸福美满。不论是独立的餐厅，还是与客厅相接的餐厅，或者与厨房共用的餐厅，摆放家具时都要注意和谐舒适的原则。

1 独立式餐厅

　　这类餐厅在摆放家具时比较自由，而且独立的餐厅更加舒适整洁。方形和圆形的餐厅，可以随意选择方形或圆形的餐桌，居中放置；狭长的餐厅可在靠墙或窗边放一长餐桌，餐桌一侧摆放长凳，另一侧摆上椅子，这样空间会显得大一些。也可以根据需要设置折叠餐桌椅。

2 厨房和餐厅合并

　　这种要求厨房的空间较大，而且最能合理利用空间，比较实用。这时餐厅家具的摆放需要注意不要影响厨房的操作，同时也要免受厨房油烟的熏染。最好在厨房和餐厅间有自然的隔断，可以放置餐桌，也可以设计吧台，桌椅的造型要休闲舒适。同时餐桌上方要设置灯饰照明。

餐厅家具摆放

3 客厅或门厅兼餐厅

餐区的位置以靠近厨房为宜，这样可以缩短膳食供应和就座进餐的走动路线，同时也可避免菜汤等食物弄脏地板。餐厅与客厅或门厅中间要有隔断，形成功能上的分割。餐厅家具的摆放，要与客厅的风格、色调相搭配，体现和谐统一的氛围。餐桌椅的摆放安装要简单实用，并且整齐美观，以圆桌或方桌为宜，餐柜设计要优雅大气。

> **Tips：**
> 餐厅家具在摆放时要留出人们活动的合理空间，酒柜或餐柜的设计要与餐桌相呼应，达到整体上的和谐。酒柜不要靠近鱼缸太近，以免餐厅"水汽"过盛。餐厅注意不要与门口相对，避免使房间的财气尽漏。

餐桌椅如何选择

餐桌椅作为餐厅最重要的家具，选择的好坏，直接影响到餐厅整体的美观以及家人用餐时的舒适度，那么，在选择餐桌椅的时候，我们要如何挑选呢？

1 大小适宜

在挑选餐桌椅的时候，首先要考虑的就是餐厅的大小，要以餐厅的大小为依据，选择合适的餐桌椅，测量尺寸是非常有必要的。对于面积有限的家庭来说，餐桌的选择要以家庭人口为单位，如果人口较多，但空间有限，可以选择可折叠的餐桌。

2 确定风格

餐厅餐桌椅在选择的时候，也要从风格上进行考虑，要符合整体的装修风格，如果是豪华装修，可以选择古典欧式风格的桌椅，如果是简洁装修，可以选择实木或者玻璃台面款式的桌椅。

> **Tips：**
> 对于一些比较老式的餐桌，如果不想舍弃，可以通过铺设桌布的方式，加以装饰，让其符合现在的装修风格。

3 考虑形状

餐桌的形状对于家庭氛围有一定的影响，对于一些经常有大型聚餐的家庭来说，可以选择长方形的餐桌，而如果是注重家庭成员更团结一致的，可以选择圆形的餐桌，如果是年轻小两口，就可以选择一些有特殊造型的餐桌，增加情趣。

选择合适的餐桌椅

Tips：
圆形餐桌占用空间加大，适合空间较大的餐厅使用，空间较小的餐厅要尽量避免使用圆形餐桌，如果是可折叠式的，也可以根据自己的喜好来考虑。

4 材质选择

不同材质的餐桌对于居室整体也有一定的影响，实木的餐桌更突显自然美观，但是不容易清洁；玻璃材质的比较自然大方，易于清洁，但是要经常擦拭。餐桌材质还要根据个人喜好和整体风格来选购。

5 重量考量

餐桌椅会经常挪动，因此就不要选购太笨重的餐桌椅，避免给生活带来不必要的麻烦。

照明设计很重要

餐厅的照明不仅能够提升整体的特色，也会暴露餐厅的缺陷，在照明设计上，不仅要强求功能性，还需要讲求艺术性，无论是悬挂高度还是照明亮度，以及材质和形状，都需要谨慎选择，以免影响整体的舒适和美感。

1 位置选择

在餐厅里，照明用的吊灯最好安装在餐桌正上方，这样不仅能够提供照明，还可以作为一个装饰性组件，提升整体美感。当然，吊灯的大小和形式要与餐厅的整体风格搭配，与餐桌的风格也要搭配，才有利于营造亲密的氛围。

> **Tips：**
> 在选定了正上方位置之后，可以根据每个家庭天花板的高度选择适当的高低位置，也可以选择能调节高度的吊灯，适宜性更广。

2 亮度适宜

在餐厅，主要光源最常用的是悬挂吊灯，最好选择接近日光的节能灯，光线要柔和自然，也要明亮，可以选择能够调节亮度的吊灯，这样能够根据进餐的时间和场合来合理调节，增进用餐情趣。

> **Tips：**
> 如果在装修上，有暗藏照明灯，那么，主灯的亮度最好是这些照明灯亮度的 3 倍，能够凸显主要光源，并且更有层次。

3 选择合适的材质

吊灯的材质和质感也直接影响整体的装饰效果，需要选择灯罩材质质感好的，玻璃灯罩的吊灯是首选，价格也比较高，造型上相对单调，塑料灯罩的吊灯质感稍微差一点，但是价格相对便宜，造型多变，可以根据自己的需求和预算来选购。

> **Tips：**
> 从清洁和保养上考虑，塑料灯罩的吊灯和玻璃灯罩的吊灯都比较容易清洁和保养，不容易沾染灰尘，适合家庭使用。而一些其他材质，如布料和纸质灯罩的则不容易清洁和保养，需慎重选择。

大餐厅要如何布置

大餐厅的布置，不容易受空间限制，但是，如果家具选择不合理，布置不恰当，就会让餐厅显得空旷，没有家的温暖，因此在布置大餐厅的时候，一定要考虑这个因素，那么，我们该如何布置呢？

1 厚重家具

在布置大餐厅的时候，选择长方形大餐台是一种值得参考的元素，厚重感强，能够避免整体空旷感。当然，在尺寸选择上，也不能让单一的餐桌占据了整个空间，预留边缘空间，如果家庭吃饭人口不多，则可以一侧靠墙，让过道空间多一些。

2 悬挂灯具

为了让整体空间更协调，可以选择悬挂式的灯具，让吊灯营造更饱满的餐厅空间感，而吊灯的高度，最好控制在桌上70cm以上，如果摆放的是加长型餐桌，可以在餐桌上方均匀分布两个相同的吊灯，这样欧式雅致韵味就能更好的呈现出来，还能营造宴会氛围。

3 加设陈列柜

对于餐厅空间较大的家庭而言，单独的桌椅无法完全布置整个餐厅，可以加设一个陈列柜，可以用来摆放居室主人收藏的瓷器以及玻璃器皿，这样能够提升居室主人的品位，也能避免空旷，一举两得。

4 增添饰品

饰品的好处就是能够占据空间，点缀居室，一个造型独特的花瓶，一个西式雕像，或者一个唯美烛台，都能很好地点缀餐厅，尤其是对于较大的餐厅来说，还能填补空间，也是不错的布置方法。当然，一定要风格一致、有主题，不能不中不洋，影响美观。

大餐厅布置

小餐厅要怎样布置

小餐厅受空间的限制，在家具选择上，有很大的局限性，但是也正是因为小，往往能够通过一些特别的布置方法，让小餐厅更有格调、更优雅，以下有几种简单的小妙招，能够帮我们布置一个舒适又有格调的家庭小餐厅。

1 善用布料

小餐厅往往会使用一些折叠椅和能够折叠的桌子，这个时候，可以通过一些颜色比较鲜艳、款式比较新颖的椅套、桌布来布置桌椅，让餐厅的色彩能够相互辉映，提升整体美感，当然，要选择合适的色调和款式，避免不协调。

2 点缀色彩

对于一些空间比较单调的餐厅来说，尤其是纯白色的餐厅，可以加入一些亮丽的色彩来进行点缀，打破整体的沉闷感，如淡黄色的纱帘，金黄色的椅套等，能够让整体看起来更明快、亮丽。

3 还原原生态

对于一些不喜欢艳丽颜色的家庭来说，选择原生态的长条木餐桌，再加上仿旧木椅，小巧玲珑，但是不乏怀旧情调，也是一种非常好的布置方法，周围的其他设置，无需加入太多的元素，就能让小餐厅和谐温馨。

4 异域装饰

为了能够让小餐厅避免单调，可以将一些具有异域风情的装饰品摆放在餐厅，选择墙壁壁板位置，即使在不吃饭的时候，也能看到一些居室主人的品位和独具特色的艺术气息，也能成为小餐厅布置的一大亮点。

> **Tips：**
> 为了让小餐厅布置别具特色，可以选择一些艺术品点缀，但是，一定要适量，不能太多，少而精最好。

5 充分利用可用空间

小餐厅在布置上，还需要充分利用可用空间，如白墙壁，可以配上一副亮丽的图画，窗台，可以做一些平面设计，摆放一些食物和陈列品，都能够起到画龙点睛的作用，但需要注意的是，避免杂乱，让小餐厅更拥挤。

阳台装修，
寻找别样的
田园风光

　　阳台是晾晒衣物的地方，也是呼吸新鲜空气的地方，然而，城市生活大量的尾气排放、尘埃污染，让很多人都无法享受新鲜空气带来的舒适。有些人则想出了新的方法，将阳台布置成宜人的小花园，让自己足不出户，也能寻找到别样的田园风光，同时让自己能够呼吸清新的空气，可以说是非常时尚的阳台装修方法。

阳台设计5要点

　　随着人们居住水平的提高，阳台的功能也发生了一些变化，有些家庭会根据自身的需求，将阳台设计成兼具书房、娱乐、休闲功能的区域，虽然功能提升了，但是作为阳台本身，在装修上需要注意以下五个要点。

1 通风采光不能舍

　　无论是开放式阳台，还是封闭式阳台，在装修的时候，一定要考虑通风采光问题，最好不要通过砌墙的方式将阳光阻隔在外，可以通过定制窗帘的方式，做遮光处理，做成左右拉动的窗帘比较适合。

> **Tips：**
> 　　对于一些有双阳台的家庭来说，在装修的时候，可以将主次阳台划分清楚，对于用来晾衣服的阳台来说，一定要注意采光和通风，可以不封装。

2 装修选材要考虑

　　在装修阳台的时候，考虑阳台本身是悬空环境，在地面装修时，最好不要铺设一些沉重的石材，如大理石、花岗岩，也不要填充过多的水泥和沙子，这样会加重阳台负担，导致阳台倾斜，需引起注意。

> **Tips：**
> 　　对于用来晾衣服的阳台而言，地面最好铺设防滑、防水的地砖，墙壁和顶部最好也能涂抹防水涂料，防止渗水。

3 花草设计要安全

如果在阳台上种植花草，在安全问题上一定要考虑，尤其是一些放在阳台外面栏板上的花草，防护栏是必不可少的，能够避免花盆坠落、伤及行人，并且还能防止小偷进入，更加安全。

4 阳台照明不能忘

在夜晚的时候，阳台就淹没于黑暗之中，如果居室人员要去阳台取东西，没有照明设计就会造成困扰，因此，阳台的照明设计是不能忘记的。无论是安装壁灯，还是吸顶灯，一定要选择防日晒雨淋的玻璃灯具，灯的开关最好设置在室内，更方便。

> **Tips ：**
> 阳台的照明设计主要是为了方便自己，在选择上，不用太亮，选择瓦数低一点更合适。

5 室内室外要统一

与室内装修相比，阳台装修最好多选用纯天然的材料，例如天然石、木板、石砖等，但是，在整体风格上，切忌不能室内室外两重天，最好让阳台与室内融为一体，避免风格迥异，让整体不相配。

阳台绿化方案

阳台绿化不仅能够美化我们的生活环境，还有利于改善室内空间气候，因此，很多家庭都会选择在阳台布置一片绿化场地，无论是一个小角落，还是整体的花园阳台，都能让阳台显得更有生机和活力。那么，在定制阳台绿化方案时要注意什么？又可以定制哪些方案呢？

1 注意事项

◎选择合适的花盆。对于阳台空间有限的家庭来说，可以选择中小型瓦盆或者彩釉陶瓷陶盆，比较适合栽种放置在防护栏或者窗台上的植物，而对于空间较大的阳台来说，可以选择修葺条形槽，放在防护栏内侧，在槽内种植花草更美观。

◎种植适宜的植物。为了营造夏季遮阳效果，可以种植牵牛花、金银花之类的攀爬植物，直接在向阳的一侧牵一根细绳，让植物攀爬，能够形成立体绿色屏障，是不错的选择。而对于喜欢盆栽的家庭来说，可以根据时节来选种不同的植物。

◎春季适合植物：迎春、丁香、牡丹、郁金香、君子兰、杜鹃、倒挂金钟、紫罗兰等。

◎夏季适合植物：芍药、月季、蔷薇、栀子花、白兰花、马蹄莲、茉莉、万年青、金银花、凤仙花、令箭荷花等。

◎秋季适合植物：桂花、菊花、鸡冠花、一串红等。

◎冬季适合植物：水仙、腊梅、山茶、蟹爪兰、仙客来、一品红等。

阳台绿化

> **Tips：**
> 　　特定的季节选择特定的植物能够让植物装饰阳台效果更好，但植物在季节转换的时候，也要注意维护，根据植物对于光照、温湿度的需求来养护，这样才能保证四季都有生机。

2 方案选择

◎角落里的春天。为了绿化阳台，但又受阳台大小的限制，可以选择在一个阳台的角落来做绿化工作，将阳台分成两个区域，作为绿化区域，可以用砂石分隔开来，墙壁上可以种植攀爬植物，地面可以摆放盆栽，当然，还可以做假山设计，创造小桥流水人家的阳台美景。

◎窗外的美景。对于一些对植物有着特殊喜好的人群来说，可以将窗台外面设置护栏，在护栏上摆放自己喜爱的植物，或者在阳台的边缘，修葺一个长条形水槽，将植物种植在里面，这样就可以让整个阳台被植物包围，窗外的美景也更加亮丽。

◎墙壁的花草。为了满足自己对植物的需求，但又不想花费太多的时间和空间来进行花草的维护，可以在靠墙的地方，设置一个摆放盆栽植物的花架，将各种植物摆放在花架上，既能节省空间，还能营造美丽，也是不错的选择。

> **Tips：**
> 　　有些花木可沿阳台护栏悬垂吊挂，能美化墙壁，也是非常好的方法，但是，基于楼层上下毗邻的关系，在施肥浇水时都应考虑环境影响，注意不要给他人造成困扰。

了解自家的阳台承重

　　一些人在装修阳台的时候，都会想着让阳台大变身，变成书房、厨房、花房或休息室等，虽然这些想法都很好，但是，在实际装修的时候，一定要考量阳台承重的问题，了解清楚后再装修，以免导致坍塌。

　　一般来说，按照住宅的结构设计规定，阳台的计算承重是每平方米 250kg，在开发商给的住宅使用说明书中，也会标明每平方米的承重不超过 250kg，因此，在装修的时候，一定要谨记这个数值。错误的装修会让自身和他人受害，在阳台装修的时候，要注意以下问题。

◎外置物品不能太沉。对于伸出去的阳台的外置物品，包括家具、花盆等，一定不能太沉，以免阳台负荷不了。

◎内部改造不能乱。阳台本身承重有限，在改造的时候，千万不要将阳台改造成书库，也不要将阳台搁放沉重的浴缸，或者是鱼缸，避免安全隐患。

◎承重墙不能动。有些家庭为了把居室和阳台连接起来，会将阳台和居室中间的墙拆掉，但是在拆的时候，一定要注意，承重墙是不能动的，如果将承重墙拆掉，就会导致阳台坍塌，千万要小心，多看图纸，多了解结构是关键。

让阳台变身的小妙招

　　阳台作为一个小区域，经常被忽略，并且在日积月累之后，往往就变成了杂物间，各种各样废弃的物品占据整个阳台，偶尔收拾一下，整个人都会灰头土脸，这主要是因为没有合理界定阳台造成的，如果经过一些小小的改造和构思，阳台也能耳目一新。

1 变身储物间

为了让阳台具有一定的储物功能，在装修或者改造阳台的时候，就可以考虑通过分区的方式来改变格局，将晾衣区、熨衣区、储物区划分出来。靠墙的位置设置柜子，用来存放各种物品，另外一头，摆放烫衣板，上方还可以定制隔板，摆放熨烫、晾衣所需物品，中间位置的上方，设置自动晾衣架。区域划分出来之后，整体也会更整洁。

> **Tips：**
> 当然，也可以考虑装饰因素，花点心思，让单调的储物柜变得有点装饰，让阳台多一点可爱元素，如卡通贴、玩偶之类的，都是不错的选择。

2 变身小花园

阳台改造的另外一个方法就是将其变身为小花园，用绿色植物点缀阳台，阳台外侧装小铁架，错落有致地放置各种盆栽，阳台内侧和扶栏上可以种植牵牛花、常春藤、葡萄等攀藤植物，或者根据自己的喜好，将阳台设计成自己喜欢的小花园，这样就可以在自己家里享受田园气息了。

> **Tips：**
> 需要注意的是，在改造小花园的时候，要尽量控制整体重量，避免花卉植物太多，花盆太大太沉，将阳台压垮。

3 变身休闲室

有一些公寓结构的房间，阳台是对内开放的，与卧室相连，这个时候，可以将阳台的区域通过简单的家具和装饰，让其变身为单独的休闲区域。而对于另外一种单独的阳台来说，也可以设置成休闲室，铺设床垫或者沙发垫，午后时光，闭目养神，也是一种享受。

4 变身茶餐厅

很多人有喝茶的习惯，为了满足这个需求，可以将阳台改造成茶餐厅，放置古典的雕花塌，配上精致的小木桌，摆放全套功夫茶茶具，或者摆放西式小圆桌，搭配配套的西式椅，两种方式都可以根据居室主人的喜好来改造，更好地解决日常生活需求。

5 变身厨房

如果阳台靠近厨房，就可以利用阳台的一个角落用来存放食物，摆放一个金属架，上面还可以设置隔板，挂钩之类，用来放厨房用具，或者，将整体橱柜搬到阳台上，尤其对于小户型的居室来说，能够提升空间利用率，并且让厨房更透气，一举两得。

封闭阳台的优缺点

封闭阳台是现在很多城市居室的特点，虽然这种阳台有一定的优势，但是也有一些缺点。我们来了解一下。

优点

◎安全：封闭阳台相对开放式阳台来说，等于是给房屋增加了一层保护，尤其是在社会治安无法保障的时候，多一层保护，就能够让家人的安全多一点保障，这也是封闭式阳台的优势所在。

◎卫生：封闭式阳台有利于阻挡风沙、灰尘、雨水的侵袭，避免了开放式阳台的一些卫生难题，让室内的卫生状况变得更好。

◎扩大使用范围：在居住条件比较紧张的情况下，封闭式阳台可以通过改造，变成一些独具功能的空间，如厨房、储物室、休闲区等，增添了居室的使用面积，扩大了使用范围，让有限的空间得到充分利用。

◎保暖：阳台多了一层窗户之后，可以让居室更加暖和，尤其是冬季，能够起到很好的保暖作用。

> **Tips：**
> 在装修时，如果将阳台改成封闭式阳台，一定要填平，采用轻体泡沫砖，避免阳台负重过大。

缺点

◎不利于阳光直射：一般传统的阳台，都是人们做日光浴的最佳场所，直接接受阳光的照射，有利于人体钙质的吸收，帮助骨骼正常发育，但是封闭式阳台由于受到玻璃遮挡，直接受阳光照射的时间较短，有一定的弊病。

◎不利于消毒：经过阳光直接照射的衣物，通过紫外线的作用，能够很好地将衣物中的细菌、病毒杀死，但是，如果通过玻璃阻隔，消毒杀菌效果就大打折扣，尤其是一些沾满灰尘的玻璃，会直接将紫外线遮挡在窗外，杀菌效果更差，一定要及时清理和开窗。

◎不利于透气、通风：阳台封闭后，室内的污浊空气，不容易排除室外，尤其是空气中的细菌、病毒以及室内的飘尘等，就会在室内堆积，不利居室人群的正常呼吸，还会导致异味的产生，长久下去，人体的抵抗力也会下降，因此，对于封闭式阳台来说，一定要经常开窗透气。

如何看待镂空阳台

镂空阳台是很多人都很喜欢的阳台，在空气清新的早上，站在阳台上深呼吸，让自己感觉犹如回归大自然，也能让自己的心情更加舒畅，当然，这在很多大城市是无法实现的，而在很多小城市或者乡村，就很容易实现了。当然，镂空阳台本身也有一些优缺点。

◎对于镂空阳台来说，封闭式阳台的所有缺点对它而言，都是不存在的，在镂空阳台，我们可以直接接受阳光照射，能够让衣物得到更好的杀菌和消毒，能够很好地透风透气，避免异味。

◎镂空阳台的缺点也无法避免，我们需要经过一些方法来进行处理。

◎防水：镂空阳台遇到暴雨会大量进水，为了避免积水，在装修的时候要考虑水平倾斜度，做防水和排水处理，使用防水材质的地砖铺设地面，并且让水流向排水孔，安装地漏，避免积水。

◎适当遮阳：为了防止烈日暴晒，可以用一些比较坚实的纺织品做成遮阳篷，也可以用上下卷动的竹帘来做适当的遮阳处理，避免暴晒。

◎注意保暖：为了规避镂空阳台不保暖、无法阻挡尘土的缺陷，阳台与居室之间可以做实体墙，并安装安全门或者开关玻璃门。与卧室相连的阳台，可以安装防盗门；与客厅相连的阳台，可以安装整体推拉玻璃门，能够起到防尘保暖的作用。

简洁大方的书房装修

书房作为住宅中一个独立的房间，主要功能就是阅读和工作，在装修和设置上也比较简单，往往就是桌椅和书柜，当然，也有一些书房会安置电脑。而作为这样一个特殊功能的房间来说，在装修上，一定要简洁大方、避免花哨，才能充分发挥功效，让居室主人安心学习，增长知识。

了解书房的基本类型

书房虽然功能特殊，但在设置上，也同其他居室空间一样，有着几种基本的类型，而书房的装修风格，也体现了居室主人的修养以及兴趣爱好。在设计的时候，需要考虑自身的需求和爱好，设计最实用的书房。下面，我们来了解几个基本类型。

书房布置

1 封闭式书房

对于一些对书房工作和藏书功能有强烈实际需求的人来说，往往会设置一个单独的封闭型书房，完全与其他房间分开，这种类型的书房有着一些自身的优缺点。

优点

独立性强，不容易受到干扰，工作和阅读效率更高。

缺点

过于独立，不利于家庭成员之间的相互沟通。

2 开放式书房

开放型书房是相对于封闭型书房来说，跟其他的房间之间有一定程度的连接，但是，也会通过一些特殊的装饰来将书房与其他房间相隔开来，如屏风、书架等，这种类型的书房也有着一些优缺点。

优点

造型丰富，装饰效果好，有利于活跃整体气氛。

缺点

容易受到干扰。

3 镶嵌式书房

镶嵌式书房是利用居室中的某一个角落，如卧室的某一个角落或者客厅的某一个角落，将其设计成一个书房，镶嵌于其他居室之中，没有特定的隔断，这种类型的书房也有一些优缺点。

优点

节省空间，温馨舒适。

缺点

干扰性较强，无法独立。

> **Tips：**
> 现代书房的功能大多是享受和充电，在设计的时候，要根据居室空间，以及个人对书房功能的需求来合理选择，无论采用哪种类型，在设置的时候，都需要营造书香与艺术的氛围，稳重、优雅，凸显书房的特色。

书房布置的基本原则

书房的功能决定了书房的装修特点，必须能够让人精神集中，并且宁静自在，这是基本要求，而基于基本要求之中的，最重要的就是光线问题，如果光线不够充足，就不利于阅读和工作，不仅影响效率，还会有损视力，一定要引起注意。

1 照明要充足

书房的照明相对其他居室来说，要求较高，一定要有充足的光线，白天自然采光的时候，最好不要让阳光直射，夜间人工采光的时候，要选择适合的广度，不能太亮，也不能太暗，会影响视力。

> **Tips：**
> 在设置主照明的时候，要在阅读和工作区域设置专用的台灯或者射灯，让光照更合理，更人性化。

书房光线要充足

2 陈列色调要合适

对于书房中的色调，尤其是家具色调，要配合使用者的个性与爱好，如果是暖色为主，则需要显示温馨祥和之感，桌椅、书柜采用同色系进行搭配比较好；如果是冷色系为主，就要显现鲜明、洁净，桌椅、书柜采用对比色系更能突显效果。

> **Tips：**
>
> 无论是哪种色系，一定不要选择暗色，避免吸光，不利于阅读。

3 安静和谐

为了让书房整体安静和谐，最好采用隔音材料进行装修，地面可以选用木地板或者地毯，让整体环境更安静、舒适。

4 适当遮光处理

对于一些日照较为强烈的书房来说，适当的遮光处理能够更好保护视力，可以选择浅色纱帘，不仅能够遮光，还能有通透感，让强烈的阳光变得柔和、温婉，是一种非常好的遮光方法。

书房家具配置

家具是书房的主体，也是书房使用是否方便的决定因素，因此，在家具的选择和布置上，有一些具体注意事项，需要我们谨记。

1 家具布置原则

◎要以书房面积大小以及空间造型特点出发，选择大小合适，造型吻合的家具。

◎从实际需求出发，选择符合自身需求的书柜、桌椅或者电脑台，避免大而全。

◎在布置的时候，要展现书房中蕴含的文化底蕴，不能因追求个性而舍弃文化本身。

2 不同面积书房设置方案

◎大书房：可以选择大面积书柜或者组合柜，除了特定的书桌、椅子之外，还可以选择质感较好的单人沙发或者椅子，让整体感觉更舒适。

◎小书房：可以利用墙面钉书架，减少空间浪费，还可以选择伸缩式书桌，不使用的时候，将其收起来，使用的时候拉开，充分利用有限的空间，让整体更温馨。

3 设置注意事项

◎无论是墙壁书架，还是整体书柜，在藏书的时候，要做好分类整理，如果书架太高，可以准备小型升降椅，方便查询和阅读。

◎在挑选书桌的时候，要根据自己的身高比例选择，一定要适合，避免阅读劳累，影响健康。

◎为了让书房空气清新，可以摆放一些绿色植物，净化空气，并且保持书房空气对流畅通，避免空气混浊，影响健康。

书房家具配置

书房墙壁装饰

　　书房墙面装饰，与其他墙壁装饰有相同之处，当然，也有特殊的地方，相同之处都是采用涂料、墙纸来装饰，不同则是可以将一面墙做成博古架或木装修，还可以挂字画，凸显书斋气息，在装修的时候，需要注意一些问题。

◎选择涂料或者墙纸的时候，最好选择隔音效果好，能够有效吸音的装修材料，采用 PVC 吸声板或软包装饰，能够有效阻挡书房之外的噪音，让书房更加宁静。

◎无论是墙纸，还是涂料，书房墙壁的色调一定要考虑使用者的年龄和性格，一般来说，墙面色调选用典雅、明净、柔和的浅色，如淡蓝色、浅米色、浅绿色，会更稳重、优雅。

◎墙面颜色可以是本色，可以通过艺术作品、绘画用具来装点，让书香气息更加浓郁。

> **Tips :**
> 　　墙壁上还可以悬挂字画，不仅能显示主人的文化品位，还可以渲染室内的气氛。而字画的另一侧放一株万年青，可使字画的格调更为高雅。

◎对于一些教育工作者，或者新闻工作者而言，可以用大量的书籍、资料来装点墙面，当然，要使用大面积的书橱，这样就能解决贮书以及装点的双重功能。

◎对于一些开放式的书房来说，可以采用金属支架和玻璃隔板做开放书架，装点墙壁，通过白墙的映衬，玻璃隔板的质感更加明显，整体效果也更清澈典雅。

◎除了玻璃隔板之外，还可以定制木质隔板或者木质书架，悬空在墙壁上面，摆放一些书籍以及少量的工艺品，也能让书房墙壁更加丰富。

花卉布置利于精神放松

　　花卉植物的布置是家居生活的一部分，作为以静为主的书房，在绿化布置上，最好能够让人精神放松，帮助学习和创作。在摆放和选择上，有一些可以借鉴的元素。

1 花卉植物以绿色为主

　　在布置书房花卉植物的时候，最好以绿色为主，体积也不要太大，一方面能够净化室内空气，吸收有害物质；另外一方面，绿色植物能够帮助陶冶情操，有利于身心放松。当然，绿色植物还能帮助舒缓眼部疲劳，适合书房摆放。

2 摆设植物大小相间

　　在植株摆放的时候，可以大小相间摆放，可以选择摆放一大株加上一小株，或者一大株加上两小株，大的植株不要超过 1.5m，小的植株规格可以按照喜欢选择。当然，也可以摆放盆栽，能够营造雅致感。

3 选择适合的大型植株

对于大型植株，在植株品种上，可以选择巴西铁、发财树、大叶伞、平安树等体型相对小，不占用太多空间的植株，以免喧宾夺主。

4 选择适合的小型植株

对于小型植株而言，可以选择芦荟、仙人掌、莲花掌灯等肉质植物，不仅不会占用空间，还比较生动活泼，当然，也可以选择西瓜皮椒草、小盆君子兰等小型绿色植株，也能让人有回归大自然的感觉。

> **Tips：**
>
> 对于小型植株来说，还可以选择一些水培植物，用透明的玻璃瓶栽培，让整体感觉更加清新、干净，也是不错的选择。

5 仙人掌的神奇作用

对于书房摆放了电脑的家庭来说，可以摆放仙人掌或者仙人球，能够吸收电磁场辐射，减轻辐射对于人体的伤害，是一种不错的书房摆设植株。

色彩选择要慎重

书房是学习的地方，待的时间比较长，因此光线不能太强，也不能太暗，在颜色的选择上需要慎重，要多用明亮的颜色或中性颜色。无论是墙壁，还是地板、吊顶，甚至是家具的颜色，都不能忽视。

1 整体颜色要柔和

在书房装修的时候，整体的颜色一定要柔和，最好以冷色为主，选择如蓝色、灰色、紫色、乳白、淡黄等颜色，避免跳跃以及对比鲜明的颜色，能够制造宁静、简洁之感。

2 墙壁选用亚光涂料

在土木墙壁的时候，最好选择亚光涂料，或者选择比较冷色调的壁纸或者壁布，这样能够让书房显得更宁静，也能增强静音效果，还能避免整体色彩以及反光太亮，让人有眩晕感。

3 地板以深色为主

为了让整体反光好一些，地板可以选择深色地板，或者铺设地毯，能够取到隔音的效果，避免在走动的时候，声音太大，影响思考。

Tips：
　　地毯也应选择一些亮度较低、彩度较高的色彩。

4 天花板使用白色

　　天花板的颜色则选择白色更好，能够增强反光效果，让书房更明亮。整个书房从上到下，颜色的过渡应该是由浅到深。

5 家具选择冷色调更适合

　　在家具颜色选择上，可以选择冷色调的家具，能够让人集中精神，有助于提高学习效率。

6 点缀其他色彩

　　为了避免书房颜色太冷，可以选择绿色花卉进行点缀，还可以在门窗的色彩选择上进行适当的突出搭配，或者摆设一些颜色比较鲜艳的陈列品，能够起到画龙点睛的作用，让整体环境既恬静又轻松。

书房颜色搭配

书房照明至关重要

书房的照明是为了保证人们能够更好地阅读、学习或者工作，书房的灯光不仅要满足照明的需要，还要保证让眼睛最舒服，这样才能发挥书房照明的功能。灯饰在书房中的作用至关重要，书房照明的选择要注意以下几点。

1 最重要的是保护视力

书房是我们看书学习的地方，对视力的需求也比较大，因此灯的配置一定要以保护视力为第一准则。书房灯具的颜色要明亮且柔和，同时要选择亮度稳定的灯具，普通灯泡发出的光线与自然光相比颜色明显偏红，使人眼的分辨能力下降，长时间看书就会使眼睛疲劳，而普通的日光灯的亮度会不停地变化，都不适合书房使用。

2 注重灯光的布局

为了让书房光线充足而且可以保护视力，灯光的布局就很重要。光线最好从左肩上端照射，或在书桌前方装设亮度较高又不刺眼的台灯。书房中一般不需全面用光，所以可以在书柜上设隐形灯，同时可以安装落地灯等，满足书房移动用光的需求。

3 台灯很重要

台灯可以保证书房内的明亮程度，造型美观的台灯既能装饰空间又可以让书房的亮度适宜。书房的台灯，宜采用艺术台灯，如旋壁式台灯或调光艺术台灯，使光线直接照射在书桌上。另外带反射罩、下部开口的直射型台灯，也就是工作台灯或书写台灯，台灯的光源常用白炽灯和荧光灯，这样的台灯更有利于学习和阅读。

4 注意灯光的色彩

在书房中，灯光的色彩也很重要，冷色调的选择，有助于人的心境平和，可以在书房中使用。有色玻璃漫射式的灯泡，或色彩斑斓的纱罩装饰性的台灯，色彩比较繁乱，不适合人们学习或工作使用，容易使眼睛疲劳，并使人很难集中精神。

5 尽量保留自然光线

书房最好是选择阳面，或者有窗户的房间，自然光线可以保护人们的视力，也可以使人感觉更舒适。我们可以使用近似于日光的灯具，但是阳光和自然光线的功效是无法模拟的，因此在书房内保留自然光线很重要。

> **Tips：**
> 书房所选白炽灯功率最好在60W左右，在这个亮度下眼睛最为舒适，太暗或是太亮都对眼睛不利。

书桌应该摆在什么位置

书桌的摆放位置是书房灵气之所在，在有限的空间里让书桌成为一个舒适的工作区，既能给居家空间带来不一样的体验和感觉，也有助于人们学业和事业的顺利发展。从实际经验和风水学的角度来看，书桌不能随便摆放，以免造成家居环境不和谐，也会使人的学业、事业受到限制。总体来说，书桌的摆放应遵循以下几点。

1 不要摆在走道和窗口

书桌的位置应该避开房间的气口，开放式书房的过道，是气流流通的地方，摆放书桌会吸纳过多的浊气。窗户是住宅的气口，窗外是人们行走的道路，书桌对着开向室外人行道的窗，会纳入生气和不谐之气，不利于学习和工作。

2 不要背对门摆放

书桌不要空虚无物，也不要背对着玻璃门、落地窗等，这种属于"背后无靠"的风水位，不利于学业的进步和事业的提升。从另一方面讲，书桌背后空荡，容易产生不安全感，也会使人感到背脊受惊寒，因此书桌最好背对着实墙，形成坚强的后盾。

3 不要摆放在横梁下

书桌上方最忌出现"横梁压顶"，会使人产生心理上的压抑感，影响身体健康及精神状态。最好是将书桌放在其他位置，或者可以用天花板将横梁挡住。

4 不要正对着窗户

书房里因为采光的需要最好有窗户，但是书桌的位置不可以正对着窗户，因为书桌对着外面叫做"望空"，人们容易被窗外的事物吸引注意力，分散注意力，从而难以专心工作学习。其实只要将书桌的位置稍偏一点对着窗户就好。

5 书桌前不要摆放高物

书桌前最好不要放置高大物体，比如书架，这样会增加学习和工作的压力，容易使人产生厌烦的情绪。

6 远离尖角

靠窗的书桌，一定要注意窗外是否有带有尖角的物体，尽量避免尖角直对书桌，而且距离尖角越远越好。

定制书架，要兼具陈列与收纳双项功能

书架的作用不外乎就是收纳书籍和书房的其他物品，但每个人收藏的书不同，所用的物品有差异，这就导致了如果选购成品书架，并不一定适合自己使用，所以根据自己的需求定制书架更为实用。

1 设置不同高度的搁板架

成品书架每层的高度是相同的，但实际上，书的开本有大有小，譬如大多数书架的层高都可以摆放 16 开大小的书籍，但很多异形开本的书就不能很好摆放了，定制书架时，可以根据自己的藏书设计层高，这样使书架更为实用。

2 各种各样新潮简约的书架

现在家庭小户型居多，可能没有足够的空间让你摆放一个大书架，那也没关系，很多设计简约同时容纳量很大的异形书架一样可以帮你的忙。书房的墙面转角处多半都是浪费掉的空间，你可以在此处安装几块搁板，把书籍依次摆好。

3 带滚轮的小书架

如果你常用的书很多，放在书架里拿取都不太方便，可以定制一个带滚轮的小书架，书架不宜太高，坐着时与肩同高比较合适。可以把书架移动到任何你需要它的地方。

4 开放式书架也可以安心收纳

书房还有其他杂物，如旅游淘来的小摆件，文房四宝，票据记事本等等，高矮大小都不同，依次摆放在书架上肯定显得凌乱，但书架不像书柜，没有柜门的遮挡，怎么才能让书架显示出收纳功能呢。很简单，可以在书架上摆放藤制的收纳筐，这样既省去了做柜门的麻烦，还能像抽屉一样收纳各种物品，让凌乱遁于无形。

书架PK书柜，各自的收纳特点

你家里是放书柜还是书架？两者到底有何区别。事实上，大部分的人都把书柜和书架指作同一家具，书柜就是书架，书架就是书柜。严格意义上来看，两者还是有区别的。书柜从空间上来说，是一个整体，有门和柜，而书架只是空间中的一个框架而已。从体积上看来，书架相对来说比较大，书柜从某种意义上也能够称为书架，都是摆放书的地方，但是并不是所有的书架都可以称为书柜，毕竟书柜是有一定规范的。我们分别看看书柜和书架的优缺点。

1 独立性

从独立性上来看，两者没有太大的区别，适应性都比较强，而书架有时候是镶嵌在墙面上的，搬家的时候不容易拆卸，而书柜则相对独立，在搬家的时候也能够随时带到新的居室，更方便。

2 设计感

书架本身的造型相对书柜来说更多变，在设计上更随意、更独立，一些居室主人，为了装点门面，会设计比较独特的书架，甚至是将书架设计成屏风，用来隔挡空间，在藏书的同时增添一种艺术气息，让居室更显品位。而书柜虽然现在也有各种各样的设计，但是局限性相对书架来说大一些，设计性就少了一些。

3 功能性

书架和书柜最突出的功能便是存放书籍，但单就藏书这一项来说，书柜藏书对于保护书籍的功能更强，毕竟在一个封闭的空间中，能够让书籍少点尘土。但作为其他陈列功能，书架本身可以拆卸、自行设计，甚至是自己调节高度和大小，还可以摆放花瓶等各种家具和摆设，还能装饰墙面，可以说是一物多能，当然，这都取决于居室主人的需求。

4 空间设置

从空间设置上来看，书架的优势在于它的随意性更大。随便选择房间的某面墙，都可以根据需要存放的物品来设置尺寸大小，还可以镶嵌、悬挂、贴墙等，从空间的延伸性上看，书架的延伸性更强，陈列功能更大。而书柜一般是封闭式的，在存储的时候，受到一些限制，摆放物品的时候，陈列性也无法完全凸显，因此，如果是想张扬书房个性，可以选择在书架上做功夫。但是，如果只是要藏书，保护图书，还是选择书柜比较合适。

书房也能在角落安家

人们常说：不进则退，在一个科技发达的今天，知识越来越重要，无论是工作还是生活，如果自身所掌握的知识跟不上日新月异的变化，就很容易被社会淘汰。因此，我们需要不断地充实自己，而最好的方法便是读书。当然，对于现在很多家庭来说，摆放一个大大的书柜往往会占据已经被填满的空间，但是，不将书放在固定的地方，不使用书架，又会让家里显得很乱，如何才能解决这个问题，提升小户型的利用空间呢？最好的方法就是将书房放在角落里。

1 窗边的小书架

如果小户型中有一个房间拥有一扇落地窗，不仅阳光明媚，并且安静舒适，那么，这个地方便是一个适合阅读的地方，在这个地方设置一个简易书房，是再好不过的了。在此，我们要准备的便是一把舒适的休闲椅，一个占地较小的盘旋而上书架。这种书架犹如缩小版的盘山路，盘旋而上，却富有余地，如果将书放在上面，不仅能够相互错开，并且在摆满书籍之后，重心更稳，无论是靠墙摆放，还是靠窗，都非常适合，闲暇之余，便可以坐下来享受知识给我们带来的乐趣，那是何等的愉悦！

2 走廊拐角处的支架

很多小户型除了空间小之外，还有一些走廊拐角，这些拐角往往比较狭窄，无法放其他柜子，不利用起来又比较可惜，如果在这个地方放一个支架，支架两侧都有斜着向上的支撑，将书巧妙的斜插在支架上，这样不仅不会影响人们行走，还方便取用，同时让整个居室美观大方，闲暇之余，停下来站在这里，看看书，听听音乐，都是不错的选择。我们可以自己定制这类书架，也可以直接购买，既方便又实用。

3 墙壁上的单板书架

与很多单板设计一样，我们可以在书房或者其他房间的墙角，安装几层木制单板书架，简洁并且能够最大限度地提升空间收纳，这样就可以将书籍平整的摆放在上面，为了让书架显得美观一些，可以做得有层次一些，从上至下单板的宽度可以依次增加，下面可以放厚重的书籍、笔和纸，上面可以放轻薄的书籍，注意在安装的时候要牢固，以免整个掉下来造成危害。这样就可以营造一个角落书房了。

4 阶梯式书柜

对于一些层高比较高的户型来说，往往会做阁楼，这就需要楼梯，为了有效地节省空间，这些楼梯可以做成阶梯式书柜，下宽上窄，每层隔板大小都不相同，不仅可以藏书，还能做为楼梯使用。看书的时候，便可以坐在其中的某一层上，拿出自己心爱的书籍，享受学生时代楼梯上看书的恬静，这里便是你的书房。

5 客厅角落安置书房

对于一些没有多余房间的家庭来说，可以在客厅的角落安置一方空地，放上一把椅子和一个小书桌，在墙壁的上方则可以置几个物架，将文件、书籍收纳在里面，这样就自然而然的形成了书房，无论是小孩还是自己，都可以在这儿安静地工作、学习。当然在颜色的选择上，可以单独设置一块鲜亮一些的颜色，让客厅显得明快，书房也更显眼。

安置在角落的书房

玄关是居室的第一张脸

　　玄关作为室内与室外过渡的一个空间，虽然面积不大，却是进出居室的必经之处。很多人在居室装修的时候，会重视客厅的布置，但却忽视了玄关的装饰，然而，玄关作为房间整体设计的一部分，也是反映居室特征以及风格的第一张脸，需要好好装饰。

了解什么是玄关

　　玄关最早是指佛教入道之门，现在被用来指厅堂的外门，往往只有 2 ~ 3m² 的地方，常被用来迎接和欢送客人，更换鞋帽，使用频率较高，也有人将其称为过厅、门厅等。玄关的主要作用有如下几个方面。

1 屏障保护

　　玄关的设置能够让整个客厅多一个保护屏障，让居室人群的室内活动有一定的隐蔽性，尤其是有客人来访的时候，通过玄关屏障的保护，能够避免客厅一览无余的尴尬。而当人们进山居室的时候，能有一个安全过渡，让人更有心理安全感。

2 存储功能

　　如果在玄关位置做一些简单的设置，就可以用来存储小件物品，如换鞋、存放钥匙、放包等，还可以作为简单接待客人和接收快递的场所，有较强的实用性。

3 过渡温差

　　室内和室外往往有一定的温差，尤其是在北方地区，寒冷的冬季，室内室外温差很大，玄关能够在开门时形成一个过渡温差，避免寒风直接进入室内，能起到一定的保温作用。

4 居室印象展示

　　玄关作为居室第一印象展示窗口，如果在设置上花费一些功夫，就能让家人以及客人感到宾至如归的感受，增加居室温馨感，需要好好布置。

玄关分为两大类

从玄关的形式和设计上来看，主要有两大类，一类是硬玄关，一类是软玄关，根据具体的风格设置，还可以进行细分，我们来了解一下。

1 硬玄关

这是一种将玄关硬性分割出来，做单独处理的一种玄关设计方法，主要有两种，一种是独立式玄关，一种是半独立式玄关。

◎独立式玄关：这种设计是由地至顶的设计，能够有效阻拦视线，并且让玄关成为单独的景点。在设计时候要注意避免影响自然采光，避免过渡设计而导致局势客厅狭窄。

◎半独立式玄关：这种设计也是由地至顶，但在视觉阻隔上，是半阻隔式，会采用半透明设计，虽然也有独立的空间，但并不明显。在设计上，要考虑与居室整体风格相融合，避免生硬。

2 软玄关

这是一种在对其他项目平面处理的基础上，进行区域划分的玄关设置方法，主要有3种，一种是天花划分，一种是墙面划分，一种是地面划分。

◎天花划分就是通过在天花板上设置一个造型，从而区别门厅位置，让人有玄关设置感，在设置上，要注意避免玄关设计太突出，喧宾夺主。

◎墙面划分就是通过墙面处理的方法，让玄关处的墙面与其他相邻墙面有一定的差异，从而界定门厅位置，在设置上，要注意过渡，避免太生硬。

◎地面划分则是通过地面材质、色泽或者高低差异的方式，让玄关凸显出了，从而界定门厅位置，在设计上也需要避免元素过多。

玄关

Tips：
　　无论是哪种玄关设计，在使用材料上，必须以客厅为重，色彩一定要符合整体空间允许的条件，避免过于花哨。

玄关要体现的居家功能

　　一般来说，玄关的空间往往非常有限，并且不太规整，对于整个空间的设计，既要表现居室整体风格和主人品位，也要兼顾家居功能，如展示、换鞋、更衣、引导等，因此，对于看起来简单的玄关，在设计的时候，还是有一些需要注意的原则的。

1 功能为主

　　在玄关设计的时候，首先应该考虑功能性，然后再考虑装饰性，对于小户型来说，玄关空间都很狭窄，没有多余的空间可以浪费，因此，在设计的时候，应满足储物收纳之类的实用功能，可以把鞋柜、衣帽架等设置在玄关内。

Tips：
　　对于有些居室而言，可能并不需要特意设置玄关区域，就不要强行设置了。

2 一致性

　　在玄关设计的时候，作为整体居室的一部分，在风格上，要保持与客厅和餐厅这些公共空间的一致性，避免过于隔离。

3 防护性

　　由于玄关的位置相对比较特殊，也很容易被污染，因此，在装修材料的选择上，要考虑到防水、耐磨，尤其是地面材质，最好容易清洗和更换。

4 光线充足

　　人们从室外阳光明媚的空旷环境进入室内的时候，往往会觉得室内比较暗，因此，在玄关设计上，要考虑光线明亮度的问题，最好有比较明亮的灯光，能够让人精神焕发，倍感温馨。

5 简单陈列

　　为了让整个居室给人宽敞明亮的感觉，玄关的摆设一定要简单，避免杂物堆积，如果杂物较多，可以进行简单归类，分别放置在特定的收纳区。

> **Tips：**
>
> 　　在造型设计上，要以简单为基本原则，最好不要比公关区域复杂，会让人感觉不舒服，或者是让人感觉虚有其表。

如何设计玄关更合理

　　玄关设计虽然只是一个小小是家居设计部分，但在很大程度上是室内风格的一个缩影，在设计上，一定要自己喜欢并适合自家的风格，当然，也要合理，主要有如下几个要素。

1 借鉴室内元素

　　为了让玄关与室内融合，可以借鉴室内装修元素，让整体更加协调，如果是田园风格的装修，可以在玄关设计的时候，设置具有田园气息的鞋柜或者装饰画，如果是比较传统朴实装修的，可以选择相对沉稳的木纹鞋柜放在玄关，让元素与元素直接呼应。

2 注重天花板空间

　　为了避免玄关天花板空间过于局促，让人产生压抑感，在设计的时候，可以选择自由流畅的曲线设计，或者是外露的木龙骨点缀一些装饰，或者是层次分明、凹凸有致的几何体，都能在增添设计元素的同时避免压抑。

3 点缀自己喜欢的装饰

　　无论是在墙壁上，还是地板上，都可以选择一些自己喜欢的装饰来点缀，可以用鹅卵石铺设玄关地面，或者点缀贝壳，或者在墙壁上挂一幅水彩画，或者挂旅游时候拍摄的作品，或者在鞋柜上摆设少量玩偶，等等，都能让玄关空间独具魅力。

4 简单大方

　　如果室内面积较小，玄关一定要简单大方，避免装饰过多而造成凌乱感，从而影响家人以及客人对家居环境的印象，风格上也要和整体统一。

玄关色彩的选择

　　玄关是从室外进入客厅的缓冲区域，在颜色的选择上，一般以清爽的中性偏暖色调为主，墙壁、地板、天花板的颜色选择，都有一些需要注意的问题。

1 墙壁颜色深浅适中

玄关墙壁，无论是选择石材、砖材还是木材，颜色一定要深浅适中，千万不要用太深的颜色来涂刷墙壁，这样会让整个玄关看起来死气沉沉，缺乏活力，也会让人感觉压抑，影响心情。

2 地板颜色深点好

玄关在颜色设置上，最好是"天清地浊"，地板的颜色最好采用深色，如果要用明亮的地板，则可用深色石料将四围包围起来，让人觉得更加踏实，避免头重脚轻。

3 天花板色调轻柔

玄关天花板颜色设置上，一定要清淡，避免天翻地覆的压覆感，可以选择柔和的乳白色、纯色等，让整体更温馨。

4 搭配原则

玄关颜色最理想的搭配就是，天花板颜色最浅，地板颜色最深，调和与过渡的墙壁颜色则介于两者之间，这样能给人柔和、舒适的感觉。

Tips：

很多人都喜欢将白色定为门厅的颜色，如果在墙壁上加一些浅色，如绿色、橙色等，更能营造出家的温馨。

什么样的灯放在玄关更合适

玄关往往不会紧挨窗户，因此，安装灯具是必不可少的，而适合的灯具以及合理的灯光设计，能够让玄关更加明朗，也能让居室氛围更加温馨。那么，在灯具的选择上，什么样的灯更适合呢？

◎圆形灯具更适合。圆形灯具象征圆满，让人感觉更亲切，适合使用在玄关处。

◎白色灯光更亮丽。白色灯光能够让人感觉更亮丽，并且增强人们的理性判断，而黄色灯光会让人感觉混浊，不利于判断，也会影响心情。

◎灯罩要向上，利用光线反射，让整个空间产生自上而下的辉映光线效果。

◎顶灯摆放位置要选择居中摆放，能够让光影更柔和。

◎辅助光源的选择可以多种多样，可以选择射灯、壁灯、荧光灯等，在夜深人静的时候，可以增添居室情调。

布置玄关有窍门

为了让对玄变得美丽大方，在布置的时候，有一些小窍门，尤其是通过一些家具和饰品的方式来布置，就能达到意想不到的效果。

1 玄关家具设置

玄关设置要选择有装饰效果以及储物功能的家具，可以安设条案，并且在条案上放置风格一致的弧形小木柜，能够让整体更活跃，更有生气。还可以在墙壁处，贴墙摆放台桌，让整体风格更华贵。

2 增添衣帽架

如果想保留玄关最原始的特征，可以摆放立式衣帽架，不占地儿又能存放物品，适合小户型选用。

3 墙壁挂镜子

在玄关的一面墙壁上，可以根据使用习惯，挂一面镜子，造型可以根据自己的喜好来选择，当然，不要正对大门，这样可以扩大视觉空间，还能够整理妆容，是玄关设计的又一装饰技巧。

4 用布衣装点玄关

对于一些具有田园装修风格的居室来说，可以在玄关条案上，或者鞋柜上，或者座椅上铺设一块别具特色的花布，能够与整体风格相呼应，并且让人耳目一新。

5 经典小饰物

为了凸显居室主人精致生活，在玄关的条案上，或者小台桌上，或者柜子上，摆放一瓶淡雅的香水，或者一些经典的小饰物，不用太多，一两件即可，就能让人感觉到满屋的馨香和典雅。

放置鞋柜的注意事项

鞋柜是玄关处必不可少的家具，在设置的时候，要根据自身的实际情况以及家庭需求来设计形式和位置，在设置的时候，有一些需要注意的问题。

1 高度

无论是直接购买的鞋柜还是定制的鞋柜，高度都不要超过居室主人的身高，避免拿取和更换不方便。在选择的时候，宜矮不宜高。

2 大小

鞋柜的面积要根据玄关的大小来选择，不要太大，也不要太小，要根据家庭人员的数量来选择大小适宜的鞋子，经常使用的可以存放在玄关鞋柜处，不用的可以收藏起来。

3 透气

鞋子穿的时间太长，就会有湿气或者异味，尤其是一些有脚气的人，鞋往往会有异味，因此，存放鞋子的鞋柜一定要透气，最好不要全封闭式处理。还可以通过放置香料和喷洒香水的方法，减少异味，避免异味向四处扩散。

4 位置

鞋柜的摆放位置最好不要在正中间，要向一侧偏离，远离中心焦点，避免不登大雅之堂的鞋子让人不舒服。

5 摆放

鞋柜在摆放鞋子的时候，要将鞋头向外摆放，能够让鞋柜看起来更加整齐，避免杂乱。

在儿童房中感受童年的乐趣

儿童房，顾名思义就是孩子的房间，在这个空间中，孩子可以自由的嬉戏、安心睡眠，因此，这个空间的设置，直接影响到孩子的身体和智力发育。如果多花一点心思，选择一些富有创造意义和教育意义的装修设计，就能让孩子享受幸福的同时，促进身心成长。

儿童房装修，安全是第一

儿童的天性就是活泼好动，缺乏安全和自我保护意识，因此，在房间装修和设置上，要考虑到这个因素，将安全放在第一位。在装修时，要注意如下几个问题。

1 避免大面积玻璃

为了避免儿童在玩耍的时候，不小心将玻璃或者镜子打破而划伤身体，儿童房的装修，一定要避免大面积的镜子和玻璃，最好不要有这些设置。

2 家具避免锐利边角

儿童好动，这是很多家长都知道的，因此，在购买儿童家具的时候，一定要避免购买边角锐利和棱角突出的家具，如果无法避免，应该在这些位置做好防护措施，粘贴软绵套，避免儿童撞伤自己。

3 家具避免太高

儿童房间的家具，尤其是玩具架，一定要在孩子能够掌握的范围内，避免太高，让孩子能够自由取放玩具为宜。

4 家具越少越好

儿童喜欢攀爬，因此，在儿童房间，家具越少越好，具备床、桌椅、存储玩具的架子即可，避免磕碰。并且，如果留出比较大面积的空白区域，有利于满足儿童涂鸦的需求，有利于激发儿童的想象力和创造力。

5 电源插座要隐蔽

儿童好奇心强，喜欢用手触摸各种东西，就算是电源插座也不会放过，因此，儿童房电源插座的安装，一定要做好隐蔽工作，并且要带有坐罩，避免儿童触摸的时候触电。

6 装修必须无污染

出于儿童身体健康考虑，在儿童房装修的时候，一定要选用加工工序少的装修材料，保证无污染，要尽量选择天然环保的材料，避免有害儿童健康。

7 选用水性涂料和油漆

一般而言，颜色较为鲜艳的涂料和油漆中重金属含量较高，如果孩子长期接触，会导致铅、汞中毒，而水性涂料和油漆相对好一些，适合儿童房装修使用。

8 避免壁纸

儿童房间在装修的时候，最好不要贴壁纸，能够减少污染，避免儿童接触太多添加物。

9 避免塑胶地板

儿童房地板最好选择软木地板，能够免除跌打受伤，一定不要选择塑胶地板，会释放大量有机挥发物，危害健康，而家具也最好选择实木家具，避免甲醛含量太高。

色彩设计的注意事项

好的房间色彩的设计能够给孩子展现一个完整的愉悦空间，相比较单调的白色，纯正而鲜艳的颜色更能让孩子体会到家庭的温暖，并且能够激发他们的想象力和创造力。因此，对于儿童房间色彩的设计，一定要多花心思。

1 轻松、愉悦为原则

无论是采用哪种色彩搭配，在空间设计上，一定要以轻松、亮丽、愉悦为原则，可以选用黄色或者米色，能够让整个房间看起来更加温馨，让孩子更有安全感。

2 按不同年龄设计不同色彩

孩子喜欢的颜色往往和年龄有关，并且对于色彩的感知能力也有所不同，要根据不同年龄层来调配不同的颜色。

◎婴幼儿，对于色彩以及形状等，没有太直观的感知能力，但是，对于反差较大，比较鲜艳的颜色有很强的兴趣，因此，对于这类孩子的儿童房，在颜色设置上，不需要设置五彩缤纷的颜色，避免刺激孩子的神经发育。选择相对淡雅的颜色，能够让孩子身心健康发展。可以选择红、黄、蓝简单明了的三原色。

◎而对于学龄前儿童，房间颜色可以使用多一点的色彩，激发他们的想象力，在三原色的基础上，可以加入一些其他的颜色，但是不要使用阴暗的色调，也不要使用形象怪诞的图案，会让孩子产生可怕的联想，影响身心发育。

◎而对于年龄大一些的儿童房，可以根据参考孩子的意见，选择他们喜欢的颜色进行色彩搭配，营造孩子喜爱的空间。

> **Tips：**
> 橙色及黄色能给人带来欢乐，粉红色能让人安静，绿色接近大自然，海蓝能让人心胸更加开阔，红色、棕色调给人热情感。在设计儿童房间的时候，可以考虑选用这些色彩，但需要注意过渡，避免五彩缤纷。

3 地面色彩避免暗沉

在地面颜色设置上，最好选择相对明亮的原木地板，或者搭配亮丽的地毯，避免色彩过于暗淡，会对孩子产生压抑感，不利于孩子的心灵健康。

> **Tips：**
> 如果铺设了地毯，要经常清洁，避免细菌滋生，影响儿童健康。很多家庭在布置儿童房间的时候，提到有色涂料，就会心头紧缩，害怕涂料对儿童产生影响。虽然，现在很多涂料都添加了一些有害元素，但并不是所有有色涂料都是有害的，在选购的时候，不要选择铅含量高的，要选择符合国家标准的优质涂料。

根据孩子的特点装修儿童房

相比较其他居室来说，儿童房的装修设计肯定是不一样的，但总体来说，一定要根据孩子的特点和兴趣，来装修儿童房，让孩子在学习、休息、游戏的时候，能够更加舒适、愉快。

1 趣味性

儿童都是梦幻的天使，喜欢娱乐和游戏，因此，在设计房间的时候，增添一些趣味性的东西，如铺设活灵活现的趣味图墙壁、地板，能够引发儿童的幻想，让他们处于梦幻般的童话世界，让儿童的童年充满乐趣。

2 轻巧型

儿童大多都有多动的习惯，无论是在什么地方，都喜欢自己动手触摸和搬动物体，因此，儿童房的设置，要富于变化，轻巧灵便，尤其是一些桌椅板凳，这样，他们可以自己动手组装或者搬动物体，并且自己恢复和还原，有利于培养儿童的动手能力。

3 鲜艳、美丽

所有儿童都有爱美的心理，喜欢漂亮的东西，喜欢丰富的色彩，因此，在装潢设计的时候，要考虑到儿童的爱美心理，满足他们对于色彩本身的需求，运用饱和的色调让儿童感知世界，并且保持幻想，培养和提升他们的审美能力。

儿童房

4 远离危险

儿童是最好奇的动物，对于房间的任何东西，都喜欢去摸一下，尝试一下，但是，对于一些灯具、开关、插座等，如果稍不注意，就有可能发生意外，因此，这些设备最好能够放在屋外，或者儿童没法触碰到的地方，避免安全隐患。

> **Tips：**
> 为了满足孩子的好奇心理，可以多放一些模拟写真玩具，让儿童知道各种器具的作用以及可能存在的危害，增长知识的同时，避免危险。

儿童房的灯光设计

灯光设计对于儿童房来说，非常重要，无论是自然采光还是人工采光，儿童房间的照明一定要明亮，最好选择向阳的房间，让儿童感觉到温暖，这样才能增强孩子的安全感，利于他们更健康成长。

1 光线柔和

除了自然采光之外，人工灯光设计一定要柔和、分布均匀，并且照明充足，但不能过于刺眼，这样能够消除孩子独处时候的恐惧感，增强安全因子。如果是选择白炽灯，可以选择外皮经过处理的灯泡，避免选用直接的白炽灯管。

2 增加夜明灯

有些孩子在睡觉的时候，晚上会醒来，这个时候，需要在床头或者房间的某个地方设置一盏低照明度的夜明灯，避免孩子醒来的时候害怕，也能方便上厕所时的照明，避免磕碰。

3 整体灯光和局部灯光相配合

对于儿童房间而言，如果还具备书写和完成作业的功能，在灯光设计上，除了配备整体照明灯之外，还需要增加台灯来加强照明。玩耍的时候，可以用整体灯光来照明，书写的时候，可以用台灯来调节照明，避免视力受损。

布置儿童房，自然舒适很重要

为了让孩子住得更加舒适，在装修的时候，不仅要考虑家具达标和用具合格的问题，还需要注意一些细节。

1 床位摆放要恰当

床的位置摆放一定要合适，不要放在横梁下面，以免造成压迫感，也不要正对着房门，会让孩子感觉不舒服，可以面对着窗户，但是不要靠近窗户，让阳光适当地照射到床面，让床上用品有阳光的温暖。

Tips：

床头不要摆放录音机，也不要在床上挂太多的铃铛，更不要在床头摆放各种杂物，避免影响睡眠，让孩子神经衰弱。床的选择也最好选用木板床和棕绷床，太软的床，不利于儿童骨骼正常发育。

2 书桌摆放要注意

书桌的摆放也要注意，不要对着门，也不要对着厕所，可以对着窗户，但是如果窗外正对着马路，就不适合对床摆设，就可以靠墙摆放，但是不能背光，以免影响视力。

Tips：

书桌上面一定不要摆放高高的书架或者堆积图书，这样会有高物压迫感，并且，书桌的摆放一定要平稳、牢靠，防患于未然。

3 墙壁贴图要谨慎

儿童房间墙壁的贴图一定要谨慎，避免粘贴一些奇形怪状的动物，或者一些战斗士的图画，避免儿童产生怪异行为或者产生好斗心理。可以尽量少贴图纸，避免造成恐慌感或者烦躁不安。

4 墙壁拐角处做好护角

为了避免碰伤或者擦伤，在儿童房间的墙壁拐角处，一定要做好护角。

5 窗户做好防护

如果房间有窗户，尤其是离地较低的窗户，一定要做好防护栏，高度最好高于 1m，这样能够预防孩子爬出窗外。

［第05章］
锦上添花——精美的装饰尽显品位

　　如果说硬装是家居美化的基本功，软装则是一件锦上添花的事儿。时尚与潮流不能代表我们的全部，创造美好的家居环境，就需要我们懂得如何享受生活，软装搭配的美学和魅力正在于此。让我们自己的个性、喜好、追求，让家散发出不同的韵味，在身体疲倦的时候，给自己一个依靠和放松的空间。

风格定制，打造个性四溢的风格美家

　　每个人都是独一无二的，都有鲜明的个性，独特的审美，面对越来越多样化的家居风格，田园、地中海、简约、古典……你钟情哪一种？不同的风格，装饰出风情万种的家。

中式风格的特点与装饰须知

　　中式风格追求的是清雅含蓄、端庄丰华的精神境界。以中国传统文化内涵为设计元素，利用传统的窗棂、屏风、藻井等设计来装饰空间，追求"移步换景"的效果。中式风格可以细分为中式古典风格和新中式风格。

1 风格分类

◎中式古典风格：以木材为主要建筑材料，利用雕刻、书法和工艺美术、家具陈设等艺术手段来营造房间的意境。装饰过程中追求简单的装饰，以素和自然为美。在设计中运用藻井、天棚、雀替等物件，利用明清家具的款式等。

◎新中式风格：通过对传统文化的传承，融合现代元素和古典文化，创新地设计出符合现代人的审美需求的具有古典韵味的家居风格。运用仿古的家具、瓷器、书画等物件来表达传统的意蕴，利用现代设计理念来展现生活的需求。

新中式风格

2 基本元素

◎木质品：木材的选用是中式风格设计中的一个主要特色。用上好的木材打制的家具、屏风、窗棂、博古架等体现着古色古香的韵味。可供选择的木材有黄花梨木、紫檀木、花梨木、酸枝木等硬质木材。

◎仿古瓷器：瓷器是中国文化的一种象征，中式风格的代表元素。一只青花瓷瓶优雅地立在木质的书架上，甜白釉的梅瓶里斜倚着一枝桃花，一只珐琅彩的鼻烟壶站在书桌的一角。整个书房就这样因为仿古瓷器的出现变得古朴而有韵味。

◎中国古典书画：在客厅或者书房挂上一幅遒劲的书法，或者一幅传统的绘画，不论是雪竹寒梅还是远山古树，都体现出主人的品位和风格。古典书画是中式风格的灵气所在，没有它就无法完整展现古代文化的韵味。

◎红色：红色被亲切地叫做"中国红"，这是中式风格的主色调，它象征着吉祥如意红火顺利。红色和金色、白色以及黑色的搭配营造出中国独有的喜庆温馨的感觉。红色可以用作家具的颜色，也可以选择红色的饰品来装饰房间。

3 空间布局

◎客厅：客厅一般都会有古典的屏风或者窗棂，在门口形成一个隔断的作用。电视背景墙做成雕花或镂空的形式，或者加上中式的书法作为装饰。可以选用线条柔和的沙发，也可以采用仿古的椅子，再配上柔软的金色坐垫。如果在房间里添上一盏绸缎灯，那么古朴的韵味就会更浓。房间里不可缺少绿色的植物，选择一盆兰花或者竹子既美观又益于身体健康。

◎卧室：卧室中的家具、挂图等要采用对称的方式摆放，在窗边摆放一对明代的圈椅是个不错的选择，床头的装饰也很重要，扇形的书画，布艺的床头灯都可以古朴厚重的味道。

◎书房：中式的书房非常具有民族特色。一把太师椅，一张书桌，桌上陶制的笔筒、笔架，墙上挂一幅泼墨画，角落里摆放一盆君子兰，宁静致远的味道油然而生。

日式风格的特点与装饰须知

日式风格以清新淡雅、悠远淡泊为特色，追求一种简洁自然、闲适自得的生活态度。优雅的木拉门、地台、榻榻米都是日式风格的特征，与自然景色的融合和素色家具的使用则使人有回归原始和自然的感觉。

1 基本元素

◎木格推拉门：简便的木推拉门，在纸上手绘一幅清新隽永的绘画，意境悠远。关上门，一切外界的喧嚣都与自己无关，静静思考；打开门，融入家庭亲友之中，其乐融融。这就是日式风格中木格推拉门的妙处，流动的空间，无限的禅意。

◎榻榻米：日式风格中榻榻米是必不可少的，它不是装饰品而是用草编织成的家具，带有清新的稻草香。喜欢席地而坐或席地而睡的朋友可以在卧室中放置一张榻榻米，既可以增添房间的异域风情，又可随时享受传统生活的惬意。

◎纸质装饰品：日式风格中用纸的地方比其他风格要明显地多，木格推拉门上糊的纸，纸质的屏风，纸灯，这是日式风格独有的装饰品。纸质品上一般绘有仕女图、花卉、泼墨画、书法等，既增加房间的艺术效果也体现出主人的品位。

2 空间布局

◎客厅：日式的客厅大多比较庄严肃穆，采用较深颜色的地板、墙纸和家具，体现稳重严肃的气质。客厅里一般以茶几为中心，摆放着现代感十足的沙发、桌椅、电视以及优雅的吊灯，同时装饰有日本的地台、纸灯、屏风等，和洋并

日式风格

举是现代日式风格的一大特色。

◎卧室：木格推拉门窗是最大的亮点。卧室中一般有一个榻榻米台，现代的日式卧室中也会放一张很大的床，便于人们休息。床头放置一盏球形的纸灯，和氏的味道更加浓烈。

◎茶室：日本从中国学习了茶艺以后再日本传承下来，茶室是很多日式家庭的一部分。一般的茶室是这样的：简单的地台，上面放一张矮桌和几个柔软的垫子，墙边挂着典雅的书画。可以闲时品茶会友，累了可以休息，有客时还可当作客房。

东南亚风格的特点与装饰须知

　　东南亚风格是一种独特的岛屿特色，崇尚自然、休闲、健康，同时透露着着豪华与精致。原材料大部分直接来自于大自然，同时运用斑斓鲜艳的色彩，原始中透着奢华。佛教在这里很盛行，佛教饰品成为不可或缺的陈设，禅意与香艳并存成为一大装饰特色。

1 基本元素

◎藤竹家具：取材自然，饰品原生态，是东南亚风格的最大特点。藤与竹是最常见的两种编织家具的材料，藤条与竹条，两种材料在各种编织手法的混合运用下变成一件件精美的艺术品。不论你将这些家具摆在客厅还是卧室，浓浓的自然风情和高雅的艺术气息顿时弥漫整个房间。

◎斑斓色彩：东南亚风格中最冲击你眼球的是它艳丽而多样的色彩。青翠的绿色、浓艳的橘红色、明亮的黄色、优雅的紫色就这样搭配在一起，展现在东南亚风布艺品中，表达出东南亚的热烈风情。这些斑斓的颜色来自于大自然，体现人们在自然中奔放的情怀。

◎佛教用品：佛像、烛台、熏香、佛手，在东南亚风格的装饰品中随处可见。在斑斓的布艺与古朴的家具组成的豪华风格中，一件小小的佛教饰品会使居室有种禅意的味道。

◎生态饰品：用草或者麻编结成的花篮，用豆子竹节串编成的抱枕，还有用一颗颗咖啡豆穿起来的小挂件，造型古朴美观，房间里放置几件充满异域风情的小饰品，可以体现你的环保理念。

2 空间布局

◎客厅：以大气优雅为主要特色，一般会设置一个木制半透明的推拉门，墙面用木质装饰品，纯手工的藤竹家具和色泽鲜艳的布艺品是不可缺少的。沙发一般选择宽大的布艺沙发，房间里放几盆绿色热带植物，自然原始的韵味更浓。

◎卧室：床和家具以深色为主，墙面装饰金色红色的花纹，突出卧室的华美。另外，艳丽色彩的纱幔是装饰东南亚风格卧室的绝好道具。房间采用造型优美的吊灯，柔和的灯光让会房间更加温馨。

◎浴室：浴室里用石材打造地面，再放一张东南亚风格的浴柜，古朴的基调就出来了。镜子的使用会使整个空间富于变化，简单但不单调。

东南亚风格

田园风格的特点与装饰须知

田园风格倡导"回归自然"，崇尚一切自然的东西，力求打造舒适、绿色、悠闲的田园生活模式。田园风格分为美式的、欧式的、韩式的、中式等等。虽然都是表达对大自然的热爱与想往，但表现形式却不尽相同。

1 风格分类

◎美式田园风格：常运用具有质朴纹理的天然木、石、藤、竹等材质进行装饰。注重居室绿化，力求打造家居自然、雅致的氛围。

◎韩式田园风格：更注重后期配饰的装扮功效。譬如各种布艺品、盆栽、小饰品的应用，更能带给人心灵上的安逸与享受。

◎中式田园风格：把中式的韵味和田园风格的自然有机结合，一般都采用对称式的布局，譬如天然材质的沙发、茶几、书柜、电视柜等，这些家具的造型朴素简单，再搭配绿植盆栽，让整个居室清新自然，又具有中式的韵味和格调。

2 基本元素

◎碎花：这是田园风格的基本元素之一，小碎花特别容易使居室显得温馨、温暖。不论是墙纸、床品、窗帘，还是布艺沙发，任何一种小碎花的表现形式，都能体现出浓浓的田园风。

◎绿色：从最直观的角度讲，没有绿色就无法显现出田园风。现代家居，没有绿植就算不上田园风格，植物是田园风的精髓，如果你热爱田园风，即使家里的植物让人目不暇接也不过分，当然，植物的多少、种类需要由户型大小和你的心情而定。

◎瓷器：田园风格的家中少不了精美瓷器的陪伴，它可以扮美居室，也可以被当作容器、餐具，真正为生活提供便利。

3 空间布局

◎客厅：一般人家的客厅样式是，一个三人沙发、一个咖啡桌，一个电视柜。如果客厅面积相对较大，可选用大气的美式田园风格，其他点缀性的家具可用藤制、布艺等。

◎卧室：卧室是私密性较强的空间，除了温馨实用，营造出情趣也是重要的一方面。卧室可以选用碎花的床品，家具最好选择浅色系的，配以盆栽绿植，优雅的氛围尽显无遗。

◎餐厅：餐厅和厨房也是比较能体现田园风格的空间，可以选用仿古瓷砖，橱柜、餐桌椅最好选用同色系的原木材料。

简约欧式风格

简约风格的特点与装饰须知

　　简约风格绝不是家居的简单堆砌和物品的随意放置，它推崇简洁与实用，在舒适、经济、方便的同时体现出一定的文化品位。简约风格以动静结合、对比明显、温馨舒适、功能性强为特点，体现了现代人对生活的新追求。简约风格可以细分成简约欧式风格和简约北欧风格，虽然二者都是欧洲的设计风格，但还是有很大区别。

1 风格分类

◎简约欧式风格：常运用对称的线条和优美的曲线组合成花梗、花蕾、葡萄藤、昆虫翅膀等自然界中美丽的图案来装饰墙壁、家具、窗棂。讲究色彩明快简洁、空间构图美观大方，追求清新中的典雅。

◎简约北欧风格：更崇尚原木韵味，体现回归自然之美。设计的因素无处不在，不规则的台面，布艺的沙发处处是主人的匠心独具。简约北欧风格还提倡读书的环境，沙发旁边隔板与壁灯的组合为读书提供了方便。

2 基本元素

◎金属材料：简约风格的象征之一，不锈钢、钢化玻璃、铁质工艺品、各种金属灯等金属元素让房间充满简约、自由、前卫的气息。墙壁上优美的铁艺图案，窗户上明亮的钢化玻璃，天花板上造型独特的金属吊灯，无不体现出简约风格的独特魅力。

◎单一色系：没有眼花缭乱的色彩，没有过分繁复的装饰，房间的家具、地板、窗帘等一律采用单一的色系。可以是明快的黄白色，可以是典雅的黑白色，也可以是优雅的淡紫色……色系依据您自己的喜好而定，但是简洁、自然、流畅正是单一色系带给我们的视觉享受。

◎线条：流畅的直线，优美的曲线，交织出美丽而独特的图案，除了作为装饰品有些还特别具有实用性。如床头上用直线条勾勒出的字母型书架，既美观又实用。

3 空间布局

◎客厅：客厅是居室中最耀眼的地方，一般简约风格的客厅以黑白色为主色调，一个米色或奶白色的三人沙发，一张造型优美由玻璃与金属结合的茶几，对面是清爽干净的电视背景墙，再加上极具艺术感的镂花吊灯，简约与华美在这里相遇了。其他的装饰品可以选择枝叶细长的植物摆放在沙发旁光线充足的地方，使整个客厅生机盎然。

◎卧室：采用落地窗的可以拉伸卧室的空间感，给人宽敞明亮的感觉。卧室的颜色要尽量简单，家具选用同一色系的木质材料。如果卧室本身空间较大，可以采用浅色地板和家具，在对面墙做成简单流畅的背景墙，可以增添卧室的温馨气息。

◎餐厅：餐厅中多功能的隔板为摆放厨具提供了空间，餐台的设计体现了简约风格中高贵典雅的元素，如果餐厅中使用白色瓷砖手绘花纹，厨房也就散发出年轻的色彩。

地中海风格的特点与装饰须知

　　地中海风格是类似海洋风格装修的典型代表，通过一系列开放性和通透性的建筑装饰语言来表达其自由精神内涵；同时，它所运用的材料一般取自天然，更加体现地中海风格亲近自然的特点。

1 风格分类

◎希腊地中海风格：希腊地中海风格强调纯美明快，取材自然，带有明显的民族性。多运用大地色的仿古地砖、小麦色硅藻泥墙面，保留自然的凹凸纹理，经典的蓝白搭配也必不可少。

◎北非地中海风格：北非地中海风格体现了北非的气候特征，多用土黄、红褐等饱和度很高的颜色。注重空间搭配，充分利用每一寸空间，集装饰与应用于一体，尤其在柜子等组合搭配上避免琐碎。

◎法国地中海风格：相比其他的地中海风格，法国地中海风格更多的呈现出浪漫典雅的特点。除了经典蓝白色搭配，法国地中海风格中有较多熏衣草蓝紫色的运用。法国地中海风格讲求心灵上的自然回归感，家居设计中随处可见花卉和绿色植物。

2 基本元素

◎白灰泥墙：白色墙面灰色尖顶的房屋，五颜六色的窗户，搭配色彩缤纷的鲜花，希腊简朴自然的生活就呈现出来。白墙朴素却并不呆板，不经意涂抹休整会形成特殊的不规则表面的墙面。

◎拱廊与拱门：地中海居民喜欢无拘无束的生活，自然奔放的天性，体现到室内也是一样。连续的拱门与拱廊，大的落地窗户，在不是承重墙的地方开大的造型孔，使视觉得到延伸。

◎大面积蓝白色搭配：蓝与白的搭配是典型的地中海色彩搭配，这不仅是蓝天的体现，也与这些地区居民的信仰有关。地中海风格中贝壳、鹅卵石、拼贴马赛克等装饰元素的运用，将蓝白不同程度的组合发挥得淋漓尽致。

3 空间布局

◎客厅：地中海风格的客厅，连续的拱形和马蹄形窗常用来提高空间开放性和通透性，地面可以选择纹理较强的仿古砖，墙面用凹凸不平的灰白色来衬托，而顶面可以选择木质横梁等。

◎卧室：地中海风格的卧室多用线条简单修边浑圆的木质家具，做旧也很常见，窗帘、桌布等也以低色彩度的棉织品为主。海洋元素的装饰品如贝类、小石子等也可用来装饰细节，使卧室更具个人风格。

◎餐厅：地中海风格餐厅多使用原木餐桌，纯正纹路带来的效果会为地中海风格增色，搭配以浅色餐椅，色彩清新明亮。马赛克镶嵌、拼贴可以使餐厅墙面或地面色彩跳跃活，若有条件将窗户的设计融入餐厅，则可以更好地运用光线，将客厅营造的更加宽敞明亮。

地中海风格

美式风格的特点与装饰须知

　　美式风格有着欧洲的典雅与高贵，也融合了美洲大陆自身的豪放不羁，两种特质的结合使美式风格具有突破常规和尊重传统的双重特质。美式风格既注重高雅的情调，也强调实用，优雅中透着自在和休闲，当然美式风格中越来越凸显的前卫与创新更是不能忽略。

1 基本元素

◎花卉：美式风格中随处可见花卉的踪影，不论是桌子上摆放的一束插在花瓶中的花朵，还是油画中抽象的玫瑰以及随处放置的印花棉布和刺绣品，花卉的影子随处可见。花卉是美式风格追求自然与回忆历史的方式之一。

◎实木：美式风格中的家具大都会选用实木来打造，桃花木、樱桃木、枫木及松木都是很好的选择。实木材料为家具的进一步造型打好了基础，因此美式家具比欧式家具要更加美观，其收藏性与观赏性更强。

◎光线：宽敞明亮，简洁明快是美式风格的一大特色，也是现代人喜欢它的重要原因。本身采光性极好的设计，配上白色、米色或咖啡色的主色，使整个房间充满阳光的味道，非常的温暖，心情变得大好。

2 空间布局

◎客厅：美式风格的客厅一般都非常明快光鲜同时具有历史感，因此会采用仿古的石质或木质的材料。讲究实用也非常关键，因此沙发一般都很宽大，劳累了一天的人一进门就想坐下来休息这也是美式风格中随意休闲的体现。另外客厅中会装饰有其他仿古物件或收藏品。

◎卧室：卧室非常注重温馨和舒适，柔软的布艺品是不可缺少的装饰。卧室中的灯光很重要，一般要求非常柔和，只有光线投射过来，却看不到灯在哪里，尽显卧室的浪漫情调。

◎厨房：由于其烹饪习惯，厨房是开敞的。厨房中具有功能性极强但便于操作的厨具，比如烤箱、榨汁机、残渣粉碎机、容量很大的冰箱等。餐桌非常简单，一般只有一个便餐台。厨房墙面一般采用仿古材料，窗户上会装上洁净的窗帘。

古典风格的特点与装饰须知

　　古典风格以庄重、威严为美，因此色调比较统一，给人以沉稳、高雅的感觉。古典风格因地域和时间的不同可以划分为欧式古典风格、美式古典风格和新古典主义风格等。各种风格都在体现古典设计之美，但是在文化传统上和艺术追求上大异其趣。

1 风格分类

◎欧式古典风格：常利用华美的装饰、浓艳的色彩、精致的造型来展现居室的雍容华贵。常用大型枝状吊灯、半拱形门和油画来装饰，地面以大理石、瓷砖为主，铺有华丽的地毯。房间中采用高大柱式来增加视觉的延伸性。

◎美式古典风格：以古朴为美，强调家具的舒适实用和多功能性，在材质选择上注重旧的质感和年代感。美式古典风格脱胎于欧式风格，但更注重简洁清晰、适度得体的装饰。

◎新古典主义风格：以高雅和谐为主要特色，融合了欧洲文化的底蕴和现代的创新与技巧，是一种改良的古典主义。保留了古典风格的传统痕迹，但更注重简约、时尚、温馨和和谐的意蕴。

2 基本元素

◎油画：古典风格中油画是非常明显的装饰品。客厅里挂上一幅巴洛克风格或者文艺复兴时期的油画，可以展现房间的雍容华贵。如果是其他风格的油画选择适当也会有很好的装饰效果。

◎壁炉：壁炉是古典风格中的重要装饰品，客厅中的壁炉可以让人感觉到家的温暖和爱意。现在有燃木壁炉、电壁炉、燃气壁炉等，除取暖外还具有很好的实用性。

◎吊灯：华丽的唯美的花枝型吊灯一直是欧美设计风格中的亮点，古典风格中吊灯更是不可缺少的装饰品。客厅和餐厅一般用金属打制成复古造型吊灯，再用水晶装饰，既漂亮又实用。

3 空间布局

◎客厅：客厅要选择材质上好的深色家具，搭配米色或者亮丽颜色的欧式布艺沙发。华美的窗帘、精美的油画以及温馨的壁炉，这就是十足的古典韵味。如果再加上精致的石膏雕塑和生机勃勃的绿色植物，房间就会显得庄重而雍容，温馨且活泼。

◎卧室：床要选择材质优良，典雅高贵的款式，与房间的主色相宜。不论深色还是浅色，房间的颜色要一致。注重细节的处理，一盏欧式的台灯，褶皱的窗帘，都会增添古典的味道。

◎书房：书柜一定要选择实木的，色彩以原色或深色为主，强调古典的深沉感。装饰品可以选择在书桌上放一支鹅毛笔，在墙上挂一幅发黄的旧地图，座椅上古典仿旧的坐垫等，这些东西可以增加房间的历史感，把人带回遥远的年代。

古典风格

**五颜六色
的居室色
调搭配**

湖蓝的静谧、纯紫的浪漫、深蓝的广博、明黄的活泼、碧绿的清新、鲜橙的热情、火红的奔放成为时下年轻一族的居室色彩大爱。烘托家居氛围不再依赖传统意义上的那几样，有时候更出彩的是我们的突发奇想。

色彩在家装中的重要功能有哪些

色彩是室内装饰艺术中的血液，不同颜色对于长期身处其中的人会产生不同的心理影响，日积月累，这种影响将会变成一种不可忽视的力量，继而影响到生活的方方面面，而主要功能有如下几点。

1 治疗疾病

五颜六色的生活用品和家具摆设，如果处理得当，就能成为一种有益健康的"营养素"比如红色能刺激神经，橙色有利于诱发食欲，绿色有益消化，蓝色使人宁静，紫色促进爱情，靛蓝色则能减轻身体对疼痛的敏感作用。

客厅中的色彩搭配

2 影响孩童智力发育

在和谐色彩中成长的少年儿童，他们的创造力普遍高于普通环境中的成长者。如果他们长期处于让人心情压抑的色彩环境中，就会直接影响大脑神经细胞的发育，从而使智力下降。

3 让房间的每个功能实现最大化

橙色的餐厅有利于吸引家庭成员对于美食的热爱，紫色的卧室则能让睡眠质量得到提升，暖色能让小房间变大，深色则让大房间不会显得更加空旷冰冷。

色彩搭配的原则

无论是哪种装修和搭配，色彩都是非常重要的，在搭配上，主要有如下几个原则。

◎空间配色不超过3种，其中白色、黑色不算色。
◎金色、银色可以与任何颜色相陪衬，金色不包括黄色，银色不包括灰白色。
◎家居最佳配色灰度是：墙浅，地中，家私深。
◎厨房不要使用暖色调，黄色色系除外。
◎不用深绿色的地砖。
◎不要把不同材质但色系相同的材料放在一起。
◎明快现代的家居氛围建议使用素色的设计。
◎天花板的颜色必须浅于墙面或与墙面同色。
◎空间非封闭贯穿的，必须使用同一配色方案。

> **Tips：**
> 在一般的室内设计中，都会将颜色限制在3种之内，但也不是绝对的。由于专业的室内设计师熟悉更深层次的色彩关系，用色可能会超出3种，但一般只会超出一种或两种。

色彩对人的身心影响

众所周知，颜色对人的心理和生理影响很大，就好像我们选择的食物会对身体健康产生不容忽视的影响一样。颜色对精神和生命活力起到非常重要的作用，同时也会刺激人的心理。

1 红色使人兴奋

在所有的颜色中，红色最能加速脉搏的跳动，接触红色过多，会感到身心受压，出现焦躁感，长期接触红色还会使人疲劳，甚至出现精疲力竭的感觉。

2 橙色产生活力

橙色能诱发食欲，有助于钙的吸收，利于恢复和保持健康。

3 黄色促消化

黄色可刺激神经和消化系统，加强逻辑思维。

4 绿色促进平衡

绿色有益消化，促进身体平衡，并能起到镇静作用，对好动或身心受压抑者有益。自然的绿色对晕厥、疲劳与消极情绪均有一定的克服作用。

5 蓝色能调节体内平衡

在寝室使用蓝色，可消除紧张情绪，有助于减轻头痛、发热、晕厥失眠，使人感到幽雅宁静。

6 紫色促进安静

紫色对运动神经、淋巴系统和心脏系统有压抑作用，可维持体内钾的平衡，有促进安静和爱情及关心他人的感觉。

7 靛蓝色减轻疼痛

靛蓝色能调和肌肉，影响视觉、听觉和嗅觉，可减轻身体对疼痛的敏感作用。

> **Tips：**
> 我们在考虑房间的色彩处理时，一定要熟悉一般的色彩心理效果，同时对色彩的生活效果也应引起注意。这样，您的房间才会既典雅、温馨，又有益于身心健康。

不同空间不同色彩

根据色彩对人居环境的直接或者间接影响，我们在针对不同功能的房间有不同的色彩规划，一般除了考虑家装主人的色彩偏好之外，我们还要更多地去参考房间本身应该具有的功能。这样多方面综合考虑之后，得出来的结论，既满足了审美的需求，完美地实现了房间的功效，还能对身体健康有帮助。

1 起居室宜典雅

起居室是家庭生活的核心部分，是家庭成员团聚所在，一般起居室宜典雅、大方，色调可以选择白色调、蓝色调、暖灰调（明度要高）等，颜色上可以稍微有适当的对比，但此时重点色的选择要非常慎重，建议利用小陈设品或画来代替。

2 卧室宜温馨

卧室的色彩建议以温馨、宁静、浪漫为基调，避免出现大面积的对比色，多使用调和的颜色，显得淡雅、安宁，一般使用乳白调、淡黄调、浅紫调、浅粉调等温馨的色彩为主。

3 儿童房宜活泼

儿童房的色彩设计，应活泼、明朗、生动，根据小朋友的喜好进行选择，一般建议采用比较有纯度和明度的色彩，亮丽色彩的对比，突显出妙趣横生的感觉。

4 餐厅可大胆用色

餐厅中的色彩搭配

针对独立的餐厅，我们用色可以大胆一些，色彩明快的用餐空间会促进我们的食欲。如果半起居室与餐厅是相连的空间，那么餐厅的色彩可以随起居室的总体设计而定，大部分家庭会针对小的局部墙面，进行变化，在灯光的温暖照耀下，就会创造出温馨用餐环境。

5 厨房、卫生间适宜清新

厨房、卫生间相对较为独立。它们只需要表现出清新、洁净的特点就很 OK，如果采光不错的话，可以自行选择色彩较纯、较重的颜色；如果采光不理想的话，最好还是用白色或色彩明度较高，浅色的方案。

Tips：

天花板采用明度较高的色彩，让人感觉明亮轻盈，会让天花板看起来更高挑！将不规则的空间（如梁、柱）涂上和天花板相同的色彩，另外两面墙漆成另一种相同的颜色，让空间感觉更完整！

居室颜色要相互呼应

室内色彩设计的配色问题的根本，从这个意义上说，任何颜色都没有高低贵贱之分，孤立的颜色无所谓美或不美，只有恰当或不恰当。色彩本身所特有的敏感性和依存性，因此如何处理好色彩之间的协调关系，就成为配色的关键问题。

---

1 同一协调选用同色系搭配

相同色系中不同的深浅颜色，使空间有整体感、协调感，这也是最常见、最简单易行的办法。如用窗帘、床盖、靠垫以及同色系的装饰品等,可以将居室打造得和谐统一。

举例说明:如果房间使用的是蓝色窗帘,而所占的空间又很有限,那么我们就可以选择青花瓷瓶来搭配,同时在桌上铺上蓝色碎花的台布是不错的选择,这样就能完美地补充蓝色系氛围。

2 近似协调采用"以点带面"法

不必大动"干戈",只需通过居室装饰品,如花或装饰画的色彩营造,就可以加强家中同种色彩的表现。

以太阳花元素为例,比如我们可以利用太阳花来对整个开放式的空间进行功能板块的划分,在开门入口处利用太阳花的瓷砖来点缀,起居室的沙发选用太阳花的沙发罩,餐桌的桌布也用太阳花花色,其他房间的门口各点缀太阳花束,这样太阳花的元素将空间的不同板块连接起来。

3 细节处总控协调

除了运用色彩的相同或相似来达成风格的统一,更多的时候,我们建议根据房间设置的统一风格来选择统一的代表元素来支撑。这就要求我们在细节的处理上需要互相呼应。

比如想要打造青春时尚风格的儿童房,首先墙体颜色可选择如淡粉色、嫩绿色,浅橘色等。这些颜色和童梦色彩的主题会先入为主地酝酿出梦幻的神秘感,比如迪士尼动画的感觉。我们在床品的选择、家具的选择、装饰的选择上最好都包含迪士尼元素,这样就算整个房间色彩不统一,也能呈现一个完美呼应的乐园。

色彩搭配要相互响应

4 对比协调

如红色对绿色，紫色对黄色，蓝色对橙色等相搭配。在运用此方法时，须注意房间的功能要求，如果是卧室就不必用太强烈的色彩，休息的空间色彩温和些为佳。

你可以选择一种你最喜欢的颜色为主色调，再选一种合适的颜色为辅助色，二者联手搭配，就会有"红花绿叶"式的相映成趣之美。

> **Tips：**
>
> 色彩的近似协调和对比协调在室内色彩设计中都是需要的。近似协调固然能给人经统一和谐的平静感觉，但对比协调在色彩之间的对立，冲突所构成的和谐关系却更能动人心魄，关键在于正确处理和运用色彩的统一与变化规律。

暖色与冷色的搭配技巧

从颜色的分类上看，暖色调包括了黄色、橙色和红色，冷色调则包括了紫色、蓝色、青色、绿色。在同一温度下的房间里，因为选用的色彩不同，我们感受到的冷暖程度也不一样。具体冷暖如何搭配，在回答这个问题之前，我们还是要先想清楚几个问题：一是我们自己喜欢什么颜色，二是我们希望房间会有什么样的感觉，三是界定房间的功能。

1 根据地域来搭配冷暖色

在南方炎热的夏天，我们都比较喜欢蓝、绿、灰等冷色调，而在北方寒冷的冬季，我们偏爱使用黄色调，因为它能能最大限度地制造出活泼的效果，与红色、橙色搭配起来，会让整个房间显得更加温暖。

2 根据房间功能来搭配冷暖色

排除人们的心理、生理、文化、修养等各种因素，还要根据不同居住环境的使用功能来选择冷暖色调，从整体色调入手，注意好各个环境的空间分区。

> **Tips：**
>
> 小房间适用于浅色，较大的房间里如书房和饭厅，可以大胆使用深色和鲜明的色彩。

3 根据房间朝向来搭配冷暖色

房间朝北宜选暖色，在为房间选定色彩时，首先要观察房间里的扇窗数量，以及房间一天的采光量，再仔细思考一下，一天中我们什么时候会待在这间房间。如果房间朝北或朝东，选用温暖、灿烂的色彩；如果房间朝南或朝西，就要用较冷、较暗的色彩来抵抗西晒了。

4 根据房间大小来搭配冷暖色

浅色会反射更多的光，使房间显得更大，深色会吸收光线，使房间显得较小。富有光泽的表面会反射更多的光，而相同色彩的毛面或网纹面则大不相同。在选择色彩时，可以在墙上刷一小块选定的颜色来欣赏效果。

> **Tips：**
> 宽敞的居室采用暖色装修，可以避免房间给人以空旷感；房间小的住户可以采用冷色装修，在视觉上让人感觉大些。人口少而感到寂寞的家庭居室，配色宜选暖色，人口多而觉喧闹的家庭居室宜用冷色。

5 根据房间的形状来选择颜色

颜色能在一定的程度上改变人们对房间形状的感觉。例如冷色可使较低的天花板看上去变高了，使狭窄的房间变宽了。在房间远端墙上用深色度的颜色，会使那堵墙产生前移的效果。类似的效果可改变任何房间的外观。

6 根据季节来选颜色

对于墙面和家具已经设置完好的房间在不同的季节也能灵活调整冷暖色的问题。
◎夏天的时候可以从心理降温。使用一些蓝色、绿色的坐垫、灯罩、窗帘等，使冷色块占据房间多数的空间，还可以将暖色灯泡换成白色，或在室内放置水果、绿叶植物等，度过一个清新而不燥热的夏天。
◎冬天则需要营造温暖的感觉，暖色调就成了主打，将床单、被罩、窗帘统统换上粉红色、浅橘色甚至不常用的大红色，房间里也使用橘色的灯，既有利于视力又暖和。

7 根据房间的主人特点来选颜色

老人，小孩，男，女，对色彩的要求有很大的区别。色彩应适合居住者的爱好。如儿童房比较适合色彩艳丽，欢快活泼的色彩，而老人房则比较适合沉稳，稳重的颜色。当然除了一般化的规律之外，还要重点考虑房间主人的喜好。

> **Tips：**
> 光对于冷暖色的调节也不容忽视，人造光中白炽灯会使大多数色彩显得更暖更黄，蓝色会显得发灰。荧光灯会使颜色显得更冷，而卤素灯最接近自然日光。如果为餐厅选择涂料，就要把反射到墙上的烛光也考虑在内。

布艺，配饰中的潮流新元素

布艺作品，在现代家庭中越来越受到人们的青睐，人们说，如果装修称为"硬饰"的话，而布艺则作为"软饰"的典范，在家居中拥有着自己的独特魅力，柔化了室内空间的生硬线条，让居室被赋予更加温馨的格调：或清新自然，或奢华绚烂，或浪漫唯美。只要你喜欢，布艺都能满足你的需求。

了解室内配饰的功用

家居配饰是指装修完毕之后，利用那些容易更换、容易变动位置的饰物与家具，比如窗帘、沙发套、靠垫、工艺台布及装饰工艺品、装饰铁艺等，指的是对室内所做的二次陈设与布置。

完美的室内配饰，往往起到画龙点睛的作用，不但体现出了配饰本身的价值，还可以起到陶冶情操，增进生活环境的性格品位和艺术品位，其主要功用如下。

1 改善空间形态

很多现代家居，钢筋混凝土以及冰冷的钢结构，显得很单调的，给人感觉很冷漠。如果说我们长期生活在里面的话，就会感觉到一种枯燥感。绿色植物、艺术品、纺织品，这些物品，他们亮丽的颜色，丰富的形态，生动的造型很好地改善家居空间的形态。

2 完美表现空间

一个优秀的家居装饰设计作品，总能明确表达一个主题。完美的家居和配饰，就能做到这一点。家居设计、家居配饰，它设计所达到的效果，是能够创造一种场所精神。

3 烘托家居环境

家居配饰在家居环境中，因为它具有较强的视觉感知度，因此对于家居环境的气氛，具有巨大的贡献。因为家居的感觉，配饰的感觉，在家居空间中，比界面来的强烈。配饰以其丰富的形态、亮丽的色彩，对整个空间环境气氛的创造有着卓越的贡献。

布艺装饰

4 强化家居空间风格

家居空间有各种不同的风格，配饰品的合理选择和陈列，对于家居空间风格的形成具有非常积极的影响。

5 调节家居环境的色调

在家居环境中，家具和配饰品，占据的面积比较大。在很多空间里面，家具占的面积，多超过了40%。窗帘，床罩，颜色的选择，其实对于整个客房的色调的形成，起了绝对作用。如今的设计师，都采用反思维去设计，先去考虑家具，饰品然后去定位各个面的色调定位。

6 展现主人个性

配饰设计非常注重个性和表达。公共空间里面表现的气氛风格，要考虑主人的审美观念。而这种审美倾向，也主要是通过配饰品体现。家具与配饰在这里面可以扮演一个非常重要的角色。

布艺饰品有何优点

布艺饰品作为软装饰，在家居中独具魅力，它柔化了家居空间的线条，在实用功能上更具有独特的审美价值。布艺饰品包括壁布、窗帘、椅垫、靠垫、台布、床罩、枕套和沙发套等。用布艺饰品装饰家居花费不多、实惠简便，给家居装饰的随时变化提供了方便。我们分别看一下其优点。

1 棉类

优点

吸湿能力强，保暖性强。

它是取自棉籽之纤维，以采摘处理、轧棉、梳棉、拼条、精梳、纺、精纺成棉纱再由棉纱积成棉布，分子中含有大量的亲水结构，便形成了吸湿力强的优点。

它还具有保暖性，故棉纤维是热的不良导体，棉纤维的内腔充满了不流动的空气，使用舒适，不会产生静电，透气性良好，防敏感，且容易清洗。

> **Tips：**
> 注重外观使用者，可以慎重考虑一下了。如果纯棉类的纺织品缩水标准一旦超出 3%～5%，捡个简单的比喻，那沙发套，一旦洗变型了，就很难再套得上去了。

2 涤纶类

优点

强度大、耐磨性强、弹性好，耐热性也较强，起到更大的牢固作用。

3 锦纶类

优点

有强力、耐磨性好。它的耐磨性是棉纤维的 10 倍，是干态黏胶纤维的 10 倍，是湿态纤维的 140 倍。因此，其耐用性极佳。

4 涤棉混纺类

涤棉混纺类指涤纶与棉的混纺织物的统称，将涤纶和棉花按一定比例混纱线织成的纺织品。既突出了涤纶的风格又有棉织物的长处。

优点

在干、湿情况下弹性和耐磨性都较好，尺寸稳定，缩水率小，具有挺拔、不易皱折、易洗、快干的特点。

5 高密 NC 布类

高密 NC 布系采用锦纶（尼龙）与棉纱混纺或交织的一种织物，其密度较大，一般采用平级组织。

优点

优点在于它综合了锦纶和棉纱的优点，不易磨损、柔软舒适、清洗方便。

6 3M 防水摩丝布类

3M 防水摩丝布面料采用现代最新科技——"新合纤"，即超细纤维作原料制织的高密度织物，手感柔软、光滑细腻；该织物具有比普通织物多无数倍的微细毛羽，高无数倍的表面积和微孔，因而该织物具有很大的纳尘、去油、去污能力。

优点

既具有良好的防水性能，又不影响织物的透气和透湿性。光泽柔和高雅；手感柔软、滑爽、细腻；触感温暖；布身蓬松而有弹性。

Tips：

如何避免消费陷阱，让钱花的物有所值？尽管布艺的选购，在极大程度上取决于消费者自身的喜好与品位，但在选择布艺饰品的诸多因素中，把有关布料的质地尤其关键，许多人都把缩水率低、色牢度强、密织度高的质优布料作为首选。我们在布艺的选择上，要先了解布料的基本质地、货品来源，以及其特性，根据实际情况订购布艺产品。

布艺饰物分为哪几种

了解了布艺布品在装扮家居环境中的重要作用，接下来就要好好认识一下布艺饰品的种类属性等，根据使用功效、空间、计划特色、加工工艺等分类分别有不同的分离。不管用什么材料和加工工艺制作的布艺品，最关键的是搞清楚布艺饰品要用在什么地方，当做什么用，一般来说，我们通常从布艺品的使用功效和空间进行分类。

---

1 餐厅类

适用于餐厅使用的一系列物品，比如桌布、餐垫、餐巾、餐巾杯、杯垫、餐椅套、餐椅坐垫、桌椅脚套、餐巾纸盒套、咖啡帘等。

2 厨房类

适用于厨房的系列产物，包含围裙、袖套、厨帽、隔热手套、隔热垫、隔热手柄套、微波炉套、饭煲套、冰箱套、厨用窗帘、便利袋、保鲜纸袋、擦手巾、茶巾等。

3 卫生间类

适用于卫生间的系列产物，包含卫生（马桶）坐垫、卫生（马桶）盖套、卫生（马桶）地垫、卫生卷纸套、毛巾挂、毛巾、小方巾、浴巾、地巾、浴袍、浴帘、浴用挂袋等。

4 装饰与摆设类

壁挂式装饰与摆设有信插、鞋插、门帘和装饰类壁挂等，平面摆设式有各类工艺篮、布艺相框、灯罩、杂志架、各类筒套等。

形形色色的垫子

5 垫子类

垫子指用于客堂和起居室以及其他休闲地区的各种坐垫。

6 包装类

包装类物品平时休闲购物时可以用，或者挂于某处移做他用，也可以用于装饰。

7 家具类

家具如布艺沙发等现代家具比较流行的饰品，装饰效果好。

窗帘主要有哪些种类

现在，窗帘已与我们的空间并存，格调千变，样式万化，功能用途也细化到各个方面。风格和造型也是多种多样，欧式、韩式、中式，遮阳帘、隔音帘、天棚帘、百叶帘、木制帘、竹制帘等，举不胜举，应有尽有，难怪人们喜欢把窗当成眼睛，把帘当成眼皮，分外钟情！

窗帘的种类虽然繁多，但大体可归为成品帘和布艺帘与两大类。

1 成品帘

成品帘根据其外型及功能不同可分为：卷帘、折帘、垂直帘和百叶帘。

◎卷帘：优点是收放自如。

这种窗帘可分为：人造纤维卷帘、木炙卷帘、竹质卷帘。其中人造纤维卷帘以特殊工艺编织而成的，可以过滤强日光辐射，改造室内光线品质，有防静电防火等功效，可以根据自己的需求选择。

◎折帘：优点是吸音效果强。

根据其功能不同可以分为：百叶帘、日夜帘、蜂房帘、百折帘。其中蜂房帘有吸音效果，日夜帘可在透光与不透光之间任意之功效，可以根据自己的需求选择。

◎垂直帘：优点是常规通用。

根据其面料不同，可分为铝质帘及人造纤维帘等，可以根据自己的需求选择。

◎百叶帘：优点是随意调整光线。

一般分为木叶页、铝叶页、竹叶页等。百叶帘的最大特点在于光线不同角度得到任意调节，使室内的自然光富有变化，可以根据自己的需求选择。

2 布艺帘

优点

装饰性强。

用装饰布经设计缝纫而做成的窗帘。布艺窗帘根据其面料、工艺不同可分为：印花布、染色布、色织布、提花布等。

◎印花布：在素色胚布上用转移或园网的方式印上色彩、图案称其为染色布，其特点：色彩艳丽，图案丰富、细腻。

◎染色布：在白色胚布上染上单一色泽的颜色称为染色布，其特点：素雅、自然。

◎色织布：根据图案需要，先把纱布分类染色，再经交织而构成色彩图案成为色织布，其特点：色牢度强，色织纹路鲜明，立体感强。

◎提花布：把提花和印花两种工艺结合在一起称其为提花布。

> **Tips：**
> 布艺窗帘色面料质地有纯棉、麻、涤纶、真丝，也可集中原料混织而成。棉质面料质地柔软、手感好；麻质面料垂感好，肌理感强；真丝面料高贵、华丽，它是 100% 天然蚕丝构成，其自然、粗犷、飘逸、层次感强；涤纶面料挺括、色泽鲜明、不褪色、不缩水。

挑选窗帘四要素

窗帘，炎炎夏日能遮阳、秋天能防晒、冬天能保暖，可谓是家居生活中最为贴心的软装。而窗帘也因为丰富的材质、不同的颜色、不用的造型，对整个居室的影响颇大，稍不留意可能造成不和谐。挑选合适的窗帘装饰，能给整个居室起到画龙点睛的功效。

1 材质选择

薄棉布、尼龙绸、薄罗纱、网眼布等薄型织物制作的窗帘，不仅能透过一定程度的自然光线，同时又可使人在白天的室内有一种隐秘感和安全感。这类织物具有质地柔软、轻薄等特点，因此悬挂于窗户之上效果较佳。

> **Tips：**
> 除此之外，还要注意与厚型窗帘配合使用，因为厚型窗帘对于形成独特的室内环境及减少外界干扰更具有显著的效果。在选购厚型窗帘时，宜选择诸如灯芯绒、呢绒、金丝绒和毛麻织物之类材料制作的窗帘比较理想。

2 花色选择

窗帘的花色要与居室相协调，根据环境和季节来综合权衡确定。夏季宜选用冷色调的窗帘，冬季宜选用暖色调的窗帘，春秋两季则应选择中性色调为主。从居室整体协调角度上说，应该考虑与墙体、家具、地板等的色彩是否协调。如果家具是深色调的，就应选用较为浅色的窗帘，以免重复过深的颜色使人产生压抑感。

3 尺寸和样式

一般来说，窗帘的宽度尺寸，以两侧比窗户各宽出 10cm 左右为宜，底部应视窗帘式样而定。落地窗帘，一般应距地面 2 ~ 3cm，短式窗帘一般长于窗台底线 20cm 左右为宜；窗帘在样式选择方面，为了避免空间因为窗帘的繁杂而显得更为窄小，小房间的窗帘以简洁为好；而对于大居室，则宜采用比较大方、气派、精致的式样。

4 质地的选择

在选择窗帘的质地时，首先应考虑房间的功能。浴室、厨房就要选择实用性较强、易洗涤的布料，风格力求简单流畅；客厅、餐厅在充分保证不受外界光线及噪声的影响下，宜选厚度较强的面料；书房窗帘应选透光性好、明亮的布料，色彩淡雅，有助于放松身心和思考。

> **Tips :**
>
> 窗帘的选择还应考虑季节因素，夏季窗帘宜用质料轻柔的纱或绸，透气凉爽；冬天宜用厚重的面料，保暖性强；碎花薄窗帘最适合春天使用。如果拿不定主意，有一个办法简单有效，那就是采用双层帘，根据不同季节和光线交替使用。窗户较小，选用升降帘较好。厨房、卫生间等由于潮湿、油烟，用百叶窗较合适。阳台要选用耐晒、不易褪色材质的窗帘。

卧室窗帘如何选

卧室是私密极强的区域，也是人们最能放松自我的空间。窗帘作为卧室中的重要部分，地位非常重要，它肩负着营造舒适自如的居家环境，同时，还要保护主人的隐私。这两个责任缺一不可。

从风格的角度来说，卧室的窗帘风格可分中式、欧式、现代三大类。本着以家装风格为主导思想，一般来说，卧室窗帘多讲究质厚、温馨、安全。卧室窗帘如何选择呢，要参考如下几个因素。

1 卧室主人特点

通常老年人的卧室，色彩宜庄重素雅，可选暗花和色泽素净的；年轻人的卧室则宜活泼明快，可选现代感十足的图案花色；喜欢安静的人可选择偏冷色调；相反，喜欢热闹的可选择偏暖明艳色彩。

2 卧室功能

在设计搭配上，卧室窗帘以窗纱配布帘的双层面料组合为多，一是能起到隔音效果，二是能遮光，同时色彩丰富的窗纱会将窗帘映衬得更加柔美、温馨；对于爱喜欢睡觉的主人，选择遮光效果好的窗帘，一定能让您拥有一个绝佳的睡眠。

3 卧室色彩

因为窗帘在居室中占有较大面积，而且是在最亮地段，所以选择时要与室内的墙面、地面及陈设物的色调相匹配，以便形成统一和谐的环境美。

Tips：

墙壁是白色或淡象牙色，家具是黄色或灰色，窗帘宜选用橙色。墙壁是浅蓝色，家具是浅黄色，窗帘宜选用白底蓝花色。墙壁是黄色或淡黄色，家具是紫色、黑色或棕色，窗帘宜选用黄色或金黄色。墙壁是淡湖绿色，家具是黄色、绿色或咖啡色，窗帘选用中绿色或草绿色为佳。

---

4 卧室大小

窗帘的长度要比窗台稍长一些，以避免风大掀帘。窗帘的宽度要根据窗子的宽窄而定，一定要使它与墙壁大小相协调。较窄的窗户应选择较宽的窗帘，以挡住两侧好似多余的墙面。还有窗帘是否打上褶或用双层，这要根据个个的喜好去选择。

5 卧室的风格

不同质地的窗帘布会产生不同的装饰效果。丝绒、缎料、提花织物、花边装饰会给人以雍容华贵、富丽堂皇的感觉。方格布、灯芯绒、土布等能创造一种安逸舒适的格调。窗帘不建议使用过于光滑闪亮的布料，因为这样的布料容易反射光线、刺激眼睛，还会给人以冷冰冰的感觉。

6 窗帘图案

窗帘布图案主要有两种类型，即：抽象型（又叫几何形，如方、圆、条纹及其他形状）和天然物质形态图案（如动物、植物、山水风光等）。选择窗帘图案时一般应注意，窗帘图案不宜过于琐碎，要考虑打褶后的效果。窗帘花纹不宜选择斜面，否则会使人产生倾斜感。高大的房间适合选择横向花纹。

客厅窗帘如何选

和其他窗帘的选择一样，在客厅装饰的环节中，客厅窗帘的选择是非常关键的一步，选择窗帘时，除了注意层次与装饰性的同时，还要考虑与主人身份是否协调、是否符合客厅的得体、大方、明亮、简洁的特点。

一般来说，大多数的客厅窗帘都选择暖色调图案，温暖的色调能给人以热情好客的感觉，如果再加以网状窗纱点缀，则能从整体上给人以高雅、恬静、温馨的美感魅力。要选择合适的客厅窗帘，并不是一件容易的事情，也是需要从客厅装饰的多个影响环节出发，进行多方面考虑。

1 参考地板的颜色

客厅窗帘颜色应与地面接近，如地面是紫红色的，窗帘可选择粉红、桃红等近似于地面的颜色，但也不可千篇一律，如面积较小的房间，地板栗红色，再选用栗红色窗帘，就会显得房间狭小。

2 客厅的风格

首先要根据不同的装饰风格，选择相应的款式、颜色和花型。

从色彩上来讲，深色的窗帘显得庄重大方；浅色调、透光性强的薄布料为好，能够营造出一种庄重简洁、大方明亮的视觉效果。客厅窗帘的颜色最好从沙发花纹中选取。

3 客厅的家具

比如说白色的意式沙发上经常会缀有粉红色和绿色的花纹，窗帘就不妨选用粉红色或绿色的布料，能够相互呼应。

4 客厅的色彩

如果室内色调柔和，并为了使窗帘更具装饰效果，可采用强烈对比的手法，比如在鹅黄色的墙壁垂挂蓝紫色的窗帘；反之，如果客厅内已有色彩鲜明的风景画，或其他颜色浓艳的装饰物、家具等，窗帘就最好素雅一点。

5 客厅的窗户

◎如果家里安装了大面积玻璃的观景窗，则建议采用罗马帘为宜。罗马帘的两大好处：一是用布少，二是帘收起来时是层叠状，富有立体感，节省空间。

◎如果你想在室内营造浪漫的气氛，可以选用透光或半透光的风琴帘。

◎要让窗外的美景透进来，丝柔的卷帘是很好的选择。

◎而垂直帘的一垂到底的意境也是不错的选择。

6 客厅的大小

安装在别墅客厅里的窗帘，可以采用垂直卷帘，素色，看上去不仅美观而且大方，窗明几净的效果一览无余，简单、整洁，主人高雅的风格不言而喻。并且与户外的景色浑然一体，贴近自然，非常和谐，这种风格的客厅窗帘设计适合高档小区、别墅等场所。

7 客厅的视野

靠山墙壁从天花板到地板整体设计成窗帘，坐在室内就可以平视和仰视，户外绿色尽收眼里，当窗帘拉开，厅内明亮丽人，空空旷旷的犹如置身于野外，是高级居所客厅不错的选择。

Tips：

选购窗帘的注意事项：分清是真进口还是冒牌货，如果标明是进口产品，要向商家索取必要的进口证书。自己丈量的尺寸未必精确，先了解洗涤方法和缩水率，适当放大尺寸。

书房窗帘如何选

书房在整个家居环境中，是属于最为宁静而清雅的地方，身处其中，无论读书、看报、查阅资料都需要一份安稳平和的心态，因此，书房给人的感觉，多为素雅大方，清清淡淡的风格。为了营造美好的书房环境，就需要我们照顾到以下的几个方面。

1 采光要好

总体来说，书房的窗帘要明亮、透光性好，颜色方面尽量以淡绿、浅蓝等干净清爽的色彩为主，以此来营造雅致、怡静的书香氛围。

2 材料自然

在书房窗帘的材料选择上：天然竹木的"竹帘"、"木百叶帘"通常为首选，其简洁明快的造型可使人神清气爽，有利于提高工作和学习效率。一袭原色竹帘，一种复古情调，一室书香静谧。

Tips：

同时，在选材用料上也要注重环保。布帘的质地以棉、麻、化纤等材质为主，而百叶、卷帘则用木、竹、麻、铝合金一起来。无论是布帘还是百叶，都要求：不掉丝，不褪色，不仅要含棉高、颜色正、手感好，还要无污染、易洗涤。

3 大小合适

如果您的书房面积不大且窗型窄小，那造型简单的风琴帘再适合不过，颜色淡雅，透光性好，让您在狭小的空间内依然能心旷神怡。其他窗帘种类，如折叠帘，百折帘等也可作为书房的窗帘，只要搭配合理且与整体环境和谐统一就好。

4 色彩舒适

书房使用的纱窗帘，大部分人偏爱绿色，绿色的清新自然给人以活力。同时，从保护视力的角度来讲，绿色是视力保护色，非常适合伏案工作之后抬头进行放松，也容易和家里的风格搭配，属于经典色系。

厨卫窗帘如何选

说到厨房、卫生间窗帘的选择问题，除了满足一般窗帘的条件，还需要照顾到这两种特殊场合的特殊性：必须具有防腐、防水、遮挡视线、易清洗的功能。厨房、卫生间的窗户一般都较小，因此窗帘的选择方面，就要求我们在帘头和悬挂方式上做些努力，只要能整体装饰谐调一致，小窗也能更出彩。

到底厨卫窗帘又该如何选呢，怎样的窗帘才是最棒的呢？下面有几款成功的案例可供大家分享。

1 和谐搭配的条纹帘

别看只是一个小小的厨房，除了必备的橱柜，有时在厨房摆放上小圆桌和小餐椅，也可以营造出一个简单的就餐区。而将厨房的窗帘花色与桌布协调起来，则会营造出一种意想不到的出彩效果。

> **Tips：**
> 蓝黄相间的条纹布给人简洁明快的印象，无论是用做窗帘还是当成桌布都非常合适，而另一侧的高窗采用蓝黄相间、但有碎花图案的帘布，统一中又有不同花色的变换。

2 创意独特两截帘

两截式设计不但使窗帘具有特色，而且更加实用。分别使用时可达到不同的使用效果，除了可调节室内光线，还可恰到好处地保护主人的隐私。

3 简洁高雅罗马帘

剪裁简单，与窗体贴合自然的罗马帘适合设计简洁的浴室。底部的波浪式曲线增添了室内的雅致氛围，窗帘的颜色与墙壁的颜色浑然一体。与墙壁和谐搭配的素色卷帘，可根据需要上下调节高度，设计的亮点之重则是帘底的蝴蝶结。

4 整体呼应碎花帘

纯蓝色调的外帘，搭配白色碎花图案的内帘，在同色格纹的帘头衬托下显得清新淡雅，束带上的纽扣式设计完美地呼应了餐桌椅的风格，整体格调统一、自然。

5 甜美温馨澳洲帘

大受欢迎的澳洲帘，其特色就在于其底部的波浪式花边设计，蓬松的造型加上与墙壁和谐搭配的碎花图案，营造出浪漫的沐浴氛围。

Tips：

　　以上和大家分享的都是比较经典的厨卫窗帘代表，每个人可以根据个人的喜好，并结合厨卫的具体特点，进行 DIY 创意，这样既能保留经典的精髓，就能加入个性化元素，必然能设计出属于自己风格的经典窗帘。

地毯有哪些种类

　　地毯作为世界范围内具有悠久历史传统的工艺美术品类之一是以棉、麻、毛、丝、草等天然纤维或化学合成纤维类原料，经手工或机械工艺进行编结、栽绒或纺织而成的地面敷设物。

1 地毯按材质分

◎塑料地毯：以塑料为原料，经高熔化后喷成丝，再把丝制成地毯丝，用织机编织而成。

◎真丝地毯：用天然丝线为原料，以传统的复杂的打结方法编织而成。

◎混纺地毯：常以纯毛纤维和各种合成纤维混纺，用羊毛与合成纤维，如尼龙、锦纶等混合编织而成。

◎雪尼尔地毯：指地毯以雪尼尔纱编织而成。

◎化纤地毯：化纤地毯也称为合成纤维地毯，品种极多，有尼龙（锦纶）、聚丙烯（丙纶）、聚丙烯腈（腈纶）、聚酯（涤纶）等不同种类。

2 地毯按工艺分

◎手工织造：指纯手工编织的地毯。工艺精巧，凡是图画能描绘的形象在高级的手工丝织地毯上都能表现出来。

◎无纺织造：指采用无纺织物制造技术，即原料不经传统的纺纱工艺，用织造方法直接制成织物。

◎机器织造：采用机械设备生产的地毯。机织地毯是相对于手工地毯而言，产量大，工效高，成本低，售价廉，可按面积量裁。

Tips：

　　总的来讲，地毯有以上的分类形式。地毯花色以及材质风格的选择，可以根据家中的装修来定，图案的精巧度方面则可以按工艺的制作来选择。

根据用途选地毯

　　随着生活品质的不断提高，很多家庭为增加居室的时尚性，开始把目光投向地毯。地毯以其出色的保暖、隔音、脚感舒适等特点及装饰性受到越来越多家庭的青睐。但在选择地毯方面也有不少学问，要从用途的角度来选择。

1 门口洁尘

如果地毯是放在门口的，一般宜铺设小尺寸的地毯或者脚垫，既美化家居，又具有家居清洁的作用，适宜选择化纤地毯。

2 客厅装饰

放在客厅的地毯就需要占用空间较大的了，此时可以选择厚重、耐磨的地毯。面积稍大的最好铺设到沙发下面，制造成整体划一的效果。如果客厅面积不大，应选择面积略大于茶几的地毯。

3 卧室点缀

如果是放在卧室中，地毯的作用则是为环境营造温馨的气氛，所以地毯的质地相当重要。市面上有一些绒毛较长，以彩色为主的专为卧室设计的地毯，铺设在家中既温馨又浪漫。

4 完善居室功能

客厅地毯则讲究厚重、耐磨，但也要考虑客厅的整体装修风格。卧室的地毯，需要能制造一些温馨浪漫情调的，一般以粉色为主。如果是放在孩子的房间里，可以选择带有卡通人物图案的地毯。从质地上来看，建议选择既容易清洁又防滑的羊毛地毯。

> **Tips :**
> 对于不同功能的房间地毯的选择也会有些许制约，客厅餐厅选择的地毯可以选择色彩丰富，颜色纯度较高的，但是对于卧室与书房的地毯一定要注意选择，颜色灰度较高，图案不要过于复杂的。

5 协调色彩

冷色调营造冷静、明智的氛围；暖色调则显得亲密、温馨；色彩艳丽，缤纷的颜色能渲染热闹喜气的场所；单一的色彩则更适合安静、正规的场所。

> **Tips :**
> 毛茸茸的地毯虽然能带给人温暖的感觉，但它也极易诱发人们患上哮喘病，引起过敏症状的发生，这主要源于地毯中隐匿的螨虫。为了避免患上哮喘等呼吸道的疾病，必须依据自己的体质，选择具有防尘、防污和耐磨损的优质地毯。确保地毯的清洁，需要定期吸尘，对于活动较频繁的区域则需每周吸尘两至三次。

怎样挑选床品

床品是家纺的重要组成部分，在中国，床品业又称为寝装业，或者叫寝具业、卧具业及室内软装饰业，不过目前多数行业人士还是习惯使用家纺行业的大概念。从构成方面来说，床品主要包括：枕芯、被褥、床垫、枕套、被套等。

床上用品是家居生活不可缺少的一部分，床品的选择，创造更好的睡眠是首要任务，同时，好的床品也反映了良好的生活品质。面对琳琅满目的各类床上用品，我们经常容易挑花眼。下面是一些在选床上用品时的小窍门。

1 查标记，看包装

在购置时床上用品时，首先要检查产物标记，正规企业的产品标记内容比较完全，地址清晰。如标记内容不全、不标准、有意虚浮，就要稳重购置。如产物没有标记，或虽有标记但没有注明出产企业或企业地址、没有产物规格和成分含量、没有执行规范、没有经久标签、标签产物与包装之间内容导致歧义，则最好不要购置。此外，如产物包装粗拙、印刷恍惚不清，也不宜购置。

床品选择

2 查外观，看做工

当前市场上的床上用品层次分歧，价钱差异大，做工和质量差距也大。质量比较好的产品，其布面平坦平均、质地细腻、印花明晰、富有光泽、缝纫平均平坦。如产物布面不匀、质地稀少、斑纹杂乱、缝纫粗拙，则质量就不敢保证了，这种床品经过水洗之后，其尺寸色彩都会大打折扣。

3 闻异味，挑花样

纺织品在印染和加工中要运用多种整顿剂和助剂，如果在加工过程中，工艺不过关，将会残留很多多余的化学成分，对人体形成损伤。我们在选购时，可以闻闻其味道，如果床品有异味，就可能有甲醛残留，最好不要购置。

> **Tips：**
> 在选颜色的时候，以选购淡色调为宜，这样能降低染色牢度超标的风险。如果比较喜欢深色床品的朋友，建议在选择的时候，自己可以用一块布用力在布面上重复摩擦，假如布沾上了颜色，则说明床品容易掉色，尽量不要购置。

4 勤改换，保安康

枕头是一把双刃剑。除了给我们舒适的睡眠享受，而隐藏的病菌则是无形的刀。其中最经常见的曲霉菌最有能够激发疾病。曲霉菌是招致白血病和骨髓移植病人死亡的一个首要的传染要素。

Tips：

除了病人外，像老年人、婴幼儿这类免疫力低下的人群的枕头也是要稳重选择。当然买到好枕头也需求好好地保护，按期的换洗才是真正的卫生洁净。

5 管全貌，善搭配

床上用品的花形是一个主要的要素，按各自的喜好去选花型是理所当然。但由于床上用品是用于居室情况中，必需思考它们与房间整体的协调性及房间的专属功用特征。

6 讲舒适，看面料

在选择床上用品时，舒适的面料，最关键的一点，最好选择采用环保染料印染的纯棉高密度的面料。一般来说，纯棉、真丝等质地柔软的面料，这些床上用品手感好，保温性能强，也便于清洗。

Tips：

床上用品与周围环境的色彩搭配、质地性能、图案纹样的巧妙组合，可形成千变万化的装饰效果，在选择时要综合考虑。

7 重装饰，选花色

能够营造出舒适、温馨的家庭氛围是人们挑选寝具的一个原则，选择寝具色彩在照顾自己喜好的同时，还要考虑到与周围的环境是否协调。原色之间的搭配，由于色彩的纯度高，个性强，易于表现华丽的效果，在图案选择上，一般大花、卷草等图案具有表现富丽堂皇的效果；而几何、抽象图案则能体现雅致、前卫的感觉。

8 确定款式的诀窍

选择床上用品是体现个性化的关键，因为床是卧室的重点所在。如果想表现整洁、简约的风格，就挑色彩平淡、花纹朴素的面料。用带花纹缀边的图案布料可制造出奢华的效果。挑选床上用品要与床的式样联系起来考虑，一只四柱的豪华大床配上华丽的床上用品才好看。另外可以搭配一些布垫和毯子，使床具与房间的布置格调一致。

Tips：

一般来说：棉麻布粗暴强烈热闹，印花布朴实天然，绸缎富有华美，丝绒典雅严肃，锦缎古色古喷鼻，纱织物轻巧，质地粗拙的觉得暖和，质地润滑的觉得清冷。根据不同的功能需要和审美需求进行综合选择。

沙发与靠垫如何搭配

　　沙发与靠垫是一组温馨的搭配，不同的风格和材质的沙发靠垫组合，会演绎出不同风格的居室环境，具体如何搭配，除了考虑居室的整体风格，主人的审美要求，房间的大小，材质的选择以外，还有很多方面，下面是几款经典的搭配，供大家参考。

1 藤制沙发黑白红创造时尚动感靠垫

◎创意原理：采用较为单纯的搭配手法，利用黑、白、红色的鲜明对比，将客厅的层次拉伸开，用3种最分明的色彩形成视觉上的强烈对比。选择更加纯粹的色彩，能增加视觉的冲击力，也营造出了时尚新锐的潮流感。

◎靠背要求：靠背的色彩要与地毯、装饰品、挂钟、墙面相呼应，使得原本单纯的装饰手法显得并不简单，而且还活力十足。适合简洁风格的小客厅。

2 中性色调沙发写意妩媚暖调风尚靠垫

◎创意原理：深色沙发在搭配靠背时，应选择颜色较浅的靠背。并考虑选择临近色或同类色系的，这样组合看起来更加协调。为了避免单调，可以选择有花纹、有变化的同类色系靠包。这样看上去不但活泼，而且更加时尚。

◎靠背要求：沙发是较深的紫褐色，在搭配靠背时，本身具有一定的难度。选择同类色的紫红色系靠背搭配，使得整体风格更趋于女性化，也摆脱了以往深色沙发沉闷的感觉。

3 单人沙发营造轻暖温润休闲角落靠垫

◎创意原理：高级的浅灰色，是可以和任何颜色搭配的基础色，想要营造出柔和舒适的环境，可以选择纯度不太高的暖色调靠包来搭配。暖色调可以提升室内的温暖指数，而适当的中灰色度可以缓解视觉疲劳。

◎靠背要求：布艺单人沙发和棉麻质地的靠背，给人以舒适放松的感觉。用柔和的暖光源代替原有的白色照明光源也能很好地体现出放松的心态。在搭配方面要强调融合和统一，色彩和材质要同时统一，便可以营造出真正舒适的空间。

沙发与靠垫的搭配

4 酷皮沙发华丽搭配突破单一色彩靠垫

◎创意原理：采用对比的手法，制造出有冲突效果的搭配方法。在沙发为皮质浅色的基础上，选取两种对比色作为装饰，制造出有如戏剧效果的冲突。如湖蓝色的靠垫与偏橙色系的花靠垫已经构成了冲突的主体。

◎靠背要求：在选择靠背方面，丝质具有光泽的靠背就能很好地体现。以图案化的植物纹样为主的靠垫能使这种华丽感在整个陈设上又不会显得十分突兀，并具有新装饰主义之美。

Tips :

在选择的时候，还要注意查看靠垫的内部，能打开的一定要打开查看，谨防不法商家以次充好，买到"黑心棉"。不要买"路边货"，留好购物凭证。抱枕和人体呼吸道接触紧密，除了在购买时仔细挑选外，买回家一定要洗完再用。并且要经常清洗和暴晒，保持干净卫生，以防传染疾病。

工艺品，它的存在产生风格迥异的家

非常幸运的我们，终于拥有了一套属于自己的漂亮房子，还有梦寐以求的别致家具，奇怪的是，我们的内心却依然没有感到满足，始终总感觉还是缺少些什么，那究竟是少了什么呢？没错，房屋的生机和情趣。深得我心的工艺品的出现，彻底帮我们解决了这个难题。

了解工艺品

工艺品其实就是我们日常所说的手工艺的产品。工艺品源于生活，又高于生活。千百年来，作为人民智慧的结晶，充分展现着人类的创造力和艺术性，堪称人类的无价之宝。

1 工艺品分类

工艺品分为木、牙、竹、碳、玉雕、马汉琉璃、彩雕、树脂、文玩核桃等。工艺品种类繁多，有工艺扇、花类、纸质类、陶器类、瓷器类、民间工艺等。工艺品大体可分为两类，一类是实用工艺品；一类是欣赏工艺品。
◎实用工艺品包括瓷器、陶器、搪瓷制品、竹编等。
◎欣赏工艺品的种类则更多，如挂画、雕品、盆景等。

2 工艺品功能

随着工艺品的日益发展与繁荣，越来越多的工艺品出现在寻常百姓家，它们或用作装饰，或者用于其他用途，在很大程度上装点着我们的幸福家园，为家居环境的美化和提升起到了至关重要的作用。

工艺品装饰

3 工艺品装饰原则

工艺品的主要作用是构成视觉中心，填补空间，调整构图。少而精，符合构图章法，工艺品布置的主要原则就是注意视觉效果。

工艺品布置的主要原则

艺术品在整个家居工作中有非常重要的地位和作用。家居艺术品应该如何摆放才是最为合理和完美的呢？摆放家居艺术品要从居室的整体大布局出发，根据我们的实际住房条件来定。

如果家居摆放的是老家具，点缀的艺术品可选购几件造型古朴、色彩浓重的；现代家具可配几件有现代特色的艺术品。摆放艺术品要力求立体与背景统一，协调错落与布局，色彩与气氛一致，量感与质感均衡。具体到艺术品的布置摆放，建议要注意以下原则。

1 要注意尺度和比例

小茶几不能摆大泥人，空旷墙面挂个小盘就会显得小气。如果墙面太大，显得很空旷的话，建议可安装一盏有特点的壁灯，同时在壁灯的周围悬挂一组挂盘，会显得更丰满。

2 注意视觉条件

艺术品的摆放应尽量放在与人视线相平的位置上。具体操作的话：色彩显眼的，适合放在深色家具上；美丽的卵石、古雅的钱币，可装在浅盆里，放置低矮处，便于观全貌；如果精品很多的话，不需要全都摆放出来，可以隔几天换一次，收到常见常新；或者将小摆设集中于某一个角落，布置成室内的趣味中心。

3 注意艺术效果

组合柜中，可有意放个画盘，以打破矩形格子单调感；在平直方整的茶几上，可放一精美花瓶，丰富整体形象。

4 注意质地对比

大理石板上摆放卡通童趣的绒制动物小玩具，竹帘上装饰一件国画作品，更能突出工艺品地位。

5 注意工艺品与整个环境的色彩关系

小工艺品如果足够艳丽，就能从色彩下争取到足够的眼球，大工艺品在选择和搭配的时候，则要注意与环境色调的协调，否则过分强势反而不好看。

> **Tips：**
>
> 总体来说，如果工艺品没有起到装饰效果、或者与家具风格冲突、或者与家人身份不相匹配的工艺品都不建议摆放。随意的填充和堆砌工艺品，让人产生没有条理、没有秩序的效果；就像音乐的旋律和节奏一样，要注意大小、高低、疏密、色彩的搭配。

巧用墙面小挂饰

收纳工作是家庭装饰的重点，尤其是空间较小的房子。由于受到空间的限制，收纳问题单靠地面空间处理来解决，是不够的，如果我们在墙面上下点功夫，不但可以减轻地面的压力，还可以起到美化居室的效果，以下是几款巧用墙面小挂饰的经典妙招，帮您搞定收纳装饰二合一的问题。

1 田园镂空架

镂空工艺，对于田园风格的家里非常适合，挂在单调的墙壁上，加上小碎花的壁纸，看起来非常唯美，如果再放上些小摆件，整个区域就能瞬间灵活起来。

2 品字创意墙壁架

壁架是将前卫和经典融合起来的一种新型流行元素，崇尚简约与实用的设计理念，既简约又实用。

3 雕花高档机顶盒支架

机顶盒式样的挂架，曲线光滑，材质健康环保，简约化拆装，2分钟就可以轻松搞定组装，让我们在完成收纳装饰的同时，更能享受 DIY 带来的无限乐趣。

4 U 形置物架

带烤漆工艺的 U 形置物架，非常光滑鲜亮，多种规格，可以自己灵活组合成书架，CD 架等用途，而且作为墙面装饰也非常受欢迎，清洗也很方便。

5 韩式田园壁挂架

非常田园的壁挂，镂空雕花面，简洁、典雅的韩式设计风格，灵活的收纳空间，让你的家更加整洁、温馨和浪漫。

6 六边形隔板

六边形的几何风格，即实用又漂亮的装饰品，这款壁架时尚，创意，还节省很多的空间，真的很棒。

7 长方三连体壁挂

长方三连体的独特造型，可以放在桌面摆设，挂壁两用，而且烤漆表面，更加容易保养，清洁时用湿布块沾水或清洗剂擦拭，再用干净布块擦干就能轻松搞定。

8 LOVE 搁板置物架

这款挂架造型多变，非常喜庆，而且个性时尚，如果是婚房的话，再加上一些可爱的婚庆摆件，就更能完美演绎喜悦的幸福生活了。

9 彩色长方形墙壁架

色彩鲜艳靓丽，光彩照人，收纳过程中，多了些许艺术的氛围，用丰富的色彩来装饰家的美丽，简单而幸福。

墙面挂饰

Tips：

无论是现成的小挂饰，还是自己的 DIY 作品，只要能与整体的家装风格相融合，在收纳物件的同时，又能装点家居环境，就是一个巧用墙面挂饰的达人，若能考虑到材质的效果以及颜色的搭配，都将是一个完美的作品。

制作照片墙

每张照片都承载了一段美丽的故事，也记录了一段美好的回忆。家庭中的照片墙，则帮你展现出这些承载着家庭重要记忆的照片，以往，我们除了用画框装饰照片挂在墙上外，如今照片墙还可以演变为手绘照片墙，形式各样、用料丰富的各式主题照片墙正成为居室装饰中最能体现主人个性的地方。

1 照片墙的种类

照片墙的种类很多，材质也各有不同，有实木的，塑料的，PS发泡的，金属，人造板，有机玻璃等。目前的流行照片墙的材料主要有实木的、PS发泡两种材料的。

◎实木照片墙是比较环保、时尚的，实木相框有又分为实木喷漆和实木涂装。实木喷漆，是将框条经过细砂纸反目打磨，然后喷底漆，再经砂纸手工打磨，再喷漆。不过，一般实木照片墙比较重，稍微大的照片墙不适合这种材料。

◎PS发泡照片墙是由PS线条做成的照片墙，对现要来说，PS照片墙是很环保，时尚的，可以做出各种框的花纹与图案，适合追求潮流的人选择。这种照片墙很轻，可以做任意的规格。

2 制作照片墙注意事项

要想制作出一套自己喜欢，又不时尚的照片墙，需要进行下面各方面的考量：

◎用黑白照片布置居室，会带来一种怀旧感，形成视觉冲击力。特别是在当前居室装饰色彩丰富的背景下，黑白照片反而会因其简单的色调而更引人注目，这也是当前最为流行的装饰手法之一。

◎如果手头还保留着祖辈时代的照片，不妨将它们重新印放，布置在客厅或书房的墙上，以此来表现怀旧情调。

◎我们在制作照片墙时，注意单张照片不能放得太大，否则会觉得很压抑；也不要把几张照片放在一个相框里，最好一个相框中放一张照片，组合成一个画面，也不宜挂在主墙上太一目了然的地方。

◎在画框的尺寸选择上，不需要单一的尺寸，我们建议有大有小，有方有长，这样让照片在效果呈现上就不会觉得整齐划一，过分单调。

◎我们在摆放的时候，照片并不仅仅局限在一个平面里，可以在床头和床侧的两面墙上都有摆放，并且错落有致，这样既不会太凌乱，又显得有个性，突出活泼气质。

◎壁纸、粘胶或钉子在墙面上贴上一长排的照片作为墙面装饰，效果不错。但这种照片墙对于高低要求很严格。太高或太低，都不能达到理想效果，最好是放在比视线平衡度稍微高一点的地方，既起到观赏作用又有装饰作用。

3 照片墙的安装方法

要想把一套漂亮的照片墙精准的安装好，不但需要有美观的相框和相片构成，更离不开配套的隐形挂钩和安装图纸，如果我们的安装技术熟练的话，最后的安装的效果才能完美。

◎首先把相片或图片装入空白相框里面，将相框准备好。

◎用工字钉将图纸模板固定在墙面上，用透明胶粘好以免移位。注意图纸一定要水平，不要起皱拱鼓。

◎将塑料挂钩按照模板上面的圆圈钉在墙上，锤打挂钩时不要让图纸松落、移位。

◎将所有挂钩固定后，小心的撕破图纸，不要损坏，参考图纸，确定哪个相框挂在什么位置。

照片墙

◎把所有的相框挂好后，看一下什么图片和相片放什么位置，随着自己的个性和品位，做适当的调整，做到和谐统一。

◎确定好图片和相框的位置，用水平仪检查一下，确保每个相框的摆放位置是否与地面水平。

如何用挂毯装饰墙面

挂毯无论从编织方法和原材料，还是题材都有成千上万种，如果在这众多佳品中，选择最合适自己的挂毯，是一个绝对的难题。挂毯搭配是一件很讲究的问题，精美的挂毯搭配上合适的空间和家具，室内的装饰效果才会事半功倍。要选择最为合适的挂毯，需要遵守下面的原则。

1 花纹与图案搭配

对比效果，要将花型的大小、色彩做对比；相近协调，花卉形式相似、花色相近，如粉色彩可轻易相互搭配；保持同一家族，如大藤花配小藤花、相同主题的搭配、同一家族的色彩。

2 注重色调

卧房大多选择柔和的暖色调的挂毯，可以很好地烘托出卧室温馨的家居气氛，家居装饰切忌消极灰暗的色调。

3 不同空间不同色调

在悬挂挂毯时要根据不同的空间进行颜色搭配。比如，现代家装风格的室内，整体以白色为主，则选择多以鲜亮、活泼的颜色为主。色彩过重的挂毯，比较适合走廊的尽头或者大面积空置的墙面，这样可以很好地吸引人的视线，起到装饰的效果。

4 注意装饰呼应

挂毯最好能跟房间的某个细节相呼应，如色彩、形状、质地等，这样就能达到意想不到的视觉效果，保证了家装的整体风貌。

5 结合墙面构成

根据空间布局的差异选择不同的悬挂方式，可以充分调整空间的视觉感受。挂毯在悬挂之前，检查看看你的墙是由什么构成的。如果它们是由石灰构成的那么你可以悬挂花卉挂毯在墙壁上或者远离墙壁一英寸远。如果你的墙壁是由单薄的石头制成的，然后使用支架和保持挂毯远离墙壁两英寸远。

> **Tips：**
> 　挂毯的美体现在它挂在墙上的时候，挂毯搭配一定要考虑到居室环境的因素，是古典还是现代，是简约还是繁复，这些因素都不能排除在外，所有的挂毯都是漂亮的，不合适的只是搭配问题。

挑选字画有讲究

　　随着人们物质生活水平的不断提高，人们的文化生活也日益丰富，文化素养也越来越高，对于中式字画的追求日盛，所以，人们在进行居家布置的时候，装裱字画不但能装点房间，同时还能为房间主人带来浓浓的文化氛围。

　　而市场上，日渐丰富的书画作品，琳琅满目，让人目不暇接，怎样才能选到合适的作品，不但抬高主人身份，提高居室环境文化修养，同时也能让整个居室空间增添光彩、愉悦身心，调剂精神呢过？这里面就有很多讲究了。

1 考虑字画的内涵

　　首先当然是选择主人最喜欢的，能对精神世界有所修炼和提高的字画，或者让主人有赏心悦目的感觉才行。

2 考虑字画的风格

　　字画的派系和风格也是多种多样，除了考虑字画内容是否喜欢，也要考虑字画整体呈现方式是否适合放在家里。房间如果是欧式装饰风格，摆放悬挂油画比较适宜。房间如果是中式装饰风格，摆放悬挂中国字画才能彼此协调。

3 考虑字画的装裱

　　不同的装裱风格，会直接改变字画的整体风貌，所以在选择字画的时候，要从整体着眼，确定整体的风格与家居环境的和谐度。

4 考虑字画的风水

　　最后还要考虑到字画的风水问题，就是从风水的角度去挑选合适的字画来装饰我们的家，从而取得理想的效果。

5 考虑字画与空间的光线

　　一般来说，在室内向阳明朗处，或较小的房间宜悬挂小楷、工笔画，既能增加雅趣，又不显空间狭窄。光线较暗的地方宜悬挂写意画。

6 考虑字画与空间的大小

　　较大的房间可挂气势雄伟、笔墨刚健的巨幅书画，更显宽阔；山水风景画则能增加室内空间感，回归自然的感觉，荡涤人的心灵，会使家庭成员感到无比清新和喜悦。

7 考虑字画与家具的风格

　　如果我们的家具造型是属于简约风格的，建议选择的字画应尽量是整体感、造型感比较强的书法作品；如果家具造型相对复杂的话，比如家具有雕梁画栋等工艺，则建议选择相对比较厚重、雄浑的单体字书法作品。

> **Tips：**
>
> 　　名人字画一定要选择一些有生气的、欢乐而且适合自己身份的才可以悬挂。悲伤的字句或肃杀的图画就不宜悬挂了。有些家庭摆放佛像或者福禄寿三星，增添吉祥之气。但必须保持清洁，切不可任其尘封，否则给人以败落的感觉。

植物，带来身心的双重放松

　　随着城市日新月异的发展，高楼鳞次栉比，"热岛效应"愈演愈烈；快节奏的都市生活，让我们的城市越加喧嚣、污染与忙碌，人类逐渐远失去了自然，失去了绿色，满眼都是灰色的钢筋水泥。返朴归真的心理本能，让内心呼唤绿色的到来，渴望得到一块生机勃勃、宁静、幽雅、充满自然气息的绿色世界。于是，绿植的地位日益提升。

怎样进行空间绿化

　　居室绿化日益丰富，那是因为在居室绿化装饰之中，植物能起到非常重要的作用，有着组织空间、调整空间布局、丰富居室空间层次等强大的功能。

1 连续室内外的空间

　　在绿化装饰设计的过程中，为了让室外到室内之间的空间形成自然的过渡，我们可以采用下面的手法。

　　在入口的地方设置盆栽，在门廊的顶部或墙面上作悬吊绿化，在门厅内作绿化装饰等。还可以采用借景的办法，通过玻璃窗，把室内、室外的绿化景色互相渗透、融合、联系起来，形成绿色的海洋。

2 分隔、充实空间

　　针对空间比较大的场所，如客厅，就可以充分地利用植物，来对大的空间加以限定和分隔，使原本功能单一的空间因为绿植的划分，而各自具有不同的功能，让空间的利用率得到提高。

日常生活中，我们可采用盆花、花池、绿色屏风、绿色垂帘等方法进行分隔。利用绿色植物分隔空间可以达到像家具、色彩、灯光同样的作用。

3 空间的提示、引导

通过绿化布置，让人们对具有观赏性的植物产生注意力，从而达到对活动方向起到暗示与指导的作用，体现出空间绿化"无声指示牌"的作用。

例如，在房间的出入口、不同功能区的过渡带、楼梯的转折处、台阶坡道的起止点，恰当的摆放植物，就能起到提示的作用。如果采用线性的布置方式来处理盆栽植物或吊盆植物，就能形成专属的绿色通道，引导人流走向，与导航带有异曲同工之妙。

4 处理空间死角

在室内装饰布置中，一些死角是我们常常会遇到的，又特别难处理，利用植物装点的话，往往会收到意想不到的效果。比如，如在楼梯下部、墙角、家具的转角或上方、窗台或窗框周围等处，想让这些空间焕然一新，就需要用植物加以装饰。

> **Tips：**
> 在居家装饰中，要想让空间的层次更加丰富，建筑环境更加柔化，营造出回归大自然的完美氛围，同时还能展现出户主的个性和住宅特色，创造出优美、温馨的居家绿色环境来。就需要我们进行有创意的绿化设计，用各具美态的观赏植物进行室内绿化装饰。

不同空间选用不同花草

我们发现，越来越多的人喜欢在家里放上几盆植物，立马会让人觉得赏心悦目，同时还能起到净化室内空气的作用。但是，我们更清楚，绿色植物在白天放出氧气、吸入二氧化碳等气体；而到了晚上则是吸入氧气，排放二氧化碳。仔细思索的话，绿植会不会在某种程度上对居室环境造成污染呢？室内到底要不要放不放植物？放什么植物？放多少品种植物？

1 选准目标植物

绿色植物对有害物质吸收能力很强，在居室中，每 $10m^2$ 放置一两盆花草，基本上就可达到清除污染的效果。吊兰、常春藤、绿萝、元宝树（肉桂）、发财树、非洲茉莉、黄金葛、孔雀竹芋、散尾葵等植物对空气的净化作用明显，它们对装修中产生的甲醛、苯、氨等有害物质均可起到较好的净化作用，而且也具有较强的观赏性。

2 了解植物的属性

由于夜间植物呼吸作用旺盛，吸入氧气，放出二氧化碳，因此卧室内不宜放过多的植物；卫生间、书房、客厅、厨房的装修材料不同，污染物质也不同，应该根据环境，选择不同数量、不同净化功能的植物。

Tips :

　　观叶植物最好放置在客厅里。若植物似枯萎样时，表示家中能源不足，最好是在客厅中摆放至少一株 **1.8m** 的观叶植物，至少 **3** 盆小型盆栽。

3 确保植物不影响人居活动

　　配置植物首先应着眼于装饰美，数量不宜过多，否则不仅杂乱，生长状况亦会不佳。植物的选择须注意中小搭配。此外，应靠墙角放置，以不妨碍人们走动为宜。

4 确保植物不影响采光

　　客厅是家中功能最多的一个地方，朋友聚会、休闲小憩、观看电视等都在这里进行，是一个非常重要的活动空间。客厅着重光线充足，所以在阳台上应尽量避免摆放太多浓密的盆栽，以免遮挡阳光，明亮的客厅能使家运旺盛。

5 确保植物与居间空间协调

　　豪华客厅可以在茶几上摆放一盆苏铁（铁树）。它枝叶浓绿，带有光泽，挺拔伟岸，给人一种古朴典雅之感。沙发的一侧，配上一盆龟背竹，让客厅增添生机。

Tips :

　　简约客厅则适合在茶几上摆放一盆名贵的君子兰花卉。君子兰叶色浓绿宽厚，花朵鲜艳，但不娇媚，给人以端庄大方之感。

6 结合环境特点选择

　　厨房里因为烹饪过程产生的油烟中，除一氧化碳、二氧化碳和颗粒物外，还会有丙烯醛、环芳烃等有机物质逸出。其中丙烯醛会引发咽喉疼痛，眼睛干涩、乏力等症状。过量的环芳烃会导致细胞突变，诱发癌症。让烹饪者的身心更健康，厨房绿化迫在眉睫。

Tips :

　　风信子的小花束，适合放在厨柜上或者餐桌上，别有一番生活情趣，同时还能起到一定的清新空气的作用。吊兰和绿萝都有较强的净化空气、驱赶蚊虫等功效，是厨房和冰箱上放置植物的理想选择。

能清除异味的花草植物

有些植物都有特殊的功能，我们来了解一下能够清除异味的植物。

◎消除甲醛污染的植物：吊兰、芦荟、虎皮兰、兰花、龟背竹、一叶兰等。

◎消除挥发性有机化合物污染的植物：吊兰、常春藤、铁树、无花果、月季等。

◎消除氨污染的植物：绿萝等。

◎消除放射性污染的植物：紫菀属、黄者、含烟草、鸡冠花等。

◎消除可吸入颗粒物污染的植物：木槿、夹竹桃、常春藤、无花果、桂花、爬山虎、橡皮树、蓬莱蕉、芦荟等。

◎消除一氧化碳污染的植物：水仙、惠兰、芦荟、吊兰、木香、君子兰、发财树、百合、兰花、橡皮树等。

◎消除二氧化碳污染的植物：大丽花、水仙、仙人掌、蜀葵、芦荟、木香、君子兰、发财树、无花果、月季、一叶兰、橡皮树等。

◎消除氮氢化物污染的植物：水仙、紫茉莉、菊花、鸡冠花、一串红、虎耳草、金橘等。

◎消除二氧化硫污染的植物：紫藤、美人蕉、紫薇、水仙、木槿、菊花、蜀葵、夹竹桃、芦荟、石榴、丁香、棕榈、广玉兰、海棠、无花果、木芙蓉、石竹等。

◎消除重金属污染的植物：铬：紫藤、金橘等；汞：菊花、腊梅、夹竹桃、棕榈、广玉兰、金橘等；铅：菊花等。

◎消除光污染的植物：海桐等。

◎消除电磁辐射污染的植物：仙人掌、腊梅等。

◎消除细菌污染的植物：仙人掌、茉莉、丁香、金银花、牵牛花、桉树、天门冬、迷迭香等。

◎消除油烟污染的植物：冷水花等。

◎消除氨气污染的植物：含笑、紫藤、紫薇、木槿、夹竹桃、风尾兰、棕榈、木芙蓉、石竹、合欢等。

◎消除烟雾污染的植物：鸭掌木、君子兰、广玉兰、桂花等。

> **Tips：**
>
> 若想尽快驱除新居的刺鼻味道，建议采用灯光照射植物。植物一经光的照射，生命力就特别旺盛，光合作用也就加强，释放出来的氧气将会比无光照射条件下多几倍。

对环境有害的植物

我们知道，家居有了植物的点缀，能让整个空间充满了生气，而且不同植物能带出不同的效果，于是越来越多人在装饰自己的家的时候会觉得植物越多越好，还让每个房间都摆满了植物，让"绿色"全部进入自己的家里面，切忌一不小心就会陷入植物的温柔陷阱。

◎夹竹桃：夹竹桃的茎、叶乃至花朵都有毒，其气味久闻会使人昏昏欲睡，智力下降，若食用了它分泌的乳白色汁液会中毒。

◎一品红：其茎叶里的白色汁液会刺激皮肤过敏红肿，如误食了茎、叶，会有中毒死亡的危险。

◎水仙：它的鳞茎里含有拉丁可毒素，误食可引起呕吐、肠炎；叶和花的汁液可使皮肤红肿，千万不要让汁液入眼。

◎虞美人：虞美人含有毒生物碱，其果实的毒性最大，如果误食了，则会引起中枢神经系统中毒。

◎马蹄莲：花有毒，内含大量草酸钙结晶和生物碱等，误食会引起昏迷等中毒症状。

◎紫荆花：它所散发出来的花粉人接触过久，会诱发哮喘症或使咳嗽症状加重。

◎含羞草：内含含羞草碱。这种毒素，接触过多，会引起眉毛稀疏、头发变黄甚至脱落。因此不要用手指过多拨弄它。

◎花叶万年青：花叶内含有草酸和天门冬素，误食后会引起口腔、咽喉、食道、胃肠中疼痛，严重者伤害声带，使声音变哑。

◎月季花：它所散发的浓郁香味，会使个别人闻后突然感到胸闷不适，呼吸困难。

◎百合花：它所散发的香味如闻之过久，会使人的中枢神经过度兴奋而引起失眠。

◎洋绣球花：它所散发出来的微粒，如果与人接触，会使有些人皮肤发生瘙痒症。

巧用花瓶扮美居室

　　花瓶作为一种器皿，大部分是由陶瓷或玻璃制成的，外表美观光滑，有些还用水晶等昂贵材料制成，盛放上美丽的花枝和绿叶，花瓶衬托鲜花，让植物保持活性与美丽的同时，美化家居环境。

◎参考居室功效：客厅是亲朋好友聚会的地方，我们可以选择一些鲜艳的花瓶，斑斓的色彩会给客厅带来热烈的气息。花束可适当大一些，让人一进客厅，其视线立刻被花瓶所吸引，随之而来的花香扑面，更加让人赏心悦目。

◎参考居室大小：如厅室较狭窄，花瓶最好不要选体积过大的品种，以免产生拥挤压抑的感觉，在布置时宜采用"点状装饰法"，在适当的地方摆置精致小巧的花瓶，起到点缀、强化的装饰效果。

　　面积较宽阔的居室就能选择体积较大的品种，如半人高的落地瓷花瓶、精心地配置几架的彩绘玻璃花瓶，都能为居室平添一份清雅祥和大气的氛围。

◎参考居室色彩：用花瓶布置时还应考虑色彩既要协调，又要有对比。这样就需要我们根据房间内墙壁、天花板吊顶、地板以及家具和其他摆设物的色彩共同来选定。

花瓶也可美化家居

Tips：

如房间色调偏冷，则可考虑暖色调的花瓶，以加强房间内热烈而活泼的气氛。反之，则可布置冷色调的花瓶，给人以宁静安详的感觉。

特别提醒：

花瓶用久了，瓶壁上会有许多渍，脏东西让花瓶不再晶莹剔透，严重影响了观赏性。这些污渍单靠清水很难清除。清洗花瓶时，先用清水将瓶壁润湿，再取适量食盐放在手指处，按在花瓶壁上用盐擦拭。盐随着擦洗逐渐溶化后，用清水刷洗干净就可以了，这时您会发现，花瓶壁又晶莹如初了。

用盆景装饰居室

盆景是居室装饰中的良品，更是一首无声的诗，一副立体的画卷。用盆景装饰家室，不但能给居室带来高雅的意趣，还可以托物言志。盆景中，不管是树桩盆景，还是山水盆景，或者微型盆景，陈设室内，其取舍一定要与房间的大小、家具多少等多方面因素相协调。只有这样才能选择恰当。

◎考虑空间大小：一般来说，家庭中的盆景装饰因为空间的大小考量，所以都以中、小型为主，规格过大会占用过多的空间，影响到人们的正常活动。

◎考虑风格一致：盆景必须配以风格、色调一致的盆、架，如悬崖式的盆景应选高脚的花架，才能衬托山盆景的潇洒。对于现代装饰风格的居室，应选用线条简洁、色调淡雅的中、小型盆景，采用自由式的装饰方法。

◎不同盆栽的观赏需求：山水盆景要放视平线以下才能欣赏到水中的奇峰怪石；小型、微型的盆景应放案头、台面、茶几、博古架等处装饰，放在视平线之下。

◎考虑多款盆栽的层次高低：如果几盆盆景放在同一处，切忌排列成行，以免显得单调呆板，缺乏生气，只有高低错落，才显得生动活泼，相映成趣。

Tips：

如果分层布置，要将小规格放上层，大盆放下层，才有层次感。并且各盆景之间应留有一定的距离，在盆景前留有一定的位置，使人们保持合理的距离欣赏。

◎考虑家具搭配：如果您的居室内搭配古典楠木、红木家具，盆景的装饰应采取对称式，以同室内字幅、额匾、画幅相呼应、相衬托，可在中央放中型山水盆景，两侧对称放悬崖式或观花盆景于角落花架上，室内就会充满庄重、典雅、秀丽的气氛，展现富贵复古的中式风。

◎考虑甲盆与架和谐：甲盆与架和谐要和谐统一，因为要为主景服务。树桩盆景多用紫砂盆和彩分盆，而且大小、颜色、质地都要相匹配。盆过大，景小就觉空虚，盆小景大，则不利生长。

> **Tips：**
>
> 　　几架也是艺术品，要与盆景大小、形状相和谐。一般是深盆配高架，浅盆配矮架，方盆配方几，圆盆配圆几，粗大的盆景要配深原扎实的几架。
>
> **特别提醒：**
>
> 　　盆栽要想获得理想的效果就要记得：树桩盆景易干、易湿，浇水时要特别注意，见干见湿即可。叶大者需水多，叶小者需水少，花木类在开花前多浇水，结实期少加水，另外，还应合理施肥。山水盆景同样要常浇水，保持山石湿润。遮阳防寒是盆景养护重点。微型盆景土少，要经常施肥、浇水，初夏遮阴，冬初防寒。

适合卧室摆放的花草

　　卧室是私密的地方，更是休息睡眠的地方，与客厅的敞亮不同，一般来说通风状况都不会太好，空气流通不畅，面积也不会很大，所以绝不能摆放香气很重或很刺激的花草，需氧量大的植物也不适合，否则，因为在夜间会与人"争夺"氧气，反而让室内的氧气有减无增，对人的身体带来不利影响。选择适合卧室摆放的花草方法如下。

1 坚持水培

　　因为有土壤的盆栽植物会比较容易长虫，对于爱干净爱整洁的主妇们来说，卧室里更建议种植水培植物，比如绿萝等。

2 忌讳阔叶植物

　　充足的氧气是健康的睡眠环境必需的，所以千万不能放阔叶植物，因为它们会在晚上吸收氧气，同时，它们的根部还容易腐烂生虫。

> **Tips：**
>
> 　　红豆杉等针叶类植物也存在"抢氧气"的问题。所以我们强烈建议养虎皮兰，虎皮兰又称为"空气的维生素"，其本身拥有净化空气的作用，同时，在夜间还能吸收二氧化碳制造氧气，尤其适合放在卧室。

3 建议花瓶水培

　　卧室花型一般较小，植株的培养基宜用水苔代土，以保持室内清洁。最好用花瓶水培的方式，将一些鲜花绿植放置在卧室里，让卧室甜美，但要忌放百合、郁金香、夜来香、兰花。

> **Tips：**
>
>   夜来香就会在夜间排出大量废气，对健康不利，时间久了会引起头昏、咳嗽、失眠，还会加重心脑血管病人的病情，如果要养的话，应该在晚间搬到室外；迷迭香和郁金香也会让人头昏脑涨；兰花虽然美观，但其散发出来的香气闻久了也会令人过度兴奋而导致失眠。

4 注意家族过敏史

安排卧室植物时，要特别注意家人的过敏病史，如果有对花粉过敏的，就千万不要放鲜花，尤其是百合、桔梗、水仙以及其他花粉外露的花，可以放一些观叶类植物，这样会比较安全。

5 以中小盆为主

因为卧室面积一般偏小，所以建议卧室一般都应以中、小盆或吊盆植物为主。摆放一盆茉莉、桂花、月季、含笑等淡色花香植物或摆放文竹、斑马花等叶片细小的植物为宜。

6 选择清秀优雅的植物

卧室是供人们睡眠与休息的场所，适宜营造幽美宁静的氛围，多放置中小体、清秀优雅的植物，如文竹、吊兰、常春藤、绿萝、朱蕉、竹芋类、百合花等，无刺的多浆植物，如宝石花、松鼠掌、芦荟等。另外，还有兰花、腊梅银柳、迎春、马蹄莲、蝴蝶兰等。

适合客厅摆放的花草

客厅和其他空间比起来，通常面积要比较大，因此，我们可以放一些比较大型的观赏类的绿色植物和花束，而且相对来说，客厅里人来人往热闹非凡，空气也比较流通，不用太在意植物的气味是否刺激或是否会释放二氧化碳，但还是要根据客厅面积的大小来选择植物，如果植物占比过高，室内过多的二氧化碳浓度还是会存在健康隐患。

1 大客厅大盆栽

如果客厅面积大，可以买福禄桐、幸福树等大型一些的盆栽植物，也能吸附空气中的灰尘颗粒。

2 小客厅小盆栽

如果面积不大，则只建议在茶几边和电视柜上摆放中型的绿萝、发财树和兰花，可以很好地调节室内温度，对净化空气有明显作用。尤其是绿萝，在光线微弱或二氧化碳浓度较高的地方，也可以产生高效能的光合作用。

客厅摆放盆栽

3 选择保湿绿植

盆栽榕树的水分蒸散性很好，可以增加室内的湿度，有净化甲苯、一氧化碳、臭氧的功效。盆栽椰子树也可以增加室内湿度，有净化苯、三氯乙烯、甲醛的功效。

4 忌讳需水大的绿植

潮湿的花盆容易滋生真菌和虫子，所以需水量大的植物不适合放在室内。

> **Tips：**
> 客厅不要放松柏类的大型盆栽，因为松柏的气味对肠胃有刺激，会影响食欲；而很多人喜欢摆放的滴水观音也不适合，因为一旦掰断就会产生毒素，反而不利于健康。

适合书房摆放的花草

大部分的书房里都会放书籍、电脑等，所以书房里安置的植物最好要能够吸收辐射，并且能帮助我们提神醒脑，所以，千万不能存在释放气味很重、会让人闻之头晕的花草。

1 仙人球

首先必须推荐的是仙人球，仙人球或仙人掌有很强的制氧能力，而且能吸收其周围 $1m^2$ 内的辐射，特别适合放在有电脑的书房里，持续净化空气。当然绿萝等水培植物也可以悬挂在书架一角，不占空间，又能以高效的光合作用来净化空气。

2 雏菊

如果书房一定要放花的话，建议放一小束雏菊即可，雏菊的蒸散作用很强，还可以净化甲醛、苯等有害物质，适合放在写字台上，在公司的办公桌上也可以放上一丛。

3 文雅盆栽

书房要以静为主，在绿化美化布置上要做到有利于学习、研究和创作。大的书房可设置博古架，书籍、小摆设和盆栽君子兰、山水盆景放置其上，营造出既艺术又文雅的读书环境。

4 清爽淡雅植物

书房布置的植物应该有益于烘托清静幽雅的气氛。可以适时选择如梅、兰、竹、菊之类自古以来为文人偏爱的名花，还可选择一些清爽淡雅的植物，以调节神经系统，消除工作和学习产生的疲劳，且与浓郁的书香相得益彰。如几株清秀俊逸的文竹、铁线蕨，婀娜娇俏的仙客来都是理想的选择。

> **Tips :**
>
> 卫生间的绿植也很重要，应选择耐阴湿，叶面柔软特别是要无毛、无刺的植物，如冷水花、铁线蕨、广东万年青、豆瓣绿、竹类等。也可以选择一些耐阴且有香味的植物如珠兰等。厨房因易产生油烟，摆放的植物还应有较好的抗污染能力，如芦荟、水塔花、肾蕨、万年青等。若选择蔬菜、水果材料作成插花，既与厨房环境相协调，亦别具情趣。

[第06章]
见招拆招——聪明应对装修中
十大常见问题

我们都知道装修是存在猫腻的，至于是有哪些猫腻，对于每个人来说，遇到的都是不一样的，但常见的问题往往就那么多，需要我们运用聪明的大脑，见招拆招。那么，我们一起来看看装修中常见的十大问题，以及解决方法。

问题一：发生项目变更，走程序是最佳途径

虽然我们在装修前期都会做好各种项目预算，但是任何预算都没有百分之百准确的，经常会出现一些变故，有些变故属于项目范围之内的，但有些变故，则是始料不及的，如何处理各种变故，避免猫腻，需要我们了解项目本身的变动性，并且按程序办事，避免吃哑巴亏。

什么是可变，什么是不可变？

既然我们已经开始着手装修了，并且开始和装修公司商谈具体方案了，那么装修公司拿出的各种纸质的文件，如装修平面图、立体图、水电线路图、天花板吊顶图、各个房间效果图等都属于不可变更项目，一定签订合同，就具有了法律效应，不可变更。

当然，还有文字类的资料，如工程预算、施工工艺、主材料说明、材料采购清单、施工计划等，落实到文字的书面材料，都是不可变更的。一旦签字确认，这些项目就已经成为固定项目，需要按照项目具体细则办事，不可擅自更改。

甲、乙双方，任何一方在项目实施过程中，做出超出这些落实到文字并签完字的合同项目的，都属于变动项目，需要双方具体协商，并且项目变更范围进行具体规划。就算是一些细小的环节，如电视柜长度增减，都属于合同范围之外，都需要履行并办理工程项目变更手续，不能随意更改，避免出现纠纷。

> **Tips：**
> 　　就算是合作很好的装修公司，在进行项目变更的时候，也要履行手续，做到有理有据，在变更的时候，也要双方都心知肚明。

了解正规程序的步骤

在知道了可变与不可变项目之后，就需要了解正规程序有哪些步骤，这样才能方便我们在装修过程中遇到项目变更后，不知如何应对。

◎第一步：了解项目变更的目的。

无论是自己想进行项目变更，还是装修公司要进行项目变更，都需要知道项目变更的目的，能够清楚的了解项目变更后会产生的效果，尤其是在装修公司提出要进行项目变更的时候，一定要了解他们背后真实的目的，是出于负责装修的目的，还是出于偷工减料或者多赢利的目的，都需要了解清楚。

◎第二步：现场询问变更后的成本以及效果变化。

一般来说，项目变更之后，都会出现费用上升的问题，这个时候，就需要向现场施工负责人询问清楚，变更后的成本变化，不能模棱两可，然后再考量项目变更的效果与自己承受能力，再做出是否变更的决定。

◎第三步：履行变更手续。

一旦做出变更决定之后，一定要先履行手续再进行施工。这需要装修公司设计师或者相关负责人做出变更图纸，变更费用清单，然后到装修公司签字盖章，并且标注项目变更说明，确认后再进行施工。

> **Tips：**
>
> 项目变更千万不能在施工现场直接跟工人说一声就开始施工，这样有可能会出现工人不干活或者费用不清楚的状况，一定要落实完成后，再进行施工。
>
> **特别提醒：**
>
> 项目变更表包含内容：变更原因、预期效果，并且写清楚原预算价格，现预算价格，增减金额，一定要有业主签字栏。在整个变更项目表中，最好能够相关分项详细说明，并且需双方签字。

变更项目谨慎猫腻

虽然家庭装修施工过程中出现项目变更是极其常见的，但是这其中会有很多猫腻，一定要引起注意。主要有如下几个陷阱，需要引起注意。

1 装修公司变更设计，降低装修费

如果按照原来的设计图纸，本身的报价很高，但是后来变更设计，制作费用降低了，那么，这个里面就可能存在猫腻。一般来说，装修公司会按照工程总价收取管理费，并且是提前预交的，但是，如果项目费变低了，那么，项目变更时减少的那部分的管理费是不会退给我们的，我们就无端端损失了几个百分点的管理费。

因此，在做项目变更前，一定要做到心里有谱，不要受装修公司影响，随便更改，让自己以及施工更加混乱，本以为省钱了，其实吃亏了。

2 擅自施工，坑骗钱财

在装修的时候，有些装修工人会擅自增加项目，并且擅自施工，最后逼迫业主付钱，对此，一定要告知施工人员，任何变更增加项目，都需要签字确认，确定价格再实施，能够有效避免纠纷。

3 预算遗漏，事后填补

有些装修公司在做项目预算的时候，会故意将面积或者材料算少一些，让业主觉得这样的预算成本较低，但事后却填补各种费用，项目变更单也是一张接一张，这严重危害到了业主的利益。因此，在审查预算单的时候，一定要心里有数，不能与实际相差太多，避免遗漏。

4 当时不签，事后补签

对于一些变更单，如果不立刻签字，到了交付第三期款项的时候，我们很难对所有变更项目一清二楚，这就会给装修公司钻空子的机会，可能单子就会增加，费用自然也会上升，因此，在项目变更的时候，为了避免夜长梦多，千万不要集中到最后补签，一定要当时就签，并且自己做好记录，避免遗忘。

问题二：找熟人装修到底好不好

很多人在装修的时候，都会面临这样一个问题，到底该不该找熟人装修，是不是熟人装修更好一点，其实，对于这个问题来说，并没有定律，熟人装修有熟人装修的好处，也有弊端，关键要看如何拿捏。

熟人装修有何好处？

请熟人装修，尤其是请一些别人推荐的口碑好的熟人装修，确实能在装修的时候让一些事情变得简单，主要有如下几个好处。

1 品质相对有保障

对于一些品牌较好，并且通过熟人介绍的装修公司，在装修品质上，相对一些没有口碑，也不太了解的装修公司而言，相对有保障。

2 沟通障碍较少

找熟人进行装修，在沟通上一些比较不容易出现太多的沟通障碍，也不容易出现较大的纠纷，出现纠纷，也比较容易解决，很少出现大打出手的情况。

3 风险相对较低

找熟人装修，往往不太容易出现卷款潜逃的情况，也不太容易出现居室物品被盗，或者装修过程中故意破坏居室装修的问题，相对风险较低。

当然，找熟人装修，一定不要盲目，否则也会有一些问题。

熟人装修有何风险？

对于一些介于熟人和陌生人之间的装修人员来说，是比较容易出问题的，如果盲目相信这些"熟人"，就会吃闷亏。

1 利益冲突

在市场经济倒向的基础上，如果寻找一些不太地道的熟人，表面上是省钱了，但出于自己盈利生存的目的，在装修问题上，双方没有共同的赢利点，出于挣钱考虑，省钱有可能就会出现垃圾工程。

2 没有戒心

对于很多人来说，对于熟人是没有太多戒心的，但是装修本来就是一项费时费力的工程，如果自己不想操心，随便找一个熟人来帮自己做，如果是负责任的人还能使质量相对有保障，但如果是不负责任的人，那么所有的装修就会马马虎虎，每一样装修都无法实现自己想要的效果，最后损失的还是自己。

3 偷工减料

如果是找熟人装修，在装修的时候，自己可能就不会天天去监督，那么，在这个过程中，就很可能发生偷工减料的事情，尤其是一些隐蔽项目，根本看不出来，时间一长，就会出现问题，甚至还会隐藏各种潜在的危险，吃亏的还是自己。

4 是省钱还是费钱

很多人找熟人是为了省价钱，不过，表面托熟人好像便宜了一点，但是羊毛出在羊身上，任何产品以及人工都是有成本的，在价格方面，不会有太大出入，尤其是在价格相对透明的今天，当时省钱，说不定以后花费更多。尤其是在装修不满意的地方，也不好意思指出或扣钱，结果还是自己吃亏受罪。

按章办事，铁面无私

无论是熟人，还是陌生人，在装修的时候，只能看装修者本身的品质，尤其是良心。但是，对于这种看不见的东西，我们如何掂量呢，只能是落到实处，用能够衡量的东西来衡量，事先说好，按章办事，铁面无私。

1 落到纸上

无论是是不是熟人，在装修之前，合同和工程报价表都得详细制作，并且签订落实，只有书面的东西才能更有保障。任何事情只有在事前都想好，并且落实，才能避免日后产生更大的分歧，甚至是熟人变仇人。

2 不盲从

对于熟人来说，无论是购买材料，还是装修风格，都要自己心里有数，不能盲从，虽然可以听取意见，但是也要自己思考，做决定的永远是自己，而不是他人。尤其是在买东西的时候，最好不要轻信他人推荐，就算是认识的人，在装修行业，只要是客户带来买东西，往往都会有回扣，因此，不要盲目听从推荐，避免被骗。

3 对事不对人

很多人顾及面子，在出问题的时候，都不好意思开口，但是，装修不是儿戏，顾及面子就可能危害自身，因此，在装修问题上，一定要公正，对事不对人，在装修开工之前就应该说好工程上的事情，有问题就应该直接指出，不要事后后悔。

4 涉及钱的问题要谨慎

亲兄弟明算账，就算是熟人，在涉及钱款的问题上，也要按章办事。不能预支，要按照合同约定，该如何支付就如何支付。

问题三：装修面积也能凭空增加

很多人在装修的时候，往往关注单项价格，但是对于实际面积一般都是大致估计，然后让装修公司或者材料供应商提供参考数值，但是，无论是装修公司，还是供应商，如果在每个面积上都稍微增加一些支出，表面上我们看不出来，但是整体成本就会高出很多，这也是装修中常见的问题，需要引起我们的注意。

盘点纠纷点

整个家庭装修项目中，往往有两个地方最容易在面积上被钻空子。

1 瓷砖的铺设

在地砖铺设上，往往单价上只会标注每平方米多少钱，而家庭铺设地砖，不可能完全铺设一种规格的地砖，而一般装修公司会规定，对于大小规格不同的瓷砖铺设，都要额外加钱，这就会在无形中增加费用。

2 衣柜定制

对于衣柜定制来说，很多装修公司都有尺寸测量的内部标准，在报价单上，也是标注每平方米多少钱，但是不会标注衣柜厚度以及立板与横板的间距，这样就导致了在结算费用的时候，装修公司以书柜尺寸超标为由，增加费用。

解决方法

对于这些容易被钻空子的项目来说，如果没有任何经验，一定要请教专业人士。针对瓷砖铺贴的各种增加项目，我们要了解各种规格每平方米铺设价格，也要了解特殊瓷砖，如拼花瓷砖铺设的定价，当然，也要知道地砖缝镶条的价格。

在厂商报价时，仔细确认，做到心中有数，如果装修公司在这个上面动手脚，一定要提前警示和告知，不要吃哑巴亏。

对于衣柜来说，要自己先测量，然后再让装修公司核对，按照测量标准进行定制，不给装修公司任何增加费用的机会。

> **Tips：**
>
> 很多装修公司除了按柜体的正投影面积收费，隔板、门板、抽屉、拉手等都需另收费，为了避免一些隐性的增加项目，一定要先同装修公司确认，如果是合理的价格，就可以确认开工，如果不是，则不要开工。

落实合同不可少

虽然我们在为了防止装修面积凭空增加上做了一些举措，了解了相关知识，但关键还是亲力亲为，不要害怕辛苦。在单项价格谈定了以后，一定要和装修公司把单项的面积尺寸丈量清楚，并记下来，落实到纸面上。

为了避免面积和尺寸大小出现扯皮问题，一定要将单项的总价格标注出来，有明细的清单，并作为合同的附件，放入合同中，这样才能更好地保护自己，避免吃亏。

问题四："金玉其外，败絮其中"的伪劣材料

购买家庭装修材料是最让我们头疼的事情，也是猫腻最多的。无论是瓷砖、地板还是乳胶漆这种大宗材料，一些小的材料也会出现以次充好、缺斤少两的现象，让人防不胜防，而这种金玉其外败絮其中的伪劣材料到底有哪些，在哪些环节最容易出问题，我们该如何练就火眼金睛呢？我们一起来了解一下。

了解可能掉入的材料陷阱

我们都知道，在市场上购买材料是最容易出问题的，如果没有太多的经验，就非常容易买到伪劣产品，而除了购买材料容易出现伪劣产品，装修途中也会出现偷龙转凤的现象，需要我们小心防备。

◎陷阱一：假专业背后的街边货。现在很多装修公司会告诉我们，自己的材料都是统一配送的，但是，并不是所有的装修公司都有统一采购和配送的实力的，大多数时候，他们为了充门面，并且赚取更多的利润，会选择从路边小型材料店购买价格低廉的材料，不仅能够降低成本，还能拿回扣。这便是最常见的材料陷阱。

◎陷阱二：陪同购买背后的调包行为。很多时候，我们在购买装修材料的过程中，往往因为对材料本身不了解，就会由装修工陪同购买，一些装修人员表面很负责的陪同我们一家家地逛，并且示意性支出材料的质量和价格。这个时候，我们甚至会感激这些装修工的陪同。

但实际上，等到我们逛累的时候，他们就会推荐我们在一些所谓好的商家那里购买材料，在挑选的时候，材料本来没有问题，价格也合适，但是，送上门之后，就出现材料被掉包的问题，其实，他们已经从中拿去了回扣，材料自然不会是既经济又实惠的材料了。

Tips：
除此之外，还有一种情况就是，当我们在询问和选择的时候，给我们看的是品质好的一等材料，但是当提货的时候，就变成了比较差的二等材料了，这也是一种常见的调包陷阱。

◎陷阱三：装修工偷梁换柱。在装修的过程中，无论是包工包料还是半包，一些施工人员往往会在装修过程中做手脚，将我们好的名牌产品掉包，偷梁换柱，曾经就有装修工人直接将业主购买的优质油漆倒走，换上自己的劣质油漆，以次充好的例子，也是需要警惕的常见陷阱。

Tips：
除了在材料商以次充好之外，装修公司还会在材料比对上做手脚，如将乳胶漆对水比例更换，或者有意损耗，加大耗材量，或者将楔头全部变成钉子等，这些问题都是一些不正规装修公司常见行为，需要特别警惕。

防止欺诈，逐一鉴别

为了防止这些下三滥的欺诈行为，我们在鉴别材料的时候，除了特别鉴别品牌质量和价格外，还需要逐一仔细检查，避免货不对板，以次充好。

1 重要材料逐一检查

在我们购买主要材料的时候，一定要精挑细选，亲自逐一检查，如铝塑管、防水材料、乳胶漆、胶水、瓷砖、马桶等，各类材料本身的质量虽然和品牌没有必然的联系，但是有一定品牌影响力的产品在质量上会相对有保证，最好不要购买没有听过的品牌，也不要购买假冒伪劣产品。

> **Tip：**
>
> 在选好品牌和产品之后，一定要现场监督包装和送货，如果是直接送货上门的产品，要逐一检查是否是自己选择的产品，避免掉包。

2 不要盲目听信他人推荐

在购买材料的时候，无论是装修工的陪同，还是建材导购的推荐，都不要盲目听从，一定要心中有数，确定好自己准备购买的同类产品的三种品牌，对比之后选择性价比最优，最适合自己装修的建材，千万不要为了省事，盲从他人安排。

3 现场监督，避免掉包

为了防止施工人员现场掉包装修材料，每天的监工是必不可少的，尤其是对于一些无法完全信任的装修团队来说，更是需要每天监督，对于一些装修完成之后自己无法鉴别的材料，如乳胶漆、防水材料、胶水等，在施工的时候，不能马虎，要时刻注意。

坚持原则，不贪小便宜

为了能够避免自己在材料上吃大亏，无论是在选购还是装修过程中，一定要坚持原则，不要贪图小便宜，将各个事项落实清楚，按部就班。

◎选择有信誉和有实力的装修公司，允许装修公司获得合理的利润是装修时候必须坚持的一项原则。既然选择了让装修公司装修，就不能像铁公鸡一样一毛不拔，一定要在允许的范围内，让人有利可图。

◎在确定了装修公司后，信任是一方面，小心谨慎又是另外一方面，一定要在签订合同之前，了解自己的材料以及服务项目，避免材料本身的问题或者材料在装修过程中可能出现的问题。

◎检查材料报价单、型号、数量、名称是必不可少的工作，千万不能图省事，而忘记这个需要细致比对的工作。

◎施工图纸上明确表明材料的品名，并且作为合同的附件与合同一起签字确认，在施工途中，对于每一个项目和用材的使用，要打钩确认，避免产生纠纷。

> **Tips：**
>
> 材料直接产生的费用不仅包括材料费，还包括设备辅料、运费和人工费等，在选择的时候，要与供货商或者装修公司确定清楚后再购买，避免一些不必要的麻烦。

问题五：有了家装监理，也不是万事大吉

很多人都会把家庭装修形容成一场没有硝烟的战争，在装修前期、中期、后期，每一个环节，都在跟装修公司斗智斗勇，稍有不慎，就会掉入陷阱。为此，有些人愿意请家装监理帮忙把关。到底真正意义上的家装监理是做什么的，是否请了监理就万事大吉呢？

严格界定家装监理

严格意义上来说，家庭装修监理是什么呢？这是一个职能机构，由专业装饰人员组成，需要经政府审核批准、取得装饰监理资格，在装修过程中对装修工程进行质量监督和管理。那么，他们的作用是什么呢？

1 家装监理的作用

监理公司主要是在家装工程中帮助业主监督施工队的施工质量、用料、服务、保修等，防止家装公司和施工队的违规行为。能够帮助业主解决如下问题：

◎节省业主宝贵时间。正规的监理公司能够帮助业主监督整个流程，避免合同签订时的时间拖延。

◎帮助质量把关。好的监理公司能够帮助业主把关施工工艺以及材料质量，避免业主被蒙骗。还能帮助业主估算装修费用，避免装修公司谎报价格，或者施工粗枝大叶的问题。

◎避免扰乱正常生活。监理公司能够帮助业主监督装修中的日常工作，避免业主为了监督装修，打断自己的生活。

2 家装监理把关项目

家装监理所做的工作主要包括监督承重结构，避免装修公司乱改乱动；安装合同规定监督装修质量；把控每一道工序，不符合质量要求下不签字；确定付款时间和验收装修结果。具体工作如下：

◎设计阶段，家装监理要测量准装修房屋空间尺寸和相对位置，检查房屋结构表面质量和水电质量，陪同业主选择装修材料并选择装修公司，洽谈装修方案，确立施工现场工长，审查装修图纸、材料、工艺及合同。

◎签订合同时，要根据施工图纸审查装修预算报价，并审查装修施工承包合同预算。

◎装修前，向装修公司进行项目移交，审查项目资料是否齐全，确定施工图纸，签订保修协议。

◎装修施工过程中，监督施工，验收各个项目的功能性，审查施工成果，委托保洁人员进行保洁，委托检测机构检测环保指数。

3 装修公司的内部监理 VS 监理公司

一般来说，装修公司会有内部监理，但是同正规的家装监理是有区别的。

◎装修公司的内部监理往往没有市建委颁发的监理资质，无法担当正规监理工作，而正规家装监理公司具有市建委会颁发的监理资质，能够以公正的立场监理工作。

◎装修公司的内部工程监理主要是让业主能够认可装修工程，保证装修费用，而公正的监理公司能监督质量，保证业主权益。

◎内部工程监理属于装修公司，而正规监理公司有营业执照，需要审核设计方案、工程报价、施工工艺、检验材料、竣工验收和保修监督等，不受装修公司约束。

> **Tips：**
> 　　装修公司的内部监理和正规的监理公司有着本质的区别，在请装修监理的时候，需要我们能够认清两者的不同之处。

认清"请"与"不请"的困惑

　　很多人在面对请与不请家装监理的问题上，有很多困惑，而这些困惑主要源自目前家装市场的不规范，主要存在如下 3 个问题。

1 免费监理不管用

　　一些装修公司为了让业主相信自己，会承诺业主免费送监理，但是，这种监理往往就是上面我们说所的家装公司内部监理，无法保障业主的实际利益，从这个意义上说，这种监理是不规范的，也是一种迷惑业主的障眼法，是不能相信的。

2 监理的公正性

　　监理行业本身是技能的服务，并且就目前市场而言，这个行业的很多公司利润很薄，人眼待遇也不高，存在既收业主钱，又拿装修公司好处的问题，这种情况屡见不鲜，尤其是在中国建筑装修行业发展还不够健全的阶段，需要小心提防。

3 收费标准无法统一

　　根据监理项目的不同，在收费问题上也无法统一，现在一般全程监理，阶段性监理，单项监理，顾问监理，收费标准高低不等，有的几百块，有的几千块，这也让我们无法定夺，需要考察整个市场，谨慎选择。

不做甩手掌柜

　　家装监理本身就是一个相对年轻和复杂的行业，也没有明确的法律规范、收费尺度以及服务范围，我们在选择的时候，要根据自身的情况来选择。当然，就算是选择了监理公司，我们也不能做甩手掌柜。

1 认清资质

在请监理公司的时候，我们需要先认清监理公司的资质，避免选择那些装修公司内部监理，选择有正规注册的家装监理公司相对来说有保障，避免一些个人行为的家装监理。

2 根据自身需求选择

如果我们对于家装完全不清楚，也没有多余的时间和精力来监督装修，也有一定的预算，我们可以选择全程监理，如果有时间，只是需要一些相对专业的指点，则可以请顾问监理，当然，也可以选择阶段性监理，都需要根据自身的选择来确定。

3 及时沟通

就算是请了监理帮忙监督装修，我们也要不定期的去装修的地方看看，随时发现问题，随时与监理人员以及监理公司沟通，了解整体进程，防止出现一些我们不希望出现的问题。

问题六：搞乱装修顺序，返工是理所当然

对于装修居室的我们来说，最不愿意见到的就是装修返工。这不仅仅意味着延长工期，还涉及增加装修支出、出现与施工单位的纠纷等问题，可以说比装修还麻烦。这就需要我们掌握装修顺序，避免返工，当然，如果出现问题，返工也是必须进行的。

了解装修顺序

无论请装修公司，还是自己找人装修，都需要对装修顺序有一定的把握，请装修公司也有一定的顺序，装修居室也一样，要按部就班，才能避免返工。

1 与装修公司确定家装流程

◎如果我们确定找装修公司装修居室，首先要与装修公司的设计师咨询风格设计、费用和周期，可以选择几家信誉较好的分别咨询，经过一段时间的洽谈后，确定选择一家适合的家装公司。

◎ 确定完成之后，需要让设计师亲自到现场观察环境并测量尺寸，并且根据实际尺寸绘制出居室房间平面图，标明长宽高，详细注明门、窗、管道、暖气罩、家具等具体位置。这也需要反复的沟通和更改，大约需要半个月到一个月的时间。

◎ 等图纸确认后，就需要预算评估，进行详细的报价和准备详细的施工图，详细尺寸、做法、用料、价格等，都需要标注清楚。

◎ 所有前期准备工作协商完成之后，需要签订合同，明确双方责任、权利和义务，尤其要注意前面章节说过的项目变更合同注意事项。

◎ 等一切准备就需，就可以进行现场交底，让设计师跟施工负责人详细讲解项目、图纸、工艺等。这个时候，还需要我们验收材料，然后让施工人员按水、电、瓦、木、漆次序进场施工了。

◎ 每完成一个项目，都需要进行验收，如果有问题，要及时返工，避免不必要的纠纷。

2 内部装修顺序

◎ 第一步：水电工程，包括电源、电话、有线电视、宽带、音响等线路，供、排水管道等，都需要先施工。

◎ 第二步：铝合金门窗框架预置以及露天阳台雨坡施工。

◎ 第三步：泥工，包括厨房、浴室、阳台、地面瓷砖、防渗、台面、浴室门等，而煤气灶、厨房水池、浴缸要等买来后配合施工。

◎ 第四步：墙体打底，晾干。

◎ 第五步：木工，包括室内固定家具、石膏板材吕质吊顶安装，不过排气扇、排油烟机、浴霸等要购买来后配合施工。

◎ 第六步：油漆施工。

◎ 第七步：墙体粉刷。

◎ 第八步：防盗网等施工。

◎ 第九步：楼梯扫尾。

◎ 第十步：水电设施安装完成，包括灯具、开关、浴霸、浴盆、坐便器、水龙头等接入。

◎ 第十一部：空调、排油烟机、热水器等固定设备安装。

◎ 第十二步：电话、有线电视、宽带、煤气申请安装。

◎ 第十三步：家具和生活用品入户。

> **Tips：**
>
> 在装修的过程中，如果不按顺序，就会出现装修问题，甚至需要返工，因此一定不要打乱施工顺序。

如何避免返工

既然返工是大家都不愿意看到的，那么，如何在装修前和装修过程中避免返工呢？需要注意哪些问题呢？

1 做足准备

为了避免返工，在装修之前，一定要特别了解装修公司的实力信誉，设计师和施工者的素质和能力，了解设计，确定风格和价钱。当然，花时间学习装修知识、了解装修流程等，也是必不可少的。

Tips：
为了避免因改变设计风格引起的返工，在装修前，一定要和设计师充分沟通，让设计师充分了解自己的审美，同时对设计方案完全了解，有疑问的时候要提前提出来，避免中途反悔。

2 制定详细合同

为了避免装修过程中因为流程、工艺、材料等问题而引起的返工，一定要将合同制定得非常详细，就连材料的品牌、价格、型号都要写清楚，装修公司的责任、后续服务，中间增加项目时费用的收取方法，也要明确，避免一切可能存在的漏洞。

3 一对一对接

为了避免装修过程中的扯皮现象，一定要进行一对一的对接，甲方负责人和乙方负责人对接，不要更换负责人，如果要更换，也要确认清楚，以免公说公有理婆说婆有理，最后也不知道按照谁的要求来进行。

4 细节把控清楚

为了避免装修过程中出现的质量返工，一定要在装修前将各种细节交底清楚，包括材料的交底，各种图纸的交底，交底完成之后，还必须清楚明白的进行讲解，如果遇到一些专业术语，一定要问清楚，完全消化之后，再签字确认，避免纠纷。

5 权责到位

如果是设计师的问题，就要找设计师，如果是施工团队的问题就要找施工负责人，在施工前期和施工过程中，一定要全权督促，随时监控，权责到位，避免一些本来能够一次完成却因为权责不分导致的二次返工。

问题七：装修套餐看上去更划算

对于我们现在所处的年代来说，除了手机有套餐服务外，家庭装修也有套餐服务，这也是一个从无到有的发展过程，到底装修套餐是什么？有什么好处？适合哪些人群？是不是真的如看上去那么划算，其中有什么陷阱呢？我们来了解一下。

何谓套餐装修

套餐装修，说得简单一些，就是按照每平方米计算价格的装修模式，是将装修主要材料和基础装修组合在一起，按照不同的装修档次进行的基础化、价格化装修。

一般而言，套餐装修会有装修基础收费，当然也有一些不包含在套餐中的单独收费。

1 套餐包含项目

一般包含在套餐中的项目有每个房间的地砖和地板的铺设、墙壁粉刷、橱柜的装修和打造、洁具的安装和装修、门的设置、吊顶等。当然，是根据所选套餐标准进行的装修服务。

2 单独项目

如墙体的拆改和电视墙的个性装修之类的，有个性设计元素的，往往不包含在套餐中，需要单独增加费用。还有一些水电改造以及超出标准配套项目和数量的项目往往都不包含在套餐装修之内，需单独计费。

套餐有何好处

对于传统装修来说，我们在装修的过程中，往往需要在每一个环节都亲力亲为，包括材料的选购和运输，设计和施工，后期可能存在的纠纷等，而现行套餐装修有哪些好处呢？

1 一站式服务

很多套餐装修都打出了一站式服务的口号，从建材的选择、装修设计到售后服务，全部由装修公司解决，这样我们就能避免奔走协调的痛苦，享受一站式的轻松服务。当然，轻松的背后也是有一些陷阱的，在后面，我们会详细介绍。

2 省心、省力

对于很多业主来说，选择套餐装修能够省心省力，让我们不用再烦恼要从成千上万种材料中挑选十几种材料符合自己装修的材料，也不再烦恼每日奔走与建材市场的痛苦，让业主节省了很多时间。

3 省钱

从某种意义上来说，套餐装修由于是批量订货，在建材价格上，相比较零星购买有一定的优势，损耗上也不会太多，一站式的服务也避免了很多中间环节，自然能够节省一定的费用。当然，这是建立在装修公司本身有良好的信誉的基础上的。

> **Tips：**
> 对于一些追求高品位并且需要节省宝贵时间的人来说，套餐确实能够起到省心省力的作用；对于一些精力有限的老年人来说，与其花费大量的精力奔走或者与装修公司周旋，套餐装修也是一种比较好的选择。

警惕套餐陷阱

套餐装修往往只是让我们知道房子装修每平方米需要的价格，而每一项的收费单价往往不容易确切地掌握，尤其是每家装修公司的套餐装修方式不同，包含的内容也不同，这就让我们陷入了选择的困扰。当然，这也是装修公司设置陷阱的地方，需要我们清楚了解。

1 材料中的猫腻

装修公司在打出一站式装修服务旗号的时候，为了吸引客户，会告诉客户，自己所选用的是大家熟知的名牌产品。但是为了获得最大的利益，一些装修公司在购买建材的时候，往往会购买知名品牌的特价产品，这些特价产品虽然也是名牌，但是价格却低很多，这就是材料中隐藏的猫腻。

> **Tips：**
> 供货商在给装修公司提供建材的时候，还会给装修公司返利，装修公司既从业主那儿抠取了建材费用，还从供货商那里提取了好处，而所有的费用，都是由我们来买单，这就是隐藏的陷阱。

2 建筑面积与装修面积

套餐装修在报价上往往是按照单位面积来报价的，但是，有的套餐报价是按照套内面积加外墙面积，有的是按照建筑面积收费的，其实都不是按照实际装修面积来收费的，这样，我们就在无形中承担了不必要的装修面积费用，这也是一个隐形的陷阱。

3 套餐报价和结算价格

套餐报价所报的往往是最基础的装修价格，但是装修本身不可能是单纯的基础装修，还有一些其他的需要另外收费的项目，而这些项目的报价往往会高于市场价格，虽然套餐价格看上去很低，但整体价格并不低，这也是一个常见的陷阱。

Tips：

套餐价格虽然打着省钱的旗号，但如果我们愿意自己花费时间和精力去学习装修知识，了解建材市场，找同档次的材料进行装修，比起套餐装修肯定会省很多。如果，我们是出于省力、省心的目的，那么，我们最好能够自我衡量，选择最适合装修公司和套餐。

如何选择套餐装修

如果我们对于套餐装修已经有了了解，决定选择套餐装修，那么，我们就需要规避一些风险，选择合适的套餐，这就需要我们注意以下问题。

1 了解套餐包含项目

套餐中的施工项目往往都会有所标注，我们在选择的时候，要进行详细的了解，一般施工项目较多的，相对好一些。当然，我们还需要比较各个套餐档次，选择适合自己的装修档次，而套餐中不包含的项目我们也需要了解和比对。

Tips：

每一个装修公司的套餐服务都是不一样的，我们一定要比较项目，了解自己所需要的项目服务，然后比较价格，选择最适合的执行。

2 查看材料品质

套餐服务往往会标出几种材料的品牌，但是具体型号确不相同，我们在选择了特定的品牌后，就需要查看材料本身的品质和型号，在市场上考察价格，进行比对，在装修过程中，也要进行比对，避免偷龙转凤。

3 配件考察

有很多套餐装修，都不包装修配件，如软管、玻璃胶等，这需要我们询问清楚，虽然配件相对主要材料来说，支出并不是很高，但是，如果不做仔细的询问，往往就会超出预算，吃哑巴亏。

问题八：冬夏季节绝对不能装修

　　一些有装修经验的前辈往往会告诫大家，冬季和夏季千万不要装修房子，仔细追究起来，为何不能装修呢？这是大家都非常困惑的事情。下面，我们就分别来了解一下冬季、夏季装修的困惑以及注意事项。

冬季装修

　　冬季装修的困惑，除了温度较低之外，装修时也容易出现一些问题，当然，也不是完全都不好的，我们需要细分冬季装修的优劣势，并且了解冬季装修的注意事项，就能避免因季节原因导致的装修难题。

1 冬季装修优劣势大比拼

　　如何事物都不是只有坏的一面而没有好的一面的，换一种角度，我们也能发现冬季装修是优劣势并存的。

◎可能存在的问题：

- ●由于天气寒冷，在墙面乳胶漆的装修过程中，风干的速度较慢，如果用热风机，就会影响其粘合力。而在喷涂之前还要刮白，里外两层容易脱落，墙壁出现掉皮现象。
- ●当然，贴瓷砖也是冬季装修的一个难点，温度太低，瓷砖容易粘不住。
- ●油漆也是冬季装修的一个难题，一般情况下，涂料施工温度最好不要低于5℃，清漆施涂温度最好不要不低于8℃，如果温度太低，就会影响刷漆的效果，但是冬季刷漆往往都会开窗，整体温度往往难以达标。
- ●冬季室内外温差相对较大，木材等一些装修材料在运输和保存的过程容易变形。

◎相对优势：

- ●正因为冬季室内外温差较大，我们在检测装修材料，尤其是木材的时候，就能够以此来检查材质，如果出现问题，就能及时更换。
- ●也正是温度较低的缘故，我们在验收施工效果的时候，也能快速看出装修问题，如有偏差，可以快速返工。
- ●对于一些室内安装供暖装置的居室来说，还可以因时制宜，检测室内温度，如果不理想，可以立刻调换。

2 冬季装修注意事项

　　冬季装修属于家庭装修淡季，但是有些家庭处于各种原因，必须在冬季装修，这个时候，就需要关心施工质量，其中有几个需要注意的问题。

◎木材的处理：木材的处理主要有两个方面，一方面是不要露天存放；另一方面，为了防止木材变形，要进行封油处理。先将木材用干毛巾擦去尘土，然后刷两遍清漆封底，这样才能防止木材风裂和变形。

> **Tips：**
> 　　所有的木板都需要平放，在在装饰面板的最下面垫一张细木工板，千万不能竖放，容易开裂。

◎腻子的处理：墙面、天花如果刮腻子或贴壁纸，一定不要开门风干，要自然阴干，避免迅速失水而影响施工和变形。刷两遍腻子都需要完全干透后再进行下一步，如果墙面有裂缝，要及时补平，避免开裂。

> **Tips：**
> 　　冬季开窗通风的时间最好选在上午 10 时至下午 4 时之间，这个时间段温度相对较高，可以防止新刮的腻子冻结。

◎涂料温度把握：为了避免油漆工在喷刷各种涂料时因为温度的问题而导致开裂，需严格按照产品说明中的温度施涂，注意保暖，等完全干燥后才能开窗通风。

◎砂浆和水泥的处理：存放在外面的沙子可能会因为温度太低，含有冰块，一定要仔细过筛，搅拌砂浆时，水的温度也不要超过 80℃。水泥也不要在露天存放和搅拌，避免凝结。

◎暖气安装小心谨慎：家庭装修如果进入供暖期，暖气内已加压供水，这个时候，一定不要拆改更换暖气管线和暖气片，如果施工稍有不当，很容易导致"跑水"事故，造成难以弥补的损失，需要谨慎处理。

◎密封条避免太紧：塑钢窗使用的橡胶密封条会热胀冷缩，在冬季安装时会有一定程度的收紧，而到了炎热的夏季就会产生膨胀现象，因此，一定不能太紧。

◎施工现场防火配备：北方的冬季比较干燥，在装修的时候，无论是电取暖设备、做饭的燃气管、做防水用的喷灯等最好谨慎使用，一定要配备防火装置——灭火器，一定不要在施工现场用火，避免火灾。

◎通风透气：虽然要避免温差太大，但是在装修的过程中，以及装修完成之后，都需要开窗透气，让一些甲醛、苯等有害物质挥发，避免危害健康。

夏季装修

　　夏季空气湿度大，一些易吸收水分的材料，在运送或存放的过程中容易受潮，在装修的过程中也会发生一些问题，因此我们常说最好不要夏季装修。正如冬季装修一样，夏季装修存在弊端的同时，也有一些益处和一些注意事项。

1 夏季装修优劣势大比拼

◎可能存在的问题：

●木板、石膏、板材等材料，如果存放不当或者运输途中被雨淋，受潮后就会产生霉点，影响装修。受潮的板材做成的木龙骨、木器，干燥后易开裂变形，影响其他材料。

●在夏季装修时，在阳台等一些容易被雨淋湿的电施工，如果没有做防潮，容易短路，甚至引其火灾。

●夏季墙面施工，由于空气湿度较大，温度又很高，刷涂料容易出现泛黄及脱落等现象。

●在铺装实木地板时，地板缝隙过大或过小都会影响铺装效果，如果过密，受潮膨胀后，还容易起拱变形。

◎相对优势：

- ●夏季挑选各种建材的时候，我们相对能够通过鼻子分辨各种建材是否环保。
- ●夏季空气湿度较大，温度也高，也比较潮湿，家装公司在装修的时候，防潮和防滑施工会相对精准。
- ●夏季也是相对装修淡季，家装的人力和精力会相对充沛，质量和服务相对有保障。
- ●夏季高温潮湿，空气中的甲醛等有害物质成倍释放，在开窗的情况下，害气体的排放相对更快。
- ●夏季气温潮湿，墙面腻子如果不完全干透，墙面就会起泡、开裂，比较容易被发现，监督也相对容易一些。
- ●夏季温度较高，水分蒸发快，为了保证瓷砖充分吸水，会提前浸泡，经过这到程序之后，瓷砖在地面和墙上的粘贴力刚强，更牢固。
- ●夏季温度高，油漆干得快，打磨也要及时、油漆的光泽度能显现，因此刷漆的效果更好。

2 夏季装修注意事项

夏天装修如果想要不出问题，一定要注意以下细节：

◎瓷砖、地砖泡水：夏季地砖、瓷砖等需经泡水处理，并且延长泡水时间，能够避免在装修时由于吸水而同水泥粘接不牢固，出现空鼓、脱落等问题。

◎测量尺寸避免过于宽松：在测量和安装塑钢门窗、推拉门时，要注意热胀冷缩，避免过于宽松而导致冬季出现缝隙、变形。

◎木料做好防潮处理：木料如果防潮工作处理不好，到了干季风一吹，就会变形、起翘，因此，一定要做好更严谨的防潮处理。

◎保持通风：在潮热天气中家庭装修乳胶漆会发霉变味，因此，室内任何物品，包括家具柜门，都要敞开，保持通风。

◎地板封蜡：为了避免水分浸入地板，夏季装修地板不仅要立即打固体蜡，还要封蜡。

◎避免暴晒：夏季太阳比较毒辣，靠窗的地板受阳光曝晒，会出现开裂、变色的现象，因此，一定要进行遮阳处理。

◎木龙骨刷防火涂料：卫生间和厨房吊顶中使用的木龙骨一定能够要刷防火涂料，能起到阻燃、延缓火势的作用。

◎电路施工电线避免裸露：电线、管道及风道穿墙穿楼板的缝隙应严密封堵，而电路、电线不能裸露，避免产生电火花，造成火灾。所有电器线路都要穿套管做防火隔热处理。

Tips：

　　为了从根本上消除火险隐患，在装修的过程中，一定要提醒装修人员高度重视，认真检查，并且，还应保持室内良好的通风环境，当然，施工现场灭火器、沙箱或其他灭火工具一定要配备完整，这样能够起到消除隐患和保障安全的作用。

问题九：用材价位越高是否越环保

如今，越来越多的人提倡环保装修，对于室内空气质量有了更高的要求，在进行环保装修的同时，既要考虑美观，又要注重健康。那么怎样环保呢？是不是材料价位越高就越环保呢？环保的误区是什么呢？我们一起来了解一下。

环保标准

我们在装修时，都会选择使用环保装修材料，希望能够最大限度地减少室内污染。但是，环保标准是什么呢？要注意哪些问题呢？

1 环保地板是关键

人造地板含有的有害气体非常多，甲醛、苯等严重危害我们的健康，因此，在选择上，一定要选择实木材料的环保材料。虽然选择实木很关键，但是油漆的选择也要引起我们注意，如果油漆中含有大量的有害物，室内的污染肯定会严重超标，这就需要我们分清原料本身，而不只是从价格上考虑。

2 墙壁问题要注意

现在很多家庭为了营造温馨的室内环境，会使用壁纸来装点墙面，但是，很多颜色艳丽的壁纸都含有较多的化学物质，对人体的危害很大，单从价格上根本无法衡量，这就需要我们能了解壁纸成分，慎重挑选。

3 单一达标与整体达标

单一环保装修材料本身的达标并不代表室内环境一定达标，室内环境是由多种材料组建而成的，混合使用之后，单个达标的材料加在一起，难免会超标，室内的空气质量也会变质，因此，为了避免危害，最好能够进行专业的检测，避免健康受损。

环保误区

为了让我们和家人生活得更健康，我们都会尽量使用环保材料，并且通过一些手段来让自己的居室更环保，但是，也有一些误区，可能我们并不知道，需要我们认清楚。

1 气味与污染

很多有害物，如甲醛之类的，都会释放一些味道，但并不是所有的有害气体散发的味道都能被我们察觉，因此，在确定材料是否环保的时候，如果自己感觉没有气味，就认为室内环境中没有污染这种观点是错误的，需要请专业的机构来检查。

2 装修污染与家具污染

我们在选购材料的时候往往会注重家具本身是否环保，但是，在装修的过程中，如果装修不当，造成的室内环境污染会更严重，所以说，装修污染与家具污染同样需要我们注意。

3 国家标准

我们在购买材料的时候，往往会考虑是否符合国家标准，这肯定是没有问题的。但是，国家标准只是一个产品合格底线，并不代表符合标准就一定没有污染，这也需要我们认清楚。

4 通风与合理通风

很多人都知道，装修完之后要通风，往往会安置三个月或这半年，但这样就能完全净化环境吗？并不是这样，一般而言，装修完半年后，室内有毒气体含量还是会超标，最好能够空置半年以上。

环保装修注意事项

要想实现实现绿色环保装修，杜绝装修污染，有一些需要我们在装修过程中注意的事项。

1 谨防叠加污染

为了防止居室装修出现叠加污染的情况，我们在装修时，尤其在设计装修的时候，一定要从单位面积出发，考虑单位面积内是否有装修材料的使用量，以及可能存在的污染物含量，不仅是家具的、地板的，还有墙壁、吊顶等，所有的污染含量都要计算在内，避免叠加污染。

2 选用环保材料

材料的优劣直接影响了装修之后的室内空气质量，在选择的时候，一定要材料供应商提供并且出具有产品质检报告的证明和材料，从不同的环保指标上进行侧重考察。

> **Tips :**
> 板式家具要着重看甲醛检测报告，溶剂型木器涂料、胶粘剂要着重看苯、VOC 检测报告，实木家具则要着重看苯的检测报告。

3 注重施工工艺

不仅仅材料本身会影响居室环境，施工工艺也会对环境造成影响，因此，在施工过程中，一定要要求装修人员采取正确的工艺和工序，最大程度上降低危害。

> **Tips：**
>
> 板材在切割之后，要及时进行封边处理；木质产品刷油要完全，最好不要漏刷；局部装修结束及时进行污染防治。

4 找对检测单位

在装修完成之后，最好能够找相关检测单位进行室内环境检测。在选择检测单位时，要看该检测单位是否通过了省级以上计量监督部门的计量认证，并且看计量认证证书规定的项目是否是室内环境检测项目。当然，检测人员的从业证书也是需要考察的。

> **Tips：**
>
> 除此之外，还需要注意该检测单位在检测中使用的检测方法和检测仪器是不是国家《室内空气质量标准》（GB/T 18883—2002）中规定的方法和仪器，避免选错检测单位。

问题十：别让装修合同绊了脚

我们在确定装修公司，并且商定了装修施工项目的实际情况之后，就会同装修公司，就发包人的居室装修工程的相关事宜签订装修合同，从而达成装修协议，这个合同是依照《中华人民共和国合同法》及有关法律、法规的规定，具有法律效应。那么，这个合同应该包含什么内容，需要注意什么问题？当然，也不能让装修合同绊住了脚。

合同本身

一个比较完整的家装合同所包含的项目很多，设计图纸、预算、项目工艺、施工计划、材料采购单等，都是合同的一部分。而合同也是一个约束施工、防止偷工减料的一个方法，也是保障我们利益的武器，因此，严谨的合同是家庭装修必不可少的。而这个合同本身包括如下几项。

1 设计图纸

很多装修纠纷经常会体现在施工项目本身上，如果没有详细的图纸，装修出来的项目有可能就与我们理解的效果不一样，也有可能具体的尺寸也存在问题，这样就很容易出现纠纷，因此，合同一定要将各种图纸准备齐全，避免纠纷。

2 项目预算

项目预算是一个基本的装修价格定位，这需要我们结合装修市场行业报价，相互比对，并且结合自己的心理价位以及实际收入来衡量选择，为了避免装修公司做手脚，一定要仔细核对合同中项目预算和报价，并且将其作为合同的一部分，避免纠纷。

> **Tips：**
> 合同签订以后，对于装修公司提出的更改项目、材料等加大投入的问题，一定要谨慎，不要轻易更改合同约定内容。

3 项目工艺

施工工艺作为合同的一部分，也是必不可少的，一定要详细的标准项目工艺水准，约定不达标的补救或者补偿措施，必须在合同中约定。

4 施工计划

施工计划则是约定施工时间的一个重要内容，明确表明工期以及工期延误后的权责，当然，合同条款的用语一定要清楚明确，尤其是责任的划分，不能含糊。

5 材料清单

材料清单作为材料的一部分，要严格标注材料的品牌、型号，保障自身权益，出问题的时候，随时查询。

6 售后服务

装修合同除了包含装修本身的事项外，还必须标明售后服务责任，尤其是保修期内出现问题的权责问题，在签订合同时应在合同中注明保修期限，分期付款方式等内容，避免风险。

合同签订注意事项

合同签订的时候，为了保障我们自身的利益，一定对各个细节进行详细的检查，避免出现问题时无从下手。

◎检查装修公司的各项手续是否齐全，是否具有国家承认的装修资质。可以要求参观装修公司正在施工的项目现场，观察施工水准以及人员素质。

◎针对设计方案以及预算报价，可以找专业人士咨询，避免其中有诈。

◎注意合同中的工期以及验收程序，材料清单、日期，一定要非常详细，尤其要注意双方约定好的违约金佩服比例。

◎合同的签订一定要有装修公司法人代表签订，如果有委托人，需要有委托书和执照以及资质证明，并且加盖公司公章，不能敷衍了事。

◎合同上可以约定验收由政府质检站验收，能够避免另外支付质检站的费用。

◎交款一定要交到公司财务，并索要建筑安装专用发票，千万不能让其他人代收。

◎如果遇到预算项目变更，要重新签订协议，作为合同的一部分。

◎为了避免保修期内出问题而装修公司不认账，可以与装修公司协商，保留部分工程款作为装修的质量保证金。

不要让合同绊住手脚

签订装修合同并不代表将所有的主动权都交付出去，也不用诚惶诚恐，在签订的时候，甲方乙双方所有承诺必须用文字表现出来，不要怕麻烦，空口许诺往往就会变成扯皮根源。这是签订合同的首要原则。

在装修合同签订的时候，最需要注意的问题就是报价，有一些报价是按实际结算的，这也是最容易出问题的，因此，装修公司有义务告诉我们那些项目是按实际结算，单价是多少，计算方法是什么，误差不能超过10%，这个是我们可以控制的。

现在装修公司很多，我们的选择也更多，一定要将主动权掌握在自己手中，避免不合理的坑蒙拐骗行为，如果有误差，合同中要约定多出的部分由装修公司承担。

Tips：

与装修公司签订合同前必须有装修公司提供详细的报价单，报价单中也要标明每个项目的具体工程量，特别是在水电路改造这样的项目中，特别要避免装修公司使用"按实际发生算"模糊。

[第07章]
举一反三——盘点家装中的常见误区

　　不管是选择自己装修DIY，还是委托装修公司装修，眼看着自己的家开始装修了，心理难免会激动万分，想着这个也要，那个也要，或者是不知道要什么，到最后就变成随心所欲或者听从他人安排，装修完成后，就变成需要的没有，不需要的一大堆。这就是家庭装修中一些比较常见的装修误区，需要我们有的放矢，举一反三。

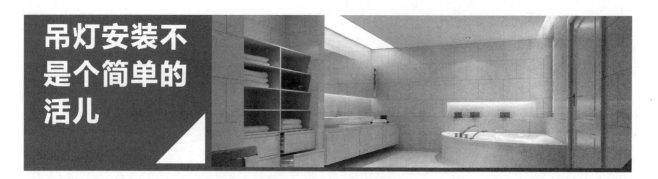

吊灯安装不是个简单的活儿

家庭吊灯的安装往往是装修基本完成后再进行安装，看起来很简单，但是，在安装上，还是有一些需要注意的问题的。

安装吊灯警惕误区

吊灯在整个居室装饰中占有相当重要的地位，在选择材料与设计方案时，需要注意省材、牢固、安全、美观、实用，但是，很多人在选择和安装上容易走入一些误区。

1 吊灯提升档次

很多人都觉得吊灯能够提升居室装修档次，但是，现在很多房子的层高只有 2.6 ~ 2.8m，如果在这样的空间中安装机构复杂、层级较多的吊灯，就会让人感觉压抑和紧张，不仅不能产生视觉上的美感，还会让人感觉不舒服，非常不适合。

2 造型越奇特越凸显个性

有些人安装吊顶时，会设计凹凸不平的造型，加入玻璃、镜子等材料，这种造型是比较凸显个性。但是，时间长了之后，吊顶上就会藏满污垢，不容易清洗，不仅不能凸显个性，还让人觉得很脏。

3 彩色吊灯有特色

一些人在安装吊顶时会装上一些五颜六色的灯泡，希望能够营造彩色的效果，但是家庭装修需要营造的是温馨和谐的居住环境，如果安装成五颜六色，就会让人觉得浮躁，不利于生活与休息。

> **Tips：**
> 家庭装修吊顶并非必需品，应该根据自己的需求来选择，避免适得其反。

吊灯安装需谨慎

　　吊灯一般有两种，一种是大的吊灯，一种是小的吊灯。大的吊灯一般安装在楼板、屋架下弦和梁上，而小的吊灯常安装在搁栅上或补强搁栅上。在安装上，我们要分清是单个吊灯，还是组合吊灯，单个吊灯可以直接安装，组合吊灯则需要先组合后安装。材料准备要齐全，安装按部就班，当然，还有一些需要注意的事项，也不是一件简单的活儿。

1 准备材料要齐全

◎吊灯的安装准备的材料不仅仅包括吊灯、螺丝、铁定、柳丁等装修必备工具，准备不同规格的木材、铝合金和钢材，这样才能在安装的时候，有足够的支撑，避免安装不牢。

◎除此之外，还需要准备塑料、有机玻璃板、玻璃，这样能够作为吊灯的隔片，还需要准备散热板和铜板，一方面起到装饰的作用，一方面能够帮助散热，免除安全隐患。

◎当然，在施工工具的准备上，螺丝刀、钳子、锤子、电动曲线锯、电锤、直尺、漆刷等都是必备工具，都需要准备齐全，避免安装时没有工具而随意安装，导致安装牢固。

2 安装按部就班

◎安装吊灯之前，先要检查吊灯，用干布蘸水擦拭干净并晾干，切忌不要用湿布擦拭，避免遇高温爆裂。

◎检查完吊灯之后，就需要安装了，有的组合吊灯需要先组合再安装，需要安装说明书的指示来组合。

◎等准备工作完成后，需要在按照吊灯的位置中预埋铁件或者木砖，需要注意位置的准确性，保证中间位置，避免偏差，当然，也需要留出足够的调整余地，方便调整。

◎预埋工作完成之后，要在铁件和木砖上安装过渡连接件，将吊杆、吊索直接钉、拧于次搁栅上即可。

◎如果是水晶灯，则要把弯管按照图纸装上去，方向不能弄错，安装好之后，接上电源，先不要通电。带上绝缘手套，将吊灯再次用干布擦拭干净即可。

3 安装注意事项

◎如果在同一个地方安装多个吊灯，则需要注意安装的层次，长短距离，这个时候，可以在安装顶棚的时间同时安装多吊灯，方便调整位置和高低，免除后期安装拆调的麻烦。

◎吊灯安装过程中的吊杆要有一定长度的螺纹，这样能够方便调节吊灯的高度，避免返工。

◎吊索吊杆下面的吊灯箱，要注意连接的可靠性，避免掉落。

◎吊杆出顶棚须面可以采用加会管的做法，这样能够方便安装，还能保证顶棚面板的完整性，需要在出管的位置钻孔。

插座要安装
保险装置

随着家用电器的普及，家里电源插座的数量也逐渐增多，这也因此了一些安全隐患，无论是安装上，还是防护上，如果稍有不慎，小小的插座就变成了隐形炸弹，随时威胁着我们的生活。那么，在插座的安装上有哪些误区和需要注意的问题呢？

插座安装误区

我们在安装插座的时候，往往会考虑一些使用需求，但是在考虑使用需求的同时，也很容易陷入一些安装误区，而这些误区究竟是什么呢？

1 误区一：位置安装误区

很多家庭在安装插座时，往往出于美观的角度来考虑，认为按照太高有碍美观，因此，会选择将插座装在较低的隐蔽位置，但是，这种安装就会导致一个问题，我们在拖地的时候，墩布上的水溅到插座里面，这就很容易导致漏电。

> **Tips：**
> 　　在插座的安装位置选择上，明装插座距地面最好不低于 1.8m，暗装插座距地面位置不要低于 0.3m。而厨房和卫生间的插座应距地面 1.5m 以上，空调的插座至少要 2m 以上。

2 误区二：直接安装，无需防护

很多人觉得，插座安装是一件非常容易的事情，直接安装就可以了，根本不需要任何的防护措施，一些防水溅的盒子或者塑料挡板，不仅碍事还不美观，于是就在安装的时候，将这些东西扔掉。

殊不知，这些东西能够有效防止油污、水汽进入插座，防止短路。并且，对于一些家庭有小孩的居室来说，有效的防护，能够避免小孩将手直接放入金属插座孔，起到一定的保护作用。

3 误区三：插座导线随意更换

很多老房子的插座电导线使用的铝线，在装修的时候，很多人会忽视这一样，不会将铝线换成铜线，时间长了，铝线氧化了，插座就非常容易漏电，接头处就会发生打火情况，非常危险。因此，在装修时，如果是老房子装修，一定要检查电源导向，更换铝线。

4 误区四：忽视地线

有很多装修公司在埋线的时候，往往忽视地线的作用，甚至还将地线接到煤管道上，这样一来，地线与电器外壳相连，一旦电器漏电，就会导致人触电，非常危险。所以，在按照三相插座的时候，一定要注意地线的铺设。

5 误区五：多电器共用一组插座

大功率的家用电器在使用的时候，功率是非常大的，如果全部插在一组插座上，就会导致功率过大，超负荷运作，引起断电或者火灾，一定要引起注意。最好分开安装插座，避免同一组插座被过多电器同时使用。

安装注意事项

既然知道了一些插座安装和使用误区，那么在按照的时候，我们应该注意什么问题呢?

1 使用带开关插座

为了方便我们使用电器设备，避免频繁拔插头，可以使用带开关的插座，尤其是对于一些使用比较频繁的家用电器，如洗衣机、热水器、抽油烟机等，就可以使用带开关插座。

2 注意安装位置

在淋浴区或澡盆附近一定不要设置电源插座，其他区域的电源插座应防水溅。有外窗时，应在外窗旁预留排气扇接线盒或插座，盥洗台镜旁可设置距离地面 1.5m 的电源插，可以方便吹风机和剃须刀的使用。

3 橱柜台面备用插座

为了避免我们在厨房做饭时，电饭锅、电热水壶这类电器两次任务之间插来拔去的麻烦，可以在厨柜台面的备用插座中使用带开关插座，通过按钮开关控制使用电器。

4 选用品质有保障的插座

电源插座在选择上，一定要选择采用经国家产品质量监督部门检验合格的产品，不要使用低档和伪劣假冒产品。

5 防水防溅

为了避免一些比较潮湿的场所，如厕所、浴室、厨房等处插座被水溅，一定要使用安全型插座，并且在比较潮湿的地方，一定要使用防水盒，避免发生危险。

6 组合插座个数不要超过 3 个

为了插接方便，一个 86mm×86mm 的单元面板，其组合插座个数最好为两个，最多不要超过 3 个，如果超过 3 个，则需要采用 146 面板多孔插座。

浴霸从天而
降变炸弹

　　从浴霸安装方式来看，一般有两种，一种是壁挂式，一种是吸顶式，而从取暖方式来看，则包括灯暖型、风暖型和灯、风暖合一型。不同的浴霸对于安装条件有一定的讲究，需要我们注意。当然，在安装的过程中也有一些需要注意的事项。

不同浴霸的不同安装环境

1 壁挂式浴霸

　　采取斜挂方式固定在墙壁上的浴霸就是我们经常看见的壁挂式浴霸。这种浴霸也分为两种：一种是灯暖式，一种是灯、风暖合一式。后面一种除了能够通过灯取暖，还可以吹送热风。这种浴霸无论是新房还是旧房，都可以安装，没有限制。

2 吸顶式浴霸

　　固定在吊顶上的浴霸，也就是我们常见的吸顶式浴霸。这种浴霸主要有 3 种类型：灯暖型、风暖型和灯风暖型。相对于壁挂式浴霸而言，这种浴霸更美观，并且让人在使用的时候，受热更均匀，当然，也能节省一定的空间。

　　这种浴霸的安装对于房屋的吊顶厚度有一定的要求，有的会要求厚度达到 18 ~ 20cm。除此之外，浴室内部还需要有多用插头。

安装购买需谨慎

　　市场上的浴霸品种繁多，在购买的时候需要注意一些问题。考虑安全因素，在安装的过程中，也需要谨慎处理，避免安全隐患。

1 选购专用型浴霸

　　由于浴霸往往安装的潮湿的厕所环境中，因此，在购买的时候，一定要选择做过防水处理的专用于浴室供暖用的浴霸，避免出现安全事故。

2 从浴室环境角度出发

对于面积较小的浴室而言，最好选择排风效果较好的吸顶式浴霸，比较节省空间，还能让洗浴环境更好。对于面积较大的浴室，则可以根据自身的喜好来选择款式和类型。当然，如果浴室本身面积特别小，不用浴霸都很暖和，那么，就没有安装浴霸的必要了。

> **Tips：**
> 　　需要注意的是，如果安装吸顶式浴霸，一定要了解房屋吊顶是否足够，插头是否足够。

3 按需选择

浴霸本身的功能无非是保暖，当然也有一些浴霸附带排风的功效，在选择上，可以根据自己的实际需求选择适当的产品，没有必要选择价格昂贵的产品。

4 防水电源线

安装浴霸的电源配线必须是防水线，这是按照浴霸时一定要注意的，而电线的芯线直径不能低于 1mm，电源线都必须要配塑料暗管镶在墙内，不能有明线设置。电源控制开关必须是带防水 10A 以上，避免安全隐患。

5 位置选择中心部位

浴室在安装浴霸的时候，如果是浴盆，一定要选择安装在浴室的中心部位，略靠近浴缸，千万不要离人体太近，容易灼伤。

如果是淋浴，在安装的时候，可以通过确定沐浴时人站立的位置来确定安装位置，人面向喷头，而人体背部的后上方安装浴霸比较好。千万不要装在头顶上。

6 使用浴霸禁止水喷淋

在浴霸工作的时候，一定不要用水喷淋，这样容易导致电源短路，发生危险。在使用的过程中，也不要频繁开关浴霸开关，避免影响使用寿命。

7 注意保持干燥

在洗浴完成后，为了避免潮气太重，可以将浴霸开着，等浴室内潮气排掉后再关。不使用的时候，要保持通风干燥，可以用浸润了清洗剂的软布清洗灯泡周围，保持设备干净。当然，清洁完成后，一定要等所有零件干燥后再使用，避免危险。

按部就班安装浴霸

安装浴霸是一项技术活，一定要按照本来的顺序，按部就班进行。

1 安装准备工作

在安装浴霸之前，确定浴霸安装位置、开通风孔、安装通风窗、吊顶准备都是不可缺少的。

◎在安装浴霸的时候，一定要选择最佳取暖位置，而灯泡离地面的高度应该在 2.1 ~ 2.3m 之间。

◎在开通风孔的时候，要在吊顶上方稍微低于器具离心通风机罩壳出风口处，开一个圆孔。

◎安装通风窗，则需要将通风管的一端套上通风窗，另一端从墙壁外沿通气窗固定在外墙出风口处，通风管与通风孔的空隙处要用水泥填封。

◎如果安装吸顶式浴霸，吊顶准备就必不可少，要有 30cm×40cm 的木档铺设安装龙骨，按照箱体实际尺寸在吊顶上浴霸安装位置切割出相应尺寸的方孔。

2 固定浴霸

所有准备工作完成之后，就可以安装浴霸了，安装步骤如下：

◎先将浴霸上所有灯泡拧下来，然后将弹簧从面罩的环上取下来，同时取下面罩，拆的时候一定要平稳，避免拆坏。

◎将浴霸主题部分按接线图标识交互连接软线的一端与开关面板接好，另一端与电源线一起从天花板开孔内拉出，打开箱体上的接线柱罩，按接线图及接线柱标识接好线，盖上接线柱罩，用螺钉将接线柱罩固定，将多余的电线塞进吊顶即可。

◎完成后将通风管伸进室内的一端，拉出并套在离心通风机罩壳的出风口上，根据出风口的位置，将浴霸的箱体塞进孔穴中。

◎最后用木螺钉将箱体固定在吊顶木档上即可。

Tips：

等浴霸箱体安装完毕后，要将面罩定位脚与箱体定位槽对准，插入，然后把弹簧勾在面罩对应的挂环上。然后将灯泡安装好，并擦拭干净。最后将开关固定在墙上即可。

不要把儿童房装修成童话世界

很多家长为了让孩子有一个温馨健康的环境，在装修儿童房的时候，往往会花费大量的时间和精力，甚至将孩子的房间布置成童话世界一般。但是，这种儿童房装修真的好吗？这确实是值得思考的。

我们在装修儿童房的时候，到底有哪些误区，又需要注意哪些问题呢？我们一起来了解一下。

儿童房装修误区

很多装饰公司为了吸引家长的主要，在设计儿童房的时候，往往会打出时尚童趣等口号，但是，一味追求这些东西，却忽视了很大安全问题，也走入了一些误区。

1 少用油漆污染少

很多人在装修儿童房的时候，往往会注意油漆的使用问题，会要求在装修的过程中尽量少的使用油漆。但是，油漆使用的多少与污染本身没有绝对的关系，而油漆的质量才与污染息息相关。因此，在装修儿童房的时候，为了避免污染，一定要使用环保净味的儿童漆。

2 铺设地毯更安全

为了避免孩子在玩耍的过程中磕着，很多家长会在装修儿童房的时候，给地板铺上地毯，认为有了这层保护，能够避免孩子摔伤。但是，地毯本来也是最容易隐藏细菌、尘土的地方，如果不及时清洁除尘，势必会加大孩子患过敏性基本的几率，对孩子健康极其不利。

3 童话般的卧室

为了让孩子的童年更加天真烂漫，很多家庭在设置儿童房的时候，会将房间装修得犹如儿童世界般五彩斑斓，颜色的搭配上也是鲜艳无比。这样就很容易出现色彩混乱，不仅不能营造温馨的卧室，如果用色不当，反而会给儿童的生活带来困扰，也是一大装修误区。

4 泡沫垫包裹房间设备

为了避免孩子在房间玩耍的时候磕着碰着，很多家长在安置家具的时候，都会将家具的棱角用泡沫垫包裹起来，甚至有些家庭还会在地面铺设泡沫垫，认为这种方法能够保证孩子的安全。但是，泡沫垫本身的安全问题是非常让人担忧的，甲醛以及其他有害气体隐藏在劣质泡沫垫中，危害往往比碰伤更大。

5 儿童房间堆放儿童物件

很多家长为了让孩子能够在自己的世界里自由活动，就会将孩子的所有东西都堆放在儿童房间，但是，儿童房间本身空间有限，孩子的东西又很多，这样就会导致房间堆放过满，造成空气不流通并且活动空间缩小的问题，也应尽量避免。

6 床头灯方便使用

很多家庭在儿童房间的床头，会安装一盏方便使用的床头灯，但是，对于小孩来说，视力出于成长发育期，没有完全定型，灯光的直射，或者过于昏暗的灯光，会影响孩子的实力发育，而电磁辐射还会妨碍孩子的大脑发育，需要引起注意。

装修注意事项

为了让孩子有一个舒适温馨的共建，在装修设计儿童房的时候，要学会科学设计，合理安排。那么，如何才能更科学合理呢？主要有如下几个注意事项。

1 阳光充足

儿童的成长必须经常有光照，因此，儿童房的选择一定要有充足的阳光，并且还需要好的空气循环，所以，在房间朝向以及通风问题上，要处理恰当。选择能够接受自然光线照射并且通风良好的房间，是儿童房选择和设计首要考虑的问题。

2 灯光明亮

除了自然光线充足外，儿童房在装修的时候，也要考虑灯光的设计，出于儿童学习、游戏的需要，儿童房灯光亮度不仅要充足，还要考虑不刺眼，这样才不会对儿童视力造成影响。

3 慎重选择色彩

纯红色、灰色、黑色等壁纸或者装饰画的使用，会对儿童的成长造成一些影响，导致孩子有或多或少的暴力倾向，因此，在装修的时候，千万不要大面积使用这些色调。但是，简单的蓝天、白云、绿草、花朵、小动物等壁纸，能够促进儿童大脑发育，并且刺激孩子的想象力，可以适当使用。

在色彩的选择上，需要整体明亮轻快，黄色、淡绿色、淡蓝色、浅紫色都是不错的选择。最好不要将儿童居室的墙壁刷上白色，会使孩子过分好动，忍不住在墙上乱涂乱画。

4 选择安全的配件

很多孩子都喜欢将自己觉得好玩的东西放进嘴里，因此，对于儿童房家具、建材上的一些配件的选择来说，一定要考虑配件是否牢固的问题，定期检查，避免儿童误食小型配件。

5 家具选择安全为先

在家具的选择上，要尽量避免选择棱角分明的家具，选择一些圆弧形的加固最好，电源插座也需要配置保护装置，尽量不要使用落地灯之类的设备，避免发生意外。儿童房内的地面最好用软木地板，要耐用、耐脏，方便清洗。

6 空间收纳要适度

孩子都拥有许多的玩具、文具与书籍等，这样很容易导致空间不够用，因此，在设计的时候，可以选择利用多功能、组合式的家具，但是要尽量靠墙壁摆放，精简家具，从而扩大活动空间。当然，一定要让孩子养成良好的生活习惯，将各种物件归纳的井井有条。

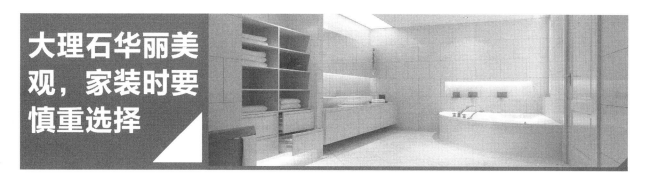

大理石华丽美观，家装时要慎重选择

在如今的家庭装修中，很多家庭觉得大理石看起来比较大气，有着天然的纹路，因此，在装修的时候，就大量选择大理石这种材质来装修，但是，很多市场上销售的大理石往往都是人造大理石，存在一定的危害，并不是适合所有的装修。

我们在选择大理石的时候，要注意谨防走入误区，学会挑选对人体没有危害的大理石。

大理石认识误区

现在市场上销售的很多大理石都是人造大理石，有很多不可控因素，对人体也会造成一些危害。但是，天然大理石则与不同。我们分别来看看一些现存的错误认识。

1 放射性物质

对于大理石中是否存在放射性物质的问题，众说纷纭。有的人说放射性物质不存在，于是大家就处处使用，有的人说放射性物质存在，于是大家就处处提防。但是，到底有没有呢？

根据大理石的产生来看，它是由沉积岩中的石灰岩经过高温高压而成的，放射性物质是客观存在的。但是纯天然的大理石放射性物质比较微量，危害并不大，因此也不需要谈虎色变。

2 人造大理石危害

除去天然大理石外，市场上普遍存在的大多是人造大理石，这种大理石在制造的过程中，有很多不可控元素，也不乏一些生产厂商埋没良心运用劣质材料，从而生成有毒大理石。这种大理石对人体的伤害是非常大的，需要我们谨慎使用。

人造大理石往往没有天然的色泽，并且有刺鼻的味道，甲醛和苯含量较大，如果运用在家庭装修中，就会伤害人体健康。当然，使用起来也不如天然大理石那样坚硬、美观。

精挑细选大理石

如果我们要选择使用大理石来装修房屋，尤其是一些墙面、台面装修，那么，在选择的时候，就需要我们仔细辨别，选择优质大理石，主要有如下方法。

◎ 观色。优质大理石有细腻的质感，天然的纹理，整体颜色也比较清纯，板材背面不会出现细小的气孔，反之，则不要选购。

◎ 闻味。优质的大理石不会有刺鼻的化学异味，在选购的时候，可以通过闻的方法来辨别。

◎ 摸。优质的表面非常的平整，不会凹凸不平，在选购的时候，可以用手摸，感知平整度。

◎ 测量。在选择优质大理石的时候，一定要先测量石材的尺寸，尽量不要拼接，避免影响装修效果。

◎ 指甲划。优质的大理石用指甲划，是不会有明显划痕的；相反，劣质的大理石则会有明显的划痕。

◎ 听声音。优质的大理石在被敲击的时候，会有清脆悦耳的声音；劣质的大理石在敲击的时候，声音往往比较粗哑，主要是石材内部颗粒以及裂缝造成的，需要谨慎。

◎ 滴墨水实验。为了鉴别大理石的质量，还可以通过在石材背面滴墨水的方式，如果墨水很快四处分散浸入石材，说明石材质量不好；如果墨水原地不动，则表明石材质地良好。

◎ 查证书。优质的大理石石材往往有正规的质量认证和质检报告，在选购的时候，要检查这些证书，避免被骗。

大理石的养护

很多人认为，大理石不需要养护，其实，大理石同其他的石材一样，都需要进行保养，这样能延长使用寿命，还能保持美观。

◎ 大理石比较脆弱，怕硬物的撞击，因此，在使用的时候，一定要尽量避免重物磕碰，尤其不要出现凹坑，会影响美观。

◎ 大理石的清洁工作一般比较简单，定期地使用温和洗涤剂的软布擦拭清洗弄干即可，如果表面有污浊物，可以用柠檬汁液擦拭，然后清洗弄干，就能让大理石台面历久常新。如果大理石家具被烟蒂烧焦，最好能够请人修复。

◎ 对于一些磨损比较严重的大理石家具，可用钢丝绒擦拭，然后用电动磨光机磨光，让它恢复原有的光泽。对于一些进行了油漆处理的大理石家具，需要清除全部油漆后，用钢丝绒擦拭和用电动磨光机磨光。

Tips：

一般来说，每两个月就要对大理石材质的家具进行一次保养，当然，要根据磨损程度来进行。

选材料不当，室内毒气超标

人的一生很大一部分时间是在居室中度过的，居室环境质量直接关系到人的健康，这也要求我们在装修的时候，时刻关注室内毒气是否超标。很多人在选材上做文章，希望选择天然材质的材料，避免产生危险。其实，除了材料之外，我们最需要关心的是室内毒气是什么，来源于哪里，如何防范。

室内毒气来源

从现在住宅装修整体情况看，主要有四大毒气严重威胁人们的健康，包括甲醛、苯、氨气、氡气，而这些毒气又分别来自于不同的物体，我们要具体情况具体分析。

1 甲醛来源

甲醛作为室内毒气首要污染，主要来源于人造木板，当然，这个人造木板不是木板本身，而是木板在生产中使用的黏合剂。这些黏合剂在遇热和潮解时，甲醛就会被释放出来，也是室内污染的主要来源地。

除此之外，还有一些添加了甲醛的防腐剂，主要存在于涂料、化纤地毯等产品中。当然，烟气中的甲醛含量也非常严重，都是需要防范的甲醛来源地。

> **Tip：**
> 甲醛的危害主要是可能导致胎儿畸形，甚至是致癌，按照国家标准规定，室内每立方米甲醛含量不能超过 **0.08mg**，否则就会危害健康。

2 苯系物来源

苯系物包括苯、甲苯和二甲苯，也是室内装修的主要污染性毒气。而这种污染源主要存在于油漆、胶以及各种内墙涂料中。

苯属芳香烃类，往往不容易被察觉，但是如果吸入过量，就会导致头晕、胸闷、恶心等症状，如果不及时脱离，就会导致死亡。当然，苯也会致癌，引发血液病。按照规定，室内空气中苯含量不能超过 $0.087mg/m^3$。

3 氨气来源

室内氨气主要来源是混凝土中的防冻剂，尤其是北方冬季施，最容易有大量氨气释放出来，还有就是室内装饰材料，如涂料中的添加剂和增白剂，都含有大量的氨气。

氨气吸入过量，就会出现流泪、头疼、头晕症状，对人体呼吸道损害非常严重。按照规定，室内空气中氨浓度不要超过 0.2mg/m³。

4 氡气来源

室内氡气的主要来源是建筑水泥、矿渣砖和装饰石材。氡对人体的伤害主要是会导致肺癌，按照规定新房室内氡气浓度不要超过每立方米 100BQ。

合理避免危害

认识了室内毒气污染源之后，我们就要学会避免危害，从装修前入手。

1 防范原则

首先，在选择装饰材料的时候，一定要符合国家环保标准。其次，在进行房间材料铺设的时候，最好不要大面积使用同一种材料。第三，在装修过程中，要选择科学的施工工艺。最后，就是地板、油漆等材料，选择环保材质的。

2 防范甲醛

为了防范甲醛的危害，我们可以通过以下方法：
◎尽量少的使用人造板，如果是人造板衣柜，一定不要把内衣、睡衣以及儿童的衣服放在里面。
◎对室内家具和地板等采取有效的净化措施，降低有害气体的释放。
◎注意监测室内甲醛含量，请专业人士提供有效治理方案。

3 防范苯系物

为了防范苯系物的危害，我们可以通过以下方法：
◎选择正规厂家生产的油漆、涂料和胶，并且选择污染的水性材料，这是降低空气中苯系物的根本。
◎在做油漆和防水的时候，进行规范施工，避免苯含量提升，千万不要用油漆代替 801 胶封闭墙面，避免中毒甚至是火灾。当然，尽量少用油漆工程也是非常好的做法。
◎要使用室内空气净化器和换气装置，开窗也是一种非常好的方法。
◎装修完成后，让居室保持良好的通风环境，等苯系物释放一段时间后再入住。

4 防范氨气

为了防范氨气的危害，我们可以通过以下方法：
◎由于氨气是从墙体中释放出来的，室内主体墙的面积会影响室内氨的含量，要根据不同房间结构，了解氨污染程度，合理安排功能。污染严重的千万不能作为卧室使用。
◎可多开窗通风，能减少室内氨气污染
◎监督建筑装饰施工单位的选材，选择环保健康的材料。

5 防范氡气

为了防范氡气的危害，我们可以通过以下方法：

◎选择放射性低的装饰材料，请相关建筑部门检测建筑材料本身的放射性，避免危害。

◎保持室内通风换气，降低室内氡浓度。

◎尽量不要在室内吸烟。

别把二次返工当儿戏

如果返工过程出现又问题，二次返工肯定是理所当然的，但是，为了避免装修公司无限期的拖拉，或者出现纠纷，在装修二次返工时候，要注意如下几个问题。

1 确认是否必须返工

在装修出现问题时，一定要先确认是否必须返工。返工可能会出现一些问题，如影响装修质量，与原设计不符影响装饰效果，返工耗时耗力并且费钱。只有想清楚并且明确了这些问题之后，再确定是否返工。

2 赶早不赶晚

一旦确定了需要返工后，就应该尽早返工，让装修团队立刻停止施工，这样能够避免时间和金钱的损耗。当然，为了确保工期，应该快速的同负责人协商，同理合作，将施工任务、建材安排到位，避免损耗。

3 确认责任方

返工的原因有很多，有的是因为施工质量造成的，有的是自己推翻原有设计造成的，这个时候，一定要在返工前确定责任方，由业主变更设计等原因造成的返工费用应由业主支付，而由于施工质量问题造成的返工费用须由施工方支付。

Tips：

为了避免纠纷，在签署装修合同时，就需要把返工中的责任划分问题写清楚，并且约定违约责任和赔偿标准，对双方都有利。

私改暖气需注意

　　有些人在装修房屋的时候，对原有的暖气并不满意，于是私改暖气，这种做法往往引来发很多问题和危害。其实，并不是说我们不能改暖气，而是在改的时候，一定要按照既有的程序进行，避免出问题。

　　如果施工人员在改暖气上并不专业，往往就会出现很多问题，大致如下：

◎有的家庭在私改暖气片后，打开阀门，管道中的水直接流进管道井中。这种情况的发生，往往是因为热力管网建设过程中，施工人员忘记安装堵头了，也可能是安装后被别人拆掉了。

◎有的家庭在私改暖气片后，全屋只有一个暖气片过水，其他暖气片根本没水，这可能是因为施工队技术不好，或者责任心不强，也没有试压，就导致这个问题的发生。

◎有的家庭在私改暖气片后，地暖接头没连上打开阀门地板就冒水。这有可能是因为在铺装地暖的时候，施工人员没有把主管网与地暖接上，或者是二者的接头没有焊接严实导致的。

◎有的装修工人甚至还建议人们装管道泵，这就会直接影响其他家庭暖气不热。

　　为了避免各种各样的问题，在改暖气前，一定要考虑清楚，要取得物业同意，并请专业的水暖安装公司进行改造，在改造的过程中还需注意如下问题：

◎确定改装暖气后，在拆装暖气之前，要给拆下的暖气片做全面的保护，防止磕碰受损。

◎在改造的过程中，将与暖气片连接的截止阀密封，防止其他物体进入主管道，造成堵塞，避免暖气片不热。

◎在移位开槽时一定要小心，千万别伤到其他主管道。

◎在改造暖气管道的时候，供暖管道在安装时接头不要过多，避免增加管道内的系统流动阻力，导致供暖不畅。

◎连接完主管道后，做封闭打压实验，要以不渗不漏为标准。

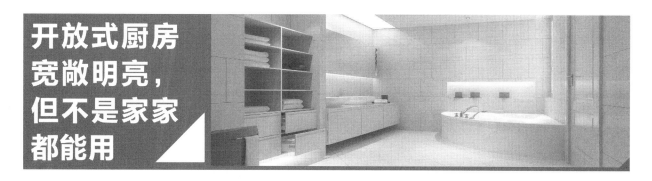

开放式厨房宽敞明亮，但不是家家都能用

近几年，很多人喜欢将厨房装成开放式，改变原有厨房的模样，让厨房也兼具时尚生活元素。但是，开放式厨房真的好吗？是否家家都能用呢？

开放式厨房的概念源于法国，在设计上不但扩大了厨房的空间，还体现出更多的人文关怀。人们不仅在厨房做饭、吃饭，还可以在这里聊天、玩耍。对于一些小户型的房子，厨房和餐厅面积都较小，将厨房与餐厅打通连在一起会使空间加大，显得房间更加宽敞。

适合选择开放式厨房的家庭

开放式厨房对于餐厅比较小的户型设计可以增加餐厅的视觉范围，而且比较温馨，并且，开放式厨房设计处理得当也将会是个不错的小景，可以和餐厅融为一体。

有人反对厨房做成开放式，大多数考虑的都是油烟问题，但是很多现代人的生活往往只有一顿饭在家里做，而且也很少会用煎炸这些烹调方式，油烟不大，做开放式厨房也未尝不可。而针对如下居室，选择开放式厨房是一种非常不错的选择。

◎对于小户型来说，尤其是面积只有几十平方米的居室而言，选择开放式厨房非常好，能够让空间更显得通透，餐厅和厨房融为一体，厨房就在餐桌旁边，更方便。

◎对于厨房与客厅相隔比较近的居室而言，用一个颇有个性和意境的屏风分隔，既能凸显开放式厨房的特点，又能节省了空间，更能调动出整个房子的味道，也是不错的选择。

◎对于一些对于居室有特殊要求的人来说，如果想要在厨房设置吧台，那么将吧台和餐桌合二为一，是非常不错的设计，既美观又实用，而这个时候，开放式厨房能够凸显这一设计特点。

虽然如此，但是，开放式厨房并非家家都能用。

开放式厨房避免弊端

中式的烹饪方式——煎、炒、烹、炸，往往产生的大量的油烟，对于一些经常在家做饭的家庭来说，会造成油烟污染客厅，造成家具提前老化。并且，开放式厨房的台面上不能放太多东西，对于家庭厨具很多，并且有储物需求的人来说，开放式厨房并不适合。

如果非要进行开放式厨房的运用，在安装的过程中，需要注意如下问题：
◎尽量减少产生大量油烟的烹饪，多选用蒸煮类的烹饪技法。
◎采用功率较大的侧吸油烟机，加大油烟的吸入和排出，避免油烟污染客厅。

◎尽量选择一些无油烟的锅具，还有一些微波炉、烤箱之类的无烟厨具，有利于厨房环保。

◎尽量改变"急火炒菜"的烹饪习惯，不要使油的温度超过200℃，这样不仅能减轻油烟综合征，下锅菜中的维生素也能得到有效保存。

◎预留足够的空间，方便空间操作，当然，也要合理摆放桌椅。

◎设置合理的灯光，避免造型复杂的灯具，可以在正中间使用吊灯，避免安装太多灯具。

> **Tips：**
> 　　要打造一个开放式的厨房，要对原有的构造进行整合，因势利导、巧妙利用，做好充分的设计，避免四不像。

选了劣质地漏，家里臭气熏天

　　地漏是连接排水管道与室内地面的接口，也是家庭排水系统的重要组成部件，因此，地漏性能好坏直接影响室内空气质量，需要引起注意。

　　家庭中，阳台和卫生间是最容易出现积水的地方，如果不及时清理，就会滋生细菌，并且出现异味，让家庭人员长期饱受臭气之苦。因此，在安装和选择地漏的时候，一定不能马虎，千万不要选择劣质地漏。

地漏至关重要

　　室内空气质量现在已经开始日渐牵动着千家万户的心，直接关系居民身体健康，也引起了很多家庭的重视。但是，这一质量问题不仅仅与房间装修材料、工艺有关，还与地漏的安装密切相关。

　　卫生间地漏常常冒出臭气，这似乎是以往旧楼房的通病。然而，有的新楼房排污管道设计不合理、地漏安装不合格或地漏本身不合格等原因，也频频出现卫生间地漏返味现象，让我们生活在一个污浊的环境中。

　　由于卫生间地漏连接主管道最终通向化粪池，如果小区物业清理化粪池不及时，遇到外面刮风、管道堵塞、马桶冲水、浴缸放水、洗衣机放水等情况时，管道内的压力就会增加，化粪池或管道内的臭气就会从卫生间地漏向外冒，使居室内臭气熏天。

　　地漏虽小，但是卫生间地漏冒出的臭气中含 CO_2、甲烷、粪臭素、硫化氢等有害气体，会造成人们经常性的感冒症状、扁桃体发炎、诱发慢性鼻炎，嗓子红肿等症状，使人恶心、呕吐、头晕、食欲下降、急性溶血性贫血，最严重的会造成肺癌、血癌等重大疾病和诱发多种综合性疾病。

　　除此之外，化粪池内还有一些小爬虫，会通过地漏进入室内，这种卫生死角又很容易滋生各种病菌，无疑成了一些传染性病毒的传播途径，危害及其严重。

地漏安装注意事项

　　一般而言，地漏的安装比较复杂，必须找专业人员，在安装的时候，一定要注意避免杂物掉入下水管道，造成堵塞，安装时要使用水泥等牢固材料，避免出现问题。当然，在更换地漏的时候，在拆除原有地漏的过程中，一定不要挖得太深，避免破坏防水层。

　　在选用的时候，则需要注意如下几个问题：

◎对于家庭建筑使用地漏来说，一定要选择符合标准的，而地漏（CJ/T 186-2003）标准适合一般工业和民用建筑物。

◎地漏连接方式有3种，一种是承插，一种是螺纹，一种是卡箍。要按照国家有关规定选择连接口尺寸，并且选择更符合自身家庭使用的连接方式。

◎水封是有水封地漏的重要特征之一，一些需要排水的地方，一定要选择产品的水封深度达到50cm的防溢地漏和多通道地漏。

◎对于不需要排水的地方，可以选择侧墙式地漏、带网框地漏、密闭型地漏，这些大多不带水封。当然，没有特殊需求，就不必设置地漏。

◎在选择配件的时候，一定要选择地漏生产厂家配置的配件，避免出现安装问题。

◎地漏一定要设防水翼环，而地漏箅子面调节高度不要小于35cm，避免装修完成后高出地面。当然，也不能低于地面太多，影响美观。

◎在选择的带水封地漏时，要选择构造合理、排水流畅的，避免排水中的杂物沉淀，流道截面的最小净宽不能小于10cm。

◎在选择的时候，一定要优先选择防臭地漏，能防臭气、防堵塞、防蟑螂、防干涸，利于家人健康。

附　　录

附录1　家庭常用收纳工具

收纳箱

　　收纳箱，顾名思义，就是专门用来整理凌乱物品的箱子。对于不常用的物品，很多时候我们经常会找一个地方搁置起来，但每次用的时候却找不到，这着实让人头疼。为此，我们也经常奉行一句话：找它的时候它是不会出来的，不找它的时候，它就自然冒出来了。

　　其实，用不着这么费劲，巧妙地利用好收纳箱，可以节省生活空间，方便生活。通过收纳箱的利用，我们会发现，比起毫无头绪的寻找，用收纳箱归类整理物件，让家井然有序，你的心情会雀跃无比。不过，收纳箱也分为好多种，将不同的物品摆放在适合的归纳箱内，才能保证干净、整洁、安全，下面我们来看一下归纳箱的分类。

1 各种材质的收纳箱

　　收纳箱的材质有很多种，如无纺布、牛津布、塑料、草编、金属等等，要根据材质本身的特点来决定它适合收纳什么物品。

◎无纺布收纳箱。

　　优点：防潮、透气、无毒、无刺激性，比较轻便。

　　缺点：如果存放太多物品，容易变形，并且不容易清洗。

　　适用物品：比较适合存放小件物品，如内衣、袜子或者平时经常换洗的衣物。但是，如果收纳比较重的物品就不合适了。

◎牛津布收纳箱。

　　优点：不易变形，有一定的防水性，清洗也比较方便。

　　缺点：不适合在没有遮挡的浴室使用，容易招水。

　　适用物品：适合存放一些洗漱用品、报纸杂志等。

◎塑料收纳箱。

　　优点：防水、防潮、容易清洗，用途比较广泛。

　　缺点：容易变质、脆裂，不要经常放在烈日下暴晒。

　　适用物品：无论是小型衣物，还是洗护用品、或者是报纸杂志，都可以用塑料收纳箱来收纳。

◎草编收纳箱。

　　优点：艺术感强，田园气息浓厚。

　　缺点：容易染尘，不能放沉的东西。

　　适用物品：适合收纳一些杂物，或者是一些报纸杂志等。

◎金属收纳箱。

　　优点：防护性较好，密封性好。

缺点：自身较沉，拿取不方便。

适用物品：大多数物品都适合放，但考虑到重量沉，经常用的东西不宜放。

2 根据物品选择收纳箱

随着需求的多样性发展，收纳箱在形式上也有所不同，有的有盖子，有的没有，有的有隔断，有的没有，这也需要区分选择。

有的收纳箱中间有隔断，这种类型的收纳箱是很多家庭的首选。因为它可以区别收纳物品，如收纳内衣，就可以选择有隔断的，这样内衣、内裤，甚至是袜子都可以分开放置，一个萝卜一个坑，好拿，好看。而对于收纳书桌上的办公用品，铅笔、橡皮、修正液等等，也可以选择有隔断的，拿的时候也轻而易举，不用费力从收纳箱中翻找，耽误时间。

除了隔断外，有的收纳箱有盖子，有的收纳箱有拉链，有的则没有，这也需要按需选择。放置需要防尘的衣物或者报刊时，就要选择有盖子或者有拉链的收纳箱。放置其他小型物品时，如护肤品、办公用品等，为了拿的时候更直接，就可以选择没有盖子的收纳箱，使用更简单方便。

此外，还要看看收纳箱所放的位置来决定购买多大的收纳箱，举个简单的例子，如果收纳箱是放在衣橱中的，要量一下衣橱的高度和宽度，免得大小不合适而无法放进去。

在低碳环保的今日，动手 DIY 是潮流之一，其实，收纳箱也可以加入到 DIY 的行列，家里有不用的盒子或是废弃的纸箱子，自己动手装饰一番，实用的同时也省了不少银两呢。

> ## Tips：DIY小型收纳箱
>
> 可以选择不用的空盒子，如鞋盒子、包装盒等等，我们需要准备的工具有小刀、胶布、糨糊、布、包装纸、尺、铅笔。首先用尺量出盒子的外皮大小，用铅笔标记在准备好的布块上，用剪刀剪下测量的尺寸，用糨糊粘在盒子的外表层，这样结实且不容易脱落。如果是针对小孩或者女性的收纳盒，可以在盒子边缘粘合一层蕾丝或者贴一些小亮片即可。一般的盒子本身硬度不够，可以量出盒子的尺寸，然后切取硬纸片，用彩色的包装纸包起来，放在盒子内侧四周，底板也需放一块。最后，为了让收纳盒里面多一些层次，有一些隔断，我们可以多用一两块用包装纸包装好的硬纸片做挡，用胶布固定好，这样，一个小型隔断收纳箱就完成了，可以放在书桌上或者梳妆台上，既美观又实用。

收纳袋

相比较收纳箱来说，收纳袋的种类更多，无论是在外形的设计上，还是材质的选择上，收纳袋都有着一些无法比拟的优势。无论是收纳大件物品，还是小零碎，收纳袋都能够让你的居室告别乱"室"的烦恼。下面，我们简单为大家介绍几种实用、美观的收纳袋。

1 壁挂收纳袋

收纳袋往往是布料材质，但根据材质的软硬、功能不同，收纳的物品也有所区别。不过，这也不妨碍它们为家庭壁挂增添美感。

◎棉麻壁挂收纳袋。这种材质的收纳袋一般在设置上都比较小巧，有上下左右几个口袋，有的口袋大，有的口袋小，比较适合放置卧室门口或者客厅门边，收纳钥匙、零钱包、手机等小物件。不用的时候，还可折叠起来，方便实用。但是，需要注意的是，它们不适合收纳比较沉重的物品，容易变形。

◎覆有防水膜的壁挂收纳袋。这种收纳袋质地较硬、较薄，但具有防水的功效，收纳物品的时候，不会软塌塌，也不易招水，可以存放一些护肤品、充电器、内衣、袜子等物品，节省空间的同时，美化居室。

◎帆布壁挂收纳袋。这种材质的收纳袋，柔软又透气，便于清洁，不用担心长期挂着会积灰。挂在墙上也很有艺术气息，可以存放一些小杂物，方便美观，也不易变形。

2 收口收纳袋

除了壁挂收纳袋外，还有很多收口收纳袋，这些收纳袋往往是用一些碎花布料或者画有卡通图案的特殊材质制成，外形可爱，小巧美观，适合存放一些私人物件，如头花、胸针，也可以收纳一些化妆品，无论是放在卧室，还是放在浴室，都是不错的选择。当然，放在浴室的小型收口收纳袋最好选择防水材质的。但无论哪种，这些可爱的收口收纳袋都能给单调的家居带来生趣，是选择萌还是选择复古，都由你做主。除此之外，也有一些大型的收口收纳袋，可以存放要洗的衣物或者其他准备处理的杂物，让居室看着整洁、不凌乱。

3 真空压缩袋

这种收纳袋是近几年比较流行的收纳袋，利用真空压缩的方式，抽出袋子里面的空气，从而使得原本体积较大的东西缩小，节省空间。当然，这种真空压缩袋往往用来收纳暂时不需要使用的棉被和各类衣物，方便实用。但是，由于材质的问题，一定不要收纳坚硬、凹凸的物品，会造成破坏。

Tpis：真空压缩袋使用方法

先将晾干的衣物或者棉被折叠好，放入真空压缩袋中，拉上拉链，装上滑片，用手压住滑片拉链，缓慢、轻巧地拉向拉链的另一端，在即将完全拉上的时候，按压一下衣物或者棉被，放出大部分的空气。这时候可以用手动气泵抽气，将气嘴盖打开，把气泵对准气嘴口，拉动活塞抽气，压缩到适合的大小即可。也可以用吸尘器抽气，打开气嘴盖，把吸尘器的吸管对准气嘴口，打开吸尘器便可以快速抽气，压缩到适合的大小即可。

除此之外，还有一些内部设有隔段的收纳袋，这类收纳袋一般配有拉链，很多家庭都会配备，可以区分存储物品，小型的还可以在旅行的时候随身携带，都是不错的选择。

Tips：旧物改造——自制收纳袋

选择一件清洗干净的旧 T 恤，将它铺平，按照自己收纳需要在衣服上画大小不同的格子，可以在下部画一个或者两个大点的小格，上面多画几个小格，画好后沿着线条将前后两片衣服缝到一起，缝结实一些。缝好后，将格子正面上方的那条线用剪开，然后用衣架将其挂起来，这样一个自制收纳袋就做好了。可以用它收纳一些轻便的杂物，方便拿取。当然，其他的废旧衣裤也可以改造，无论挂在衣帽间，还是挂在门上，都是不错的选择。

收纳凳

收纳凳，作为一种新型的家居储物用品，可谓是一举两得。既能收纳物品，将平时可经常要用的东西存放在里面，随用随拿，实用方便；还能当做小沙发凳，换鞋的时候坐在上面，高矮适宜，歇息的时候垫脚，舒适随意，真是收纳、日用两不误，也难怪成为家具收纳"新宠"！当然，收纳凳也有很多种类，也需要我们好好挑选。

1 从材质上区分收纳凳

现在市场上的种类也比较多，有纤维板的、藤编的、PU 革的，适用范围各有不同。

◎藤编收纳凳。一般外形简单时尚，也不需要特殊的保养和维护，日常清理可以用毛刷刷去灰尘，再用湿布擦拭即可，可以收纳报刊书籍、换洗衣物等，但最好不要放在火边以及过热的地方，也不要用水洗，以免损坏。

◎纤维板或者木制的收纳凳。相对而言比较结实，可以收纳、存放沉重一些的物品，也可以存放小孩的玩具以及一些家居日用杂物，但不适合放在火边以及过热的地方。

◎ PU 革收纳凳。表皮采用了 PU 材质进行包装，并且有海绵，这样避免了边角突兀，造成小孩、老人碰伤，同时材质相对柔软，坐着也比较舒服，可以存放各类物品。

2 根据大小区分

收纳凳跟收纳箱有共同之处，由于它本身需要占用的空间是固定的，所以，要根据摆放位置的大小来选择适合的收纳凳，以免造成拥堵。

3 可折叠收纳凳

现在很多家庭都会购买一些可折叠的收纳凳，它的功能与其他收纳凳一样，存放玩具、收纳脏衣物、存放报纸杂志等等，唯一的区别是平时不用的时候可以折起来放到柜子里，对于一些居室空间有限的家庭来说，是不错的选择。

鞋盒

现在一些鞋子生产厂商为了让产品销量更好，除了在鞋子上做功夫外，还在鞋的外包装上做起了文章，并且不惜成本投入人力、物力做起了平面广告的宣传。对于鞋盒本身而言，是个人收藏、整理、摆放不可缺少的物品，它们不仅美观，还能防尘。即使是一般家庭都会有至少 10 个以上的鞋盒，更不用说嗜鞋如命的人了。这也使得原本单调、简单的鞋盒发展到了现在的美观、华丽，甚至替代其他物品承载了包装、装饰的使命。而鞋盒本身分类也很多，很多家庭的鞋盒存在摆放杂乱的现象，不仅找起来不方便，收起来的时候也不知如何下手，确实让人头疼。这也需要我们将鞋盒分门别类。

1 按男女老少分类

一般三口之家的鞋子就分为男、女、小孩鞋盒，为了便于区分，可以分别放在三个鞋架上，让男士鞋盒、女士鞋盒、儿童鞋盒分开放置，这样就避免了寻找的烦恼。如果没有很大的空间放置三个鞋架，那么同一个鞋架或是鞋柜中，可以最底层放男士鞋子、中间部位放女士的，最高处放儿童鞋。

2 根据材质选择

有的鞋盒是厚纸板裱糊的，有的鞋盒是瓦楞纸板裱糊的，有的是单纸板压模的，现在更是有环保降解的塑料纸盒。

为了让我们的鞋子得到更好保护，我们可以选择将一些比较结实、抗压的鞋盒留下来，选择厚纸板裱糊的会比较好。为了方便寻找，我们可以在鞋盒外皮写上或者用小条贴上鞋子的类型，凉鞋、皮鞋还是棉鞋，红色、绿色还是黑色，这是一种不错的方法。

当然，透明塑料鞋盒现在也是很多家庭争相购买的，用这类鞋盒存放鞋子，不仅干净卫生，还能一眼识别需要寻找的鞋子，是很好的选择。

3 根据造型分类

现在的鞋盒除了传统的天地盖型的，还多了抽屉型、折叠天地盖型等。抽屉型的鞋盒比较适合没有鞋柜，堆积摆放鞋盒的家庭，在找鞋的时候，能够直接抽出来取鞋，等不穿的时候，再直接抽开放进去。

传统的天地盖型鞋盒比较适合借助鞋柜摆放鞋盒的家庭，平整摆放，分门别类，存取方便。

折叠型鞋盒则适合一些空间有限的家庭，不用的时候将它们收起来，用的时候再拿出来，这样四季交替，既节省空间，又保护鞋子，非常实用。

> ### Tips：理性存留鞋盒
>
> 我们在收纳鞋盒的时候，不可能将所有的鞋盒都保存下来，如果全部保存下来，也许很多家庭都要给鞋盒专门设置一个单间了，这对很多人来说是不太现实的。然而，很多鞋盒在设计上往往让人爱不释手，但并不是所有的鞋盒都适合存储，因此，我们要根据材质、形状来有选择性的保留，材质不好的，即便再美观，也要舍弃，以免浪费空间，甚至造成环境污染。而对于一些材质较好，但表层设计不那么美观的鞋盒，可以发挥我们的大脑，手工改造，保留下来，重复利用。

衣架

相比较把衣服一件件的折叠起来，放进衣柜，很多人选择将衣服直接用衣架挂在衣柜中，尤其是一些大衣、礼服之类的，这样穿的时候可以直接从衣架上取下来，避免了折叠过程中出现的褶皱。

当然，现在也有人把所有的衣服都挂起来，不进行折叠存放，被称为懒人做法。其实，这种方法对于保持衣物平整是有利的，尤其对于当季经常要穿的衣服来说，用衣架挂起来比折叠起来更方便拿取，也方便搭配。不过，不同材质的衣架，挂衣服有着自身的优缺点，需要我们合理分配。

1 塑料衣架

塑料衣架是很多家庭必备的衣架，洗完的衣服进行晾晒一般都会用塑料衣架。塑料衣架轻便、颜色丰富、成本低，但是，塑料衣架承受较重衣物时容易变形、折断或者磨损影响美观。因此塑料衣架比较适合放在衣柜里挂轻便的衣物，如夏季的衣裙之类。

2 木制衣架

木制衣架是比较传统的衣架，早在很多年前，中国就有使用的历史，用来挂朝服。对于木制衣架而言，它的优点是比较结实，并且给人一种自然、温馨的感觉，也适合挂各种衣物。但是，木制衣架在遇水的时候容易变形甚至开裂，也容易受潮，因此，这类衣架挂衣物的时候，要做好防潮准备，以免潮湿导致发霉而影响使用。

3 钢铁衣架

钢铁衣架相对其他各种衣架来说，是最结实最耐用的，并且不易变形，但是成本较高，也容易腐蚀生锈，还容易刮伤衣物。对于这类衣架来说，适合挂一些春秋衣物，但是要温柔的挂取。

4 布料衣架

布料衣架通常比较可爱、时尚，挂衣物的时候，不会让衣物因为肩部受力而变形，但是缺点却很多，如不易清洗，不能承受太重衣物等。对于这类衣架来说，适合挂西服、衬衣之类的衣物。

5 异形衣架

所谓的异形衣架，就是那些专物专挂的衣架，譬如专门挂裤子的裤架，还有那种两头带夹子的衣架，专物专用在日常收纳中是最为合理的方式之一。

附录2 家用小物件的收纳方法

1 皮带

将皮带卷起来，用皮筋绷好，放在抽屉里非常省地儿。如果家里皮带很多，建议包裹上保鲜膜，挂在衣柜里，这样防尘而且皮带不会变形。

2 丝巾

丝巾柔滑不容易折叠，所以收纳丝巾得找个依托物，保鲜膜用完后把芯留好，将丝巾叠的与纸筒差不多宽，丝巾放到里面收纳起来，或者是将丝巾对折两次后，绕在保鲜膜筒芯上收纳。

3 帽子

不管是什么帽子，叠起来收纳都会变形。但有办法，找个与帽子差不多大小的塑料球，然后将帽子逐一套上摞起来，放在衣柜的小角落即可。

4 纸巾

纸巾是常用的东西，易存易取是收纳纸巾的基本原则。如果是卫生纸，可以在马桶上方安装一个塑料滚筒，卫生纸放在里面防尘还能防止受潮。如果是抽纸，可以自制一个抽纸盒，放在厨房或是客厅茶几处，需要用到的地方。

5 指甲刀

指甲刀非常小，随手一放很容易找不到。可以在浴室吊柜底部粘几个小挂钩，把指甲刀挂在上面，这样特别容易找到。

6 睡衣

睡衣每天都要用，如果脱下叠好存起来，穿的时候再找会非常麻烦。可以单找一个收纳筐，藤制或是塑料的都可以，把睡衣叠好放在里面，拿取方便。

7 玩具

家中有小孩的话，玩具是使居室凌乱的元凶之一。可以准备两个大的收纳箱，不常玩的放一个箱子，常玩的放一个箱子，装好玩具后两个箱子摞在一起，常玩的玩具放在上面，孩子自己拿起来方便。

8 床具

每家都会有几套床单被套，暂时不用的可以清洗干净叠整齐放在衣橱的隔层里，需要注意的是夏季潮湿，为了避免床单被套受潮，在隔层里放上樟脑丸可有效防潮。

9 杂志

家里的杂志报纸很多，可以将其定期整理，不要的打包卖掉，想留下的可以放在大的纸箱子中，用胶带粘牢后放在书柜的顶部。

10 图书

书房的图书要放在书架或是书桌上摆放好，如果是卧室的床头书，可以在床头安装搁板或是用粘钩挂一个小型收纳袋，看完后把书随手放在里面，避免书被枕头压折。

11 手机

找个废弃的纸质茶叶筒，从中间拦腰截断，将截口处磨平，可以把手机放在里面，省去了随手放后找不到的烦恼。

12 灯泡

买回的水果外面都会包裹一层保护衣，这层保护衣有防磕碰的作用。水果吃掉了，保护衣扔掉很可惜，其实可以用它来包灯泡，如果觉得一层不够，可以包两层，然后依次摆放在收纳箱中，这样收纳灯泡不用担心碰碎而且还废物再利用了。

13 雨伞

雨伞最好放在玄关处，如果天气不好随手便能取到。如果有玄关柜，可以在侧面安装一个横杆，将雨伞逐次挂好。

14 名片

家里的名片很多，如果只是一张张摞起来，则很不容易查找，最好买一个名片夹，将所有有用的名片都逐一收纳好。

15 钥匙

防盗门、室内门、汽车、自行车、报刊箱、奶箱……每家需要配发钥匙的物件很多，所以钥匙就很多，随意放很容易丢失，在门后粘几个粘钩，一进门将所有钥匙都挂在上面，这样就不存在乱放找不到的现象了。

16 说明书

家中的大、小电器很多，每种电器附一个说明书、发票、保修卡，加在一起就会很乱，其实有个很简单的方法，将每种电器的保修卡、说明书、发票等装在一个塑料的密封袋里，在密封袋两边贴上双面胶，然后把袋子贴在电器的侧面或是其他部位，但要保证不影响电器运转和散热，最好在隐蔽处不影响美观。

17 照片

虽然现在很少去冲洗纸质照片，但家里肯定会有以前留下的很多纸照片，最好买合适尺寸的相册，把它们收纳好，专业的相册防潮、防尘且抗压，能让老照片保存时间更久。

18 文具

书桌上的文具很多，最好用完后归置到统一的地方，可以自制一个文具筒，将喝完的大可乐瓶子拦腰阶段，有底座的一半就可以用来收纳笔、橡皮、裁纸刀等文具了。

19 遥控器

遥控器是继手机之后，家里又一个容易乱放找不到的物件，可以在沙发侧面或是茶几侧边挂个有很多小口袋的收纳袋，把遥控器一个个安置好，当然，沙发区的很多小物件也可以分区放在小收纳袋里，方便查找。

20 化妆用具

不管是各种小刷子、粉扑，还是口红、眉笔、睫毛膏，化妆品总会林林总总摆放整个梳妆台的台面。要想把它们收纳整齐，先得分出常用的与不常用的，不常用的摆放在梳妆台的抽屉里，常用的准备一个微型藤制收纳筐，放在里面，当然，也可以用废弃的纸盒自己制作收纳盒，唯一需要注意的便是口红、眉笔等最好竖着放，一眼能看到想用的就达到收纳的目的了。

21 药品

找一个塑料的收纳箱，必须是有顶盖的，将所有常用药都放在塑料箱中，最好分清类别，如消炎药放在一起，维生素类放在一起，外用创可贴放在一起，而且要盖好顶盖，放在庇荫通风处。

22 发卡

在梳妆台的镜子顶端，拉一根粗绳子，绳子两边用图钉钉牢，将发卡、头饰等别在绳子上，既方便挑选而且不会因乱放找不到。

23 戒指

先要确定一下戒指的数量，然后找一个大小合适的盒子，在盒底垫上厚海绵，在海绵上割几个小口，将戒指塞进去即可。

24 项链

项链比较容易缠绕在一起，可以找一些用过的吸管，把吸管截成项链长度的一半，将项链的一头穿入吸管，出来后把项链扣扣好，有吸管做依托，项链就不会缠绕了。如果是较粗的珍珠项链，可以选择粗一点的吸管。

25 耳坠

耳坠的收纳与戒指差不多，可以找一个废弃的盒子，盒底放上海绵，为了让耳钉、耳坠更明显，挑选起来更方便，可以找一些不用的深色的扣子，将耳坠或是耳钉穿过扣眼固定在海绵上，所有耳坠放在一起，要戴哪一对比较容易挑选。

26 纽扣

找一个废弃的小盒子，再找一张没用的硬纸板，根据盒子的长、宽、高将纸板剪裁成很多条小纸板，分别在纸板交叉的地方割一道小口，将纸板插好摆放在纸盒里，这样纸盒就被分隔出很多小空间，将不同的纽扣分别放好，用的时候非常容易找。

27 胸针

胸针的造型别致，微细处一旦落灰沾尘，就不太容易清除，所以收纳胸针既要易于挑选还要注意防尘。在衣橱柜门内用图钉钉一块小方布，将所有胸针都别在上面，想戴哪款打开柜门便能挑选，省空间又省时间。

28 银饰品

银饰品特别容易被氧化发黑发乌，收纳时最好用铝箔纸将其包裹好，然后放在首饰盒中存放。

29 珍珠饰品

不管是珍珠项链、手链还是耳饰，养护不当都容易使珍珠失去光泽，经常佩戴时，应每日用棉布轻轻擦拭珍珠表面的污垢灰尘；收藏时，找一块干净的棉布，沾上橄榄油擦拭珍珠表面，然后包上棉布保存，这样能使珍珠光亮如新。

30 图钉

乱放图钉一是不容易找，二则不慎会扎伤人。存放图钉最好找一个小盒子，里面放一块磁石，所以图钉都会吸附在磁石上，即使盒盖打开了也不会散落出来。

31 园艺工具

花铲、花剪等园艺工具，可以挂在阳台的护栏上，但要注意挂牢，免得掉下去发生危险。

32 电线

不管是接线板的电线，还是充电器的电线，拖拖拉拉的很多根交缠在一起很影响使用寿命，而且也不美观。可以把多余的电线用皮筋绑好，只留下够用的长度即可。

33 清洁工具

扫帚、墩布、簸箕等清洁工具是家中必备的，但因体型都比较大，所以不容易安置。其实，可以将它们统一起来，放在阳台的角落里，随时取用。但要注意的是，安放前要清洗干净，而且别把墩布放在卫生间或是厨房不通风的角落中，容易滋生细菌。

34 电风扇

换季时，可先将电风扇的外罩和扇叶取下来擦拭干净，然后将外罩、扇叶、风扇机身分别用塑料膜包裹起来，装进原来的包装箱中，除此之外，也别忘记将所有螺丝螺母等小零件分别收纳装好。

35 毛毯

换季时，先将毛毯晾晒叠整齐，放在收纳袋里，放在床箱或是衣橱顶部都可以。

36 竹席

竹席是夏天最常用的物品，夏天过完后可以将其擦洗干净，放在阴凉处阴干，然后卷起裹上塑料，立放在墙角处或是门后。

37 盘子

快递文件所收到的纸袋子，扔了很浪费，可以用来收纳盘子，一个盘子装一个纸袋，然后竖起来排放在橱柜中，既防尘而且还避免磕碰损坏，看上去还比较整洁。

38 高脚杯

高脚杯上宽下窄，如果摆放在橱柜中，会非常占地方，一旦不留心碰到还会磕碰破碎。在吊柜下面安装几个横杆，横杆的间距要比高脚杯的底座窄，将高脚杯逐个挂起来，既节省空间，拿取也比较方便。

39 抹布

抹布是家庭常用的清洁品，如果是厨房用的抹布，可以在吊柜底部安装横杆，弄几个 S 形钩挂在横杆上，抹布统一挂在 S 形钩上，如果是其他用途的抹布，可以洗干净后，叠成方块状码放起来，随用随取，但要注意的是，叠放的抹布必须晒干后再进行收纳。

附录3 建材名牌产品

1 瓷砖品牌

常见瓷砖品牌包括：马可波罗、蒙娜丽莎、诺贝尔、东鹏、新中源、惠达、冠珠、斯米克、亚细亚、冠军等。

2 卫浴品牌

◎邦妮拓美。邦妮拓美浴室柜的款式独特，做工非常细腻，板材质量高，很具有现代感，是最早的浴室柜最早厂家之一。

◎萨拉。萨拉浴室柜的王牌产品是不锈钢浴室柜，做工好，是十大品牌之一。

◎诗雅。诗雅浴室柜主要是不锈钢浴室柜，款式独特。

◎昊森。昊森不锈钢浴室柜是十大品牌，是最早浴室柜厂家之一。

◎蓝梅。蓝梅浴室柜款式独特，不锈钢浴室柜产品做的最好。

◎澳琳。澳琳浴室柜主打产品是不锈钢浴室柜，是十大品牌之一。

◎斯特加威。斯特加威浴室柜款式独特，2012 年十大浴室柜品牌之一。

◎明丽。明丽浴室柜做工精致，板材质量高。

◎巴度。巴度浴室柜做工精致，是不错的品牌选择。

◎品卫。品卫不锈钢浴室柜是十大品牌之一，做工和板材都是一流的。

3 地板砖品牌

◎圣象。其品牌历史悠久，销量更是连续十三年蝉联冠军宝座，作为地板行业发展了二十余载的领军企业，圣象地板在地板产品的各个品种当中发展了数年，产品品质优良。

◎德尔。德尔属于中外合资建设的地板品牌，当然它的运营远不止是地板这么单一，还包含物流等其他业务。产品品质从来没出现过什么大的事件，但是其价格也不是一般家庭能够承担的。

◎大自然。以环保为主的地板品牌在强化地板行业并没有什么突出表现，没有刺鼻的气味，基材也比较细腻。

◎菲林格尔。在国内发展时间有十年历史的公司，与德尔地板一样，其旗下产品品质上乘，属于地板行业的高档消费品。价格比较昂贵。

◎安信。地板行业中的外企行业，在地板行业成长发展了十八年的时间，一直处于地板行业一线产品。由于取材来自巴西等地，成本比较国内地板材料低一些。价格也比较合理。

◎生活家。以实木复合地板起家的地板生产企业，产品从生产到销售都有着比较完善的体质，保证了消费者在使用过程当中的舒适、放心。

◎莱茵阳光地板。属于德国品牌地板企业，以地板的欧式简约风格而受到中国消费者的喜爱，因无什么质量纠纷问题而受中国消费者的信赖。

◎升达。升达林业以强化地板、实木地板、实木复合地板以及竹地板作为研发和生产产品，以市场的精准定位，产品品质过硬而赢得消费者的喜爱。

◎吉象。吉象地板是由新加坡投资建立的一家企业，其旗下产品包含家居建材的各个方面，而地板产品主要的生产和销售产业也是强化地板，所以名列前十，当之无愧。

◎世友。世友地板以出众的防潮技术，而赢得大家的喜爱，但是其价格在地板行业来说也是属于中下等消费，适合工薪阶层的朋友选购。

4 洁具品牌

◎德国高仪。成立于1936年的德国高仪集团，是全球著名的卫浴产品与系统供给商及环球性出口商企业，在全球140多个国家都拥有代表办事处，其企业实力相当雄厚，以优良品质得到了众多著名酒店的垂青。

◎乐家洁具 Roca。乐家洁具成立于1917年，公司总部设在西班牙的巴塞罗娜，作为大型的跨国集团公司，以生产、销售高档洁具为主，产品远销全球80多个国家和地区，深受消费者的信任与支持。

◎美国标准洁具。成立于1861年的美国标准公司拥有洁具、空调、汽车三大支柱产业，在洁具行业内中美国标准洁具品牌可谓是行业翘楚。经过百年磨砺，深受广大消费者所青睐。

◎伊奈洁具。日本品牌伊奈洁具是全球著名品牌，成立于1924年。公司将瓷砖等建材产品和卫生洁具产品融合在一起向客户进行综合提案，成为世界洁具企业内首屈一指的生存厂家，其企业实力雄厚。

◎卡德维。成立于1981年的卡德维公司是欧洲第一品牌钢板浴缸、淋浴盆生产厂家，以生产3.5mm厚钢板浴缸为主，卡德维品牌产品占全球很大的洁具市场，其品牌实力相当强大。

◎和成卫浴。和成卫浴公司成立于1931年，是中国台湾品牌，经过近百年磨砺，和成卫浴已成为一个世界性名字，名列世界卫浴十大品牌之一。

◎汉斯格雅。成立于1901年的汉斯格雅公司是一家大型的跨国公司，其实力相当雄厚，同时有着较强的科技技术和创新能力，汉斯格雅牌花洒、水龙头和下水产品都备受消费者青睐。

◎科勒洁具。成立于1883年的科勒洁具公司，由一家生产农具铸件的家庭式工厂，转变成为一个庞大的家族企业，其发展速度很快。作为多元化的制造公司，科勒洁具早已占据世界领先地位，列入洁具十大品牌之一。